The Unique World

方 寸

方寸之间　别有天地

Fruit
from the Sands

沙漠与

陈阳　译
唐莉　校

The
Silk Road
Origins of the
Foods We Eat

餐桌

食物在
丝绸之路上的起源

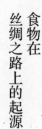

〔美〕罗伯特·N.斯宾格勒三世 / 著
Robert N. Spengler III

社会科学文献出版社
SOCIAL SCIENCES ACADEMIC PRESS (CHINA)

目 录

关于名词的语义

社会科学（与物理科学和生物科学不同）普遍存在的一个缺陷是缺少广泛认可的命名法。个别考古学家或社会科学家对一个术语含义的理解或许并不被其他人所接受。为避免出现误解，我在开篇列出这份中亚考古学领域有争议术语的简表，并对这些术语下了定义。

中亚：有政治定义的地理区域，包括哈萨克斯坦、吉尔吉斯斯坦、塔吉克斯坦、土库曼斯坦和乌兹别克斯坦等地区。

欧亚大陆中部：一个所指范围尚未统一的地理术语，包括中亚及其北部、东部的相邻区域，尤其是蒙古西部、俄罗斯的图瓦地区，以及中国的新疆、青海、西藏。

交流：商品、思想、基因或文化特征在不同人群之间的转移，方式包括贸易、胁迫、以物易物、盗窃和赠予。

内亚：历史学家经常使用的地理术语，偶尔也为其他学者所用。该术语与"欧亚大陆中部"所指大致相同。

新世界：美洲或西半球——在克里斯托弗·哥伦布探险之前，欧洲或亚洲的人们基本不了解的世界组成部分。

旧世界：通常用来指代欧洲、亚洲和北非的术语。

丝绸之路：从传统意义上理解，它是一个古老的交流关系网，将中国与地中海地区连接在一起。历史学家经常声称，丝绸之路起源于公元前 2 世纪的中国汉代。在本书中，我对该术语的使用更为宽泛，涵盖了从公元前三千纪至现代在中亚地区的交流路线。

香料之路：一个定义模糊的术语，指与丝绸之路平行，但位于丝绸之路以南的交流路线。品种多样的植物经由这条路线从南亚被运往欧洲。虽然香料之路的繁华时期晚于丝绸之路，但二者实质上是相同的社会过程。

关于年代的说明

尽管诸如"青铜时代"和"铁器时代"等术语常用来表示欧洲或西亚历史上的不同阶段，但在不同的地区，甚至在不同的学者当中，对它们的使用并未达成一致。因此，我在本书中基本没有使用这些术语，而是明确指出具体的世纪或年代。

另外，我在本书中没有使用表示中亚考古文化群体的术语，例如木椁墓文化和安德罗诺沃文化。我使用的是表示历史上有记载的王朝和古典时代各时期的术语。

波斯帝国

米底王国（前 728—前 549）

阿契美尼德王朝（前 550—前 330）

安息 / 帕提亚王朝（前 247—224）

萨珊王朝（224—651）

萨曼王朝（819—999）

阿拉伯帝国

正统哈里发王朝（632—661）

倭马亚王朝（661—750）

阿拔斯王朝（750—1258）

奥斯曼王朝（1517—1924）

中国历史朝代

夏（约前2000—前1600）

商（约前1600—前1046）

周（前1046—前256）

战国（前475—前221）

秦（前221—前206）

汉（前206—220）

三国（220—280）

晋（265—420）

南北朝（420—589）

隋（581—618）

唐（618—907）

五代（907—960）

宋（960—1279）

元（1271—1368）

古典时代

古典希腊时代（前 410—前 323）

希腊化时代（前 323—前 146）

罗马共和国时期（前 509—前 27）

罗马帝国时期（前 27—476）

中亚地图

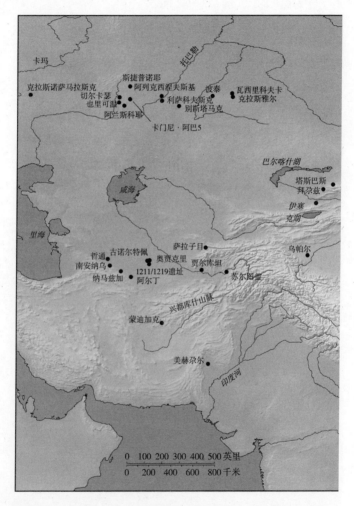

地图 1 欧亚大陆中部地图，展示了关键考古遗址和地理特征。这些遗址为探索农作物在整个内亚传播提供了考古学证据

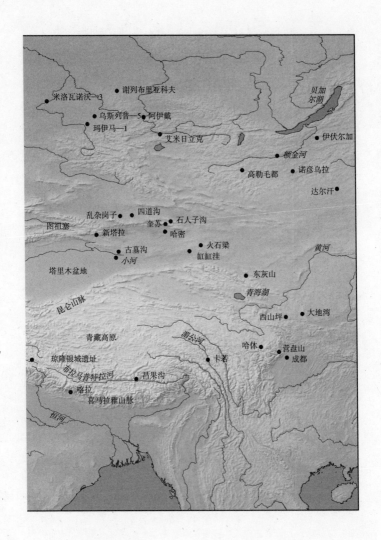

谢列布里亚科夫

米洛瓦诺沃—3

乌斯列普—5 阿伊戴
玛伊马—1

艾米日立克

贝加尔湖

伊伏尔加

楣金河

高勒毛都 诺彦乌拉

达尔汗

乱杂岗子 四道沟
图祖塞 奎苏 石人子沟
新塔拉 哈密
古墓沟 火石梁
小河 缸缸注 黄河

塔里木盆地 东灰山

昆仑山脉 青海湖

青藏高原 西山坪 大地湾

澜沧河 哈休 营盘山
琼隆银城遗址 卡若 成都

布拉马普特拉河 昌果沟
喀拉
喜马拉雅山脉

恒河

PART I

丝绸之路如何影响
我们的饮食

1

前　言

我们都听过关于可持续粮食系统的高谈阔论，还有"养活全世界"和"2050 年全球人口将达到 90 亿"这样的口号。与此同时，我们对世界各地农业的"没落"也有所耳闻，农耕文明曾经是一种在全球占主导地位的文明，它改变了我们日常生活的方方面面，包括我们的食物种类和饮食方式。在地球人口逼近 90 亿大关的同时，南美洲的植被正以前所未有的速度遭到破坏，人们只是为了腾出土地来种植原产于东亚的驯化植物——大豆。从俄罗斯到墨西哥，随着基因完全相同的克隆杂交品种在一片片土地上被广泛种植，全球范围内的农作物都在逐渐丧失遗传多样性。上一代人在北温带地区闻所未闻的水果和蔬菜，如今一年四季都可以在市场和杂货店里买到。但是，人类是如何做到这一点的呢？我们是如何登上全球通信、贸易和资源分配的顶点的？人类重塑周围的生态系统，甚至改变地球气候的能力又源自何处？这些问题的答案都埋藏在考古资料中。

　　通过对世界各地文献资料的梳理，我们可以将今天的地球视为一个整体性的系统或机械电路。在这样的系统之内，美国领导人的某个糟糕的经济决策或者某位商业银行家的冒险一搏，都可能将全球推入经济危机的深渊。加州的旱情会直接影响纽约市橙子的价格。美国对咖啡消费成瘾，致使从夏威夷到巴西数百万英亩的古老雨林被烧成灰烬。美国和西欧对化石燃料的消耗，是喜马拉雅山脉冰川融化和热带珊瑚礁退化的直接原因，也是使诸多岛国遭到灭顶之灾的罪魁祸首。

　　将历史拆解为最简单的元素，我们会发现古代和现代的植物栽培与基因流动的过程十分相似。沿中亚贸易路线进行的交流后来被称为"丝绸之路"，但其最本质的内涵是对异国产品的渴望，卡尔·马克思称之为"商品拜物教"：人们愿意付出天价去购买邻居没有的商品。无论在现代还是古代，商品拜物教和炫耀性消费都是世界文化的一部分（在古代或许比现代更甚），本书的每一位读者都或多或少有这种倾向或行为。许多学者研究过古代世界的交流网络如何影响不同人群的行为，使之互联互通。但是，亚洲的世界体系形成于何时？西南亚、南亚和东亚是什么时候成为彼此联系的整体的？这些理论问题仍有待解决。

　　在蒙古人统治九州的元代（1271—1368），整个欧亚大陆归属同一经济系统，蒙古人的贸易线路延伸到了亚洲的各个角落。1280年，中国、中亚和伊朗地区都处于蒙古人的控制之下，即蒙古和平（Pax Mongolica）。此时的贸易线路拓展到了更广阔的地区。在此之前，成吉思汗征服了亚洲的绝大部分土地，在 1234 年占领了中国北方，而他的孙子则在 1279 年统一中国。在（伊利汗国的）蒙古统治者将阿拔斯王朝[1]的残余势力清出西南亚之后，整个亚洲大陆实现了历史上唯一的一次统一。

不过，在蒙古汗国建立之前，亚洲各地早已有深度的交互往来。公元 751 年，阿拉伯帝国与大唐帝国在中亚怛罗斯河一带爆发冲突，这场战争的结果是中亚地区的全面伊斯兰化。这是古代世界大国之间唯一的一次军事交锋，但是，这些帝国及其前朝在经济领域至少有一千年的交流史：丝绸之路上的贸易往来可追溯到汉代以前。据历史记载，公元前 126 年，从汉朝都城出发的第一位使者张骞进入中亚地区。《史记》（约前 80[2]）中充斥着关于奇珍异兽的描述和富有神话色彩的细节，但它确实能够证明中亚与东亚早在汉代初期便有直接的交流。尽管这些记载表明，汉朝人在此之前可能并不知晓中亚的存在，但是，中亚的层峦叠嶂从未阻止文化的流动：在张骞出使西域之前的两千多年里，古代人类就像石缝里渗出的涓涓细流一样在山谷间流动。

考古证据表明，早在公元前三千纪之初，这些地区的食物系统已对彼此产生影响。公元前 2200 年左右，在哈萨克斯坦北部准噶尔山区的一个小型聚落［考古学家在 21 世纪初将

1　阿拔斯王朝（Abbasid Caliphate），古代中国史籍（新旧唐书）称之为黑衣大食。1258 年被蒙古旭烈兀西征所灭。——译注

2　原文如此。根据我国学界通说，《史记》约成书于公元前 91/90 年。此处似作者笔误。——译注

此处遗址命名为拜尔兹（Begash）]，以农牧为生的家庭用来制作面包的原料——黍和小麦很可能就产自身边的农田：黍是一种在数千年前被中国北部先民驯化的农作物；而小麦则原产于西南亚的新月沃土（Spengler III et al., 2014b）。在同一个地方同时发现这两种谷物，为证明横跨亚欧大陆的食物系统的存在提供了最初的证据。丝绸之路始终是东亚和中亚各地区特色美食交融的渠道，这种情形一直持续到14世纪。黍沿着这条走廊继续西行，最终成为罗马帝国及至整个欧洲的主要农作物之一。而在相反的方向，小麦传入东亚，后来被用于制作面条和饺子，对中国人的饮食产生了显著影响。

欧亚大陆内外的食物系统联系日益紧密，进一步推动了地区特色饮食的全球化。后来，水稻成为伊斯兰世界最重要的粮食之一；苹果将成为美国的一个符号；桃将成为美国佐治亚州的标志，而桃的近亲杏则将成为高加索山地之国格鲁吉亚的代名词。每一种农作物从其位于东亚或中亚的原产地向外迁徙的过程都是一个引人入胜的故事，需要我们综合考古学和历史学的视角予以研究。在这本书中，我将还原上述植物及其他常见农作物的起源和传播历程，阐述古老世界的农业生产者如何培育出我们今天享用的食物，以及丝绸之路在食物的进化和传播中所扮演的角色。

丝绸之路的开端

人在迁徙中随身携带的不只是鸟兽、昆虫、蔬菜和脚下的草皮，还有他的果园。

———亨利·大卫·梭罗，《野果》（*Wild Apples*），1862

　　通过将植物和动物带往世界各地，人类不断改变和影响着全球的饮食和农业生产。在这一进程中，最为精彩却鲜有人探讨的插曲之一便发生在丝绸之路上。多亏了考古学和生物学——尤其是植物遗传学和植物考古学领域——的最新发现，这段故事才得以大白于天下。通过追踪一系列植物在跨欧亚贸易路线上的历史之旅，我将为大家揭示我们熟悉的食物如何穿越无垠沙海和崇山峻岭，历经数千次冬去春来走入我们的厨房，以及新品种农作物的引入如何改变了人类历史的进程。

　　2001 年，迈克尔·波伦（Michael Pollan）的著作《植物的欲望》（*The Botany of Desire*）让全世界的读者了解了苹果走进我们厨房的历程。根据波伦的说法，苹果还为解决美国边境问题助了一臂之力（Pollan, 2001）。苹果树的源头可以追溯到中亚，而现代商业种植的苹果与哈萨克斯坦旧都阿拉木图郊外真正的野生苹果种群之间存在遗传连锁关系，这两点让许多读者感到十分意外。事实上，丝绸之路正是现代苹果诞生的功臣——我们所熟悉的苹果是 4 个各不相同的种群杂交而成的。当丝绸之路上的商人带着苹果的种子横穿欧亚大陆时，这些种子孕育的果树与在最近一次欧亚大陆冰河期之后便与外界隔绝的当地种群进行杂交，由此诞生了能够结出更多、更硕大的果实的后代。

　　祖母的苹果派可不是你家餐桌上唯一起源于中亚的食物，也不是唯一穿越漫漫丝绸之路的食物。开心果最初生长在中亚南部的山麓地带，而扁桃和胡桃的族谱则可以追溯到欧亚大陆南部的山麓。

丝绸之路是古代世界最庞大的商贸网络。它将欧亚大陆的边缘地带与中亚的诸多贸易重镇联系在一起，还间接连通了东亚和西南亚的帝国中心。丝绸之路上不仅有井然有序的贸易活动，还有军事要塞和政府的税收机构，其历史可以追溯至汉代（前206—220）。不过，考古学家发现，物品、思想、文化习俗和基因在中亚的传播早在公元前三千纪便有迹可循（Spengler Ⅲ et al., 2014b; Spengler Ⅲ, 2015）。我将这些年代更久远的痕迹视为丝绸之路的前身，而且在我看来，在公元前三千纪至前两千纪里的文化交流与稍晚时期的文化交流具有同等重要的地位。在过去的两千多年里，不同的政治势力和民族势力为了丝绸之路及周边广袤沙漠和山地的控制权展开了拉锯式的争夺，包括王朝更迭不断的东亚帝国以及鲜卑、匈奴等中亚政治体。不同文化如同潮起潮落，影响了人类历史的方方面面，其中就包括农业活动和农作物品种的传播。

丝绸之路不是仅有一条道路，往来其中的主要商品也不只是丝绸。连接长安与罗马、宛如飘逸丝带的骆驼商队，这幅广为人知的画面只是丝绸之路上短暂出现的景象之一。我对丝绸之路的定义较为宽泛：它是自公元前三千纪开始、在公元前一千纪逐渐密集的一种交流和互动的文化现象，囊括了使欧亚大陆中部变成一个复杂社会舞台（各种形式）的交流和迁徙。在马匹运输、季节性人口迁徙和小规模农牧业发展的推动下，内亚的人口流动性逐步提高，在整个人类历史的发展中发挥了至关重要的作用。史前中亚人将世界的各个角落连接在一起，将创新传播到古代世界的天涯海角。他们博采众长，汲取多方思想和技术，其中就包括如何种植和试验农作物。这些农作物中有许多后来被带到了全新的地理区域种植。

在接下来的章节中，我们将跨越人类数千年来跋涉的长达7000公里的旅程（尽管几乎没有商人走完全程）。我们将追随欧洲探险家，如马可·波罗、亚历山大·冯·洪堡（Alexander von Humboldt）、斯文·赫定（Sven Hedin）、奥莱尔·斯坦因（Aurel Stein）、尼科莱·普尔热瓦尔斯基（Nikolay Przhevalsky）、尼古拉·伊万诺维奇·瓦维洛夫（Nikolai Ivanovich Vavilov）、欧文·拉铁摩尔（Owen Lattimore）等，以及成千上万名商人和牧民的足迹，他们随身携带的遗传物质催生了许多动植物的新品种。人们在丝绸之路上传播的生物有机体规模空前，只有欧洲的殖民地扩张才可与之一较高下。值得注意的是，他们所携带的粮食作物促使人类开始实行轮作制度，从而增加了粮食供给，确保了欧洲和亚洲各大帝国的繁荣发展。粟米成了波斯帝国的夏季作物和罗马帝国的低等作物，而小麦则成为中国汉代以及之后的冬季作物。在高海拔地区的寒冬，种子被保存在温暖的地方；在亚洲一些最干旱的沙漠上，这些种子在精心灌溉下生根发芽。

史前时期的中亚人渴求知识，也迫切需要适应地球上地形最崎岖的土地，在此过程中，他们将普通小麦控制密穗性状的多态性等位基因传播开来。他们还试种了起源于东亚的耐旱粟米，也是他们将第一株桃树带到西南亚。桃起源于中国长三角流域的浙江沿海一带（Zheng, Crawford, and Chen, 2015），在古希腊时期

010

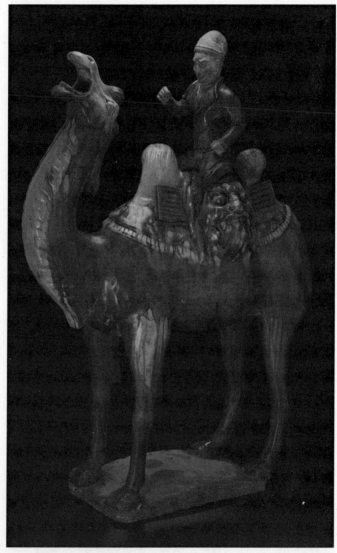

图 1 丝绸之路上一位粟特商人骑双峰驼的陪葬陶俑，唐代（618—907）。陶俑上施有标志性的三色釉（唐三彩）。

藏于芝加哥艺术学院 / 纽约艺术资源档案馆。

被传入欧洲。类似于古希腊神话中的仙馔，桃在道教中是长生不老的象征。至于桃肉的美妙滋味，成书于公元前1000年的《诗经》中也留下了不朽的记载（Huang et al., 2008）。

桃并不是唯一跨越漫漫丝绸之路，传入欧洲和美洲丰裕之地的水果。根据汉代史学家司马迁的记载，出使西域的张骞在公元前2世纪晚期再次率领使团前往中亚，他从中亚带回一小截卷曲的葡萄藤蔓，一路装在生皮袋里，以免在沙漠中遭受烈日的炙烤。司马迁写道，葡萄以及用葡萄酿制的甜酒是从大宛传入中国的——大部分史学家认为大宛就是现代乌兹别克斯坦的费尔干纳盆地（Qian, 1993）。然而，新疆洋海古墓群近期出土的证据表明，早在张骞充满神话色彩的"凿空"之旅前数百年，塔克拉玛干沙漠的绿洲便将葡萄酒视若珍宝（Jiang et al., 2009）。

了解身边食物的起源让我们与自己的历史联系更加紧密，也让我们与一辈辈播撒种子、优选作物的农民更加密切地联系在一起——是他们不断筛选出植株更强壮、果实更甜更大或者生长更迅速的植物品种。在整个欧亚大陆上度过的一万多个农耕季节里，人们播撒种子，培育幼苗，决定第二年何时耕种，又该留下哪些族系的种子，再将积累的知识和改良的农作物品种传给子孙后代。一份酥皮黄桃派或者一杯葡萄酒都是考古文物，水果的基因里记载着一段段始于遥远过去的故事。世界各地的学者都在努力解读这些记载，以此了解人类与现代世界的植物品种如何共同进化（Rhindos, 1984）。

2

丝绸之路上的植物

学校里教授的内容极少提及中亚。这片辽阔的地域不仅拥有地球上最令人叹为观止的壮丽景色，还承载着厚重的人文历史。险峻的峭壁见证过数不清的骆驼商队的艰难跋涉，见证过一代又一代牧民随季节流转驱赶成群的驴、骆驼、牛、羊、马四处迁徙。中亚的沙漠绿洲孕育了丝绸之路沿线上一座座富有传奇色彩的城市：布哈拉、希瓦、楼兰和撒马尔罕。这些城市中有许多曾随沙漠一起移动，如瑞典探险家斯文·赫定笔下的"游移的湖"——罗布泊。戈壁、卡拉库姆沙漠、克孜勒库姆沙漠和塔克拉玛干沙漠里，流沙和海市蜃楼随处可见，孤立无援的葡萄园和果园宛如避难所。呼啸的风沙掩埋了许多伟大的帝国，无尽的沙漠目睹了希腊—巴克特里亚王国、帖木儿帝国和历代波斯王朝的兴起和衰落。它们阻挡了亚历山大大帝前进的脚步，也为马可·波罗与其父亲的旅程设定了背景。在更近的历史中，它们又成为19世纪大英帝国与沙俄帝国大博弈时代数次开展代理人战争的竞技场，也是冷战时期以美国为首的帝国主义阵营与以苏联为首的社会主义阵营角力的前线。

虽然今天的欧亚大陆中部地区似乎是一片不毛之地，但其中一些区域在过去几千年里是名副其实的伊甸园。直到公元前一千纪，中亚南部的大部分地区都覆盖着郁郁葱葱的灌木林，植物种类包括野生开心果、扁桃树、樱桃树和胡桃树等。今天，这一带的主要物种是蜥蜴、蛇和梭梭属植物，这在很大程度上是由人类对经济的过度追求导致的。中亚的山麓地带曾分布着由沙棘、沙枣、野苹果、山楂树、花楸和多种坚果类树木汇成的林海（Spengler Ⅲ, 2014）。虽然这些森林如今踪影全无，但是小片的肥沃农田里还留有它们的后代，与葡萄、石榴和品种丰富的瓜类一同结出果实。

扎希尔丁·穆罕默德·巴布尔（Zahimddin Muhammad Babur）在 1483 年至 1530 年编纂的旅行见闻《巴布尔回忆录》（*The Memoirs of Babur*）中记载："葡萄、甜瓜、苹果、石榴，说实话，所有的水果在撒马尔罕都很美味。该地有两种水果尤其出名：苹果和葡萄。那里的冬天极度寒冷，会下雪，但雪没有喀布尔那么大；天热的时候，撒马尔罕的气候宜人，但也没有喀布尔那么好。"（Bābur, 1922）撒马尔罕，是帖木儿（又称帖木耳，1320/1330—1405）一手建立的庞大帝国的都城，它坐落在泽拉夫尚河滋养的绿洲之上。在数个世纪中，这座城市在荒凉的沙漠里闪耀着夺目的光芒。在巴布尔的时代，它是教育和商业的中心。在城市的心脏地带，帖木儿和他的继任者们建造了雷吉斯坦（Registan），这是一座华丽程度不亚于同时代任何一座欧洲宫殿的伊斯兰大学。西班牙卡斯蒂利亚王国的使节罗·哥泽来滋·克拉维约（Ruy González de Clavijo）曾在 1403 年至 1405 年前往帖木儿的宫廷觐见。他在旅途见闻录《克拉维约东使记》（*Embassy to Tamerlane*）中写道，撒马尔罕是一座熙熙攘攘的大都会，城内城外都有美丽的花园，果园也随处可见（Golden, 2011）。

巴布尔对 15 世纪至 16 世纪在中亚广泛种植的、令人大开眼界的水果和坚果赞不绝口。他尤其提到，各种甜瓜和某些特定品种的苹果甜度很高。在谈及地处阿富汗中部的喀布尔时，他写道："寒冷的喀布尔地区出产葡萄、石榴、杏、桃、梨、苹果、榅桲、枣、西洋李、扁桃和胡桃；所有这些果品的产量都很丰富"（Bābur, 1922）。巴布尔（1487—1530）的曾孙、莫卧儿皇帝努鲁丁·穆罕默德·贾汉吉尔（Nuruddin Muhammad Jahangir，1569—1627）也对中亚的美味赞赏有加。在他的自传中，在阐述当时的政治史时，也提到撒马尔罕地区出产格外甜美的杏、桃、瓜和苹果，还种植水稻、粟米和小麦。在回忆一次社交会晤时，他写道："他们呈上一个摆有各色果品的托盘——卡里兹的甜瓜，巴达克山和喀布尔的香瓜，来自撒马尔罕和巴达克山的葡萄，出自撒马尔罕、克什米尔、喀布尔和贾拉拉巴德（喀布尔的属地）的苹果，还有菠萝——一种从欧洲港口舶来的水果。"贾汉吉尔称喀布尔的苹果仅次于撒马尔罕，而他对撒马尔罕苹果的评价则是："我有生以来从未吃过如此美味可口的苹果。他们说，在拉什卡—达拉附近的上班加什（Upper Bangash）有一座名为西拉姆（Sīv Rām）的小村庄，只有这个村里的 3 棵树能结出这样的苹果。虽然人们进行了许多试验，但始终未能在其他地方种出如此美味的苹果。"（Jahangir, 1909—1914）

　　哥泽来滋·克拉维约进一步指出，华丽的波斯式花园和果园配备有复杂精巧的灌溉管道系统。在帖木儿崛起之前，喀喇汗王朝最杰出的成就之一就是发明了一套完善的灌溉系统，同时将农耕活动扩展到沙漠地带。最著名的例子是在哈萨克斯坦南部的塔拉兹地区开凿的一条长达 100 公里的运河，此外还有对穿越费尔干纳低地的现有运河网进行的大规模扩建（Karev, 2013）。阿布·巴克尔·穆罕默德·伊本·贾法尔·纳尔沙希（Abu Bakr Muhammad ibn Jafar Narshakhi）在公元 940 年左右创作《布哈拉史》（*History of Bukhara*），书中描述了萨珊王朝精英阶层华丽而铺张的宅邸，以及城堡内穷奢极欲的生活。这本书还提到，城里有 1000 多家商店，蔬菜摊集中在城墙附近，旁边不远处就是开心果商贩，香料商则有自己单独的区域。整座城市被城墙分隔成若干个城区（Golden, 2011）。

　　从少量保存下来的波斯农事典籍中，我们可以拼凑出中亚和伊朗在被蒙古铁蹄征服后的农业活动情况，如卡西姆·本·优素福·阿卜·那西里·哈拉维（Qasim b. Yusuf Abu Nasri Harawi）于 1515 年在阿富汗赫拉特撰写的《农事要术》（*Irshad al-Zira'a*）。这本书谈到了设有灌溉系统的花园、菜园和美轮美奂的凉亭，然而，这些地标性景观已在 19 世纪和 20 世纪当地波谲云诡的政治纷争中化为齑粉。哈拉维在书中讨论了小麦、大麦、粟米、水稻、兵豆和鹰嘴豆的种植；葡萄栽培也有专门的篇幅论述。他还谈到园艺作物，包括黄瓜、生菜、菠菜、野萝卜、洋葱、大蒜、甜菜和茄子，各类草药和芳香植物，大麻，紫苜蓿；包括茜草属（*Rubi* sp.）、木兰属（*Indigofera* sp.）和散沫花

（*Lawsonia inermis*）在内的染料植物；还有各类水果和坚果，包括瓜、石榴、榅桲、梨、苹果、桃、杏、李、樱桃、无花果，桑果和开心果等（Subtelny, 2013）。

在 10 世纪喀喇汗王朝统治者舍姆斯·穆尔克·纳赛尔·本·易卜拉欣（Shams al-Mulk Nasrb. Ibrahim）的时代，撒马尔罕的花园规模得到扩大，大型狩猎围场也建立起来。喀喇汗王朝唯一的宫廷诗人苏扎尼·撒马尔罕迪（舍姆斯·丁·穆罕默德，1166 年去世）称赞撒马尔罕就是"人间天堂"（Karev, 2013）。这些波斯风格的花园在蒙古人南征北战的岁月里一度遭到废弃，随后在帖木儿王朝时期迎来发展的高峰。在 14 世纪人口稠密的撒马尔罕和布哈拉城中，菜园被压缩成一块块配有灌溉设施的土地，以充分利用有限的空间（Subtelny, 2013）。历史学家认为，帖木儿王朝流传后世的这些精心设计的花园与年代更为久远的阿契美尼德王朝和萨珊王朝的早期花园形式遥相呼应。许多花园将花坛分为四块矩形，灌溉渠道从中间经过，周围则是木制或石制的步道。

今天的撒马尔罕是乌兹别克斯坦东部一座拥有超过 35 万人口的城市；市中心的市场里井然有序地排列着各类摊位，商贩们出售的水果与巴布尔在近 500 年前夸赞的果实别无二致。今天，当地水果商依然对瓜类的品质无比自豪。他们出售全亚洲最甜美多汁的石榴，还有一种甘美的、独一无二的金桃。到了鲜果下市的时节，商人们还可以出售葡萄干、李干、杏干、苹果、无花果、枣、胡桃、开心果、扁桃仁以及色彩丰富得令人目不暇接的各种豆类和谷物（见图 2）。当亚历山大大帝在公元前 329 年征服此地时，还被称作马兰坎达的撒马尔罕的果园里已经拥有了这些水果。

撒马尔罕不是唯一拥有果园和葡萄园的绿洲古城。果园和葡萄园是中亚所有中心城市和小型城镇的重要组成部分。这些贸易中转站是古代商业之路的节点，都以本地独有的水果品种而闻名，其中有些中转站在整个旧世界广受赞誉。古城果园的残迹至今犹在。1900 年，丝绸之路探险家和考古学家奥莱尔·斯坦因艰难穿越塔克拉玛干沙漠，他在存有古代佛教遗迹的贸易中心丹丹乌里克古镇停下了脚步。斯文·赫定也曾在 1896 年到访此地。斯坦因在当地发掘出数枚年代在 713 年至 741 年间的古币。他发现古老的果园里仍然有一排排果树，尽管它们已被沙子掩埋了一半。他指出，这几排千年古树看起来很像桃树、李树、杏树和桑

图 2　2015 年一个寒冷的冬日，吉尔吉斯斯坦比什凯克中央市场上的干果和坚果商贩

摄影：茱莉亚·麦克林（Julia McLean）

树。不过，斯坦因对这一发现感到兴奋的主要原因是，它们为他度过苦寒的沙漠之夜提供了充足的柴薪（Mirsky, 1977）。

17世纪初，荷尔斯泰因公国（今德国北部）的弗雷德里克大公派一队使节去觐见当时的波斯统治者。其中一位名叫亚当·奥列雷乌斯（Adam Olearius）的使者称："石榴树、扁桃树和无花果树在那里自由生长，毫无人工栽植的秩序感，基兰（Kilan，今伊朗德黑兰）省的果树甚至长成了整片森林。野生石榴树几乎随处可见，尤其是在卡拉巴赫，野石榴果的味道异常酸涩。"尽管经历了数个世纪的动荡，今天土库曼斯坦、阿富汗、伊朗和伊拉克的每一个河谷和每一口泉眼附近，几乎都能见到古代果园和家庭后花园的残迹。

莫卧儿帝国皇帝阿克巴的首席维齐尔阿卜勒·法兹·伊本·穆巴拉克（Abul Fazl ibn Mubarak），又名阿拉密（Allámi），他在介绍1597年克什米尔的集市时，明确地描述了水果贸易的繁盛景象。他指出，克什米尔（印度次大陆的西北部）市场上的葡萄、瓜、石榴、苹果、梨、榅桲、桃和杏都是从今天的乌兹别克斯坦和印度中部地区运来的。他的文字证实了古代商人的运输能力——将易腐的鲜货运送到很远的地方，哪怕途中要穿越炎炎沙漠。

> 瓜和葡萄不仅数量多，而且品质极佳；西瓜、桃、扁桃仁、开心果和石榴等也随处可见。在喀布尔、坎大哈和克什米尔的征服之后，水果也实现了大批进口。一年到头，水果商的店铺里果香四溢，巴扎市集的摊位上水果供应充足。在

天竺，香瓜在波斯历的法而斡而丁月（2—3 月）上市，在阿而的必喜世月（3—4 月）数量最多。这些香瓜滋味鲜美、果肉细腻、气味香甜馥郁，尤其是纳什帕蒂（náshpátí）、巴巴夏奇（bábáshaikhí）、阿利谢里（'alíshérí）、阿勒夏（alchah）、巴尔吉乃（barginai）、杜迪奇拉（dúd i chirágh）等品种。瓜类上市的季节可持续两个多月。沙合列斡而月（8 月）初的瓜类来自喀什米尔邦，之后的瓜类则有很多产自喀布尔；到了阿咱而月（11 月），大篷车从巴达克山运来许多瓜类，一直到答亦月（12 月）人们都可以享用这些水果。当扎布里斯坦（Zábulistán）的瓜类正当季时，在旁遮普也能买到上好的瓜；在巴卡尔（Bhakkar）及其附近地区，除了冬季最寒冷的 40 天外，一年到头都是盛产瓜类的时节。从虎而达月（5 月）到木而达月（7 月），这里有各种各样的葡萄，而在沙合列斡而月里，市场上则堆满了克什米尔葡萄。在克什米尔，1 达姆[1]就能买到 8 锡厄[2]葡萄，运输成本是每位工人 2 卢比。克什米尔人将葡萄放在圆锥形的篮子里，看起来很新奇。从列黑而月（9 月）再到阿而的必喜世月，与葡萄一同从喀布尔运来的还有樱桃——殿下称之为"夏哈鲁"（sháhálú）——无籽石榴、苹果、梨、榅桲、番石榴（此处很可能是翻译错误，可能是某种柑橘）、桃、杏、吉尔达鲁斯（girdálús）和阿鲁洽斯（álúchas），这些水果中有许多也

---

1 达姆（dám）：古印度货币体系中的一种铜元。——译注
2 锡厄（sér）：印度重量单位。——译注

在天竺本地生长。有人还从撒马尔罕带来了瓜、梨和苹果（Fazl, 1597, volume 1, chapter 61）。

尽管历史文献表明，中世纪丝绸之路上往来运输的物品丰富多样，但是我们很难通过史料证明，今日常见的货物中有哪些早就在丝绸之路沿线流动。在公元 10 世纪晚期幸存至今的文字资料中，关于丝绸之路沿线贸易的信息最丰富的是一本题为《商业调查》（al-Tabassar bi'l-Tijara）的小册子。学者塔巴里（al-Tabari, 839—923）认为这本史籍的作者是阿拉伯作家贾希兹（al-Jahiz, 776—868/869），后者在生物学、神学和哲学领域都著述颇丰。贾希兹一生著作超过 200 本，其中大部分是其在阿拔斯王朝的心脏——巴格达生活的 50 年间写成的（Pellat, 1954）。在 1954 年将《商业调查》这本小书译为法文的夏尔·佩拉（Charles Pellat）坦言，他对作者的真实身份尚存疑虑。不过他也指出，即使这本书并非出自贾希兹之手，其成书年代也确实在 9 世纪。然而，佩拉认为，贾希兹本人对古代世界的商贸路线并不十分熟悉。最有可能的情况是，贾希兹通过与旅行商人的交谈来了解亚洲各地运抵巴格达的物品情况，尤其是奢侈品。

书中记载的商品包括产自南亚不同水域的珍珠（其价值取决于产地），还有红玉髓、黄玉、各种成色的绿松石、石榴石、钻石和各种水晶。贾希兹还提到了来自西藏的琥珀、黄金和麝香；从外地运来的丝绸服饰；毛皮和生皮——包括里海地区的兔皮和黑狐皮，以及白鼬和黑豹皮；还有亚美尼亚出产的挂毯。纺织品的颜色和设计都极其丰富，所使用的纤维材料来自内亚。例如，红绿底纹上饰有紫色条纹的拜占庭式挂毯、中国西部的毡布、伊朗伊斯法罕出品的丝绸。

在五花八门的商品中，值得一提的是用阿拉伯香脂树制成的"基列的乳香"以及精制糖。精制糖可能在1000多年前就从印度流入了巴格达，但很可能仅供精英阶层享用。书中提到的其他从印度进口的商品还有老虎、大象、黑豹、檀香木、乌木和椰子。来自中国的商品则有以肉桂为代表的香料，此外还有丝绸、瓷器、纸张、孔雀、马匹、马鞍、毛毡和大黄。来自拜占庭的是金银器、钱币、装饰品、紫铜、七弦琴、女奴、工匠和阉人。来自阿拉伯的则有马匹、鸵鸟、皮革和木材，还有阿拉伯商人从柏柏尔人那里得到的豹皮、鹰羽和毛毡。从也门运来的是长颈鹿、大衣、兽皮、红玉髓、香、靛蓝染料和姜黄染料。从埃及运来的是莎草纸、黄玉和香脂。阿拔斯王朝的精英们从位于中亚南部的可萨汗国购得奴隶、盔甲、铁丝网（可能还有其他金属制品）、茴香和甘蔗，这表明今天的土库曼斯坦一带早在公元9世纪便在种植和加工糖料作物。纸张来自撒马尔罕，葡萄和蘑菇来自阿富汗的巴尔赫，纺织原料（可能是棉花）与丝绸、野鸡和枣类水果来自木鹿[1]，羊毛大衣则来自伊朗东北部的呼罗珊。现代伊朗区域出产蜂蜜、榅桲、苹果、梨、盐、藏红花和果子露，伊斯法罕出产各色衣物，克尔曼出产靛蓝染料、孜然、干果和鲜果、玫瑰水、亚麻、茉莉精油、玻璃器皿、丝绸和糖，苏萨古城出产雪松

020

1　木鹿（Merv）:《后汉书·西域传》称其为木鹿,《元史·太祖本纪》作马鲁;《西北地附录》作麻里兀。今称梅尔夫。——译注

木、香堇油和马毯，阿瓦士则出产糖、枣和葡萄，另外还带来了舞者。

大约在这一时期发生了一场烹饪革命，革命的中心可能就在巴格达。甘蔗和水稻等农作物新品种的引进在某种程度上引燃了革命之火，为种植这些农作物创造条件的新型灌溉系统也发挥了推波助澜的作用。阿拔斯王朝的哈里发从帝国各地请来专业厨师，不断完善阿拉伯烹饪艺术。幸存至今的最古老的阿拉伯菜谱是穆罕默德·本·哈桑·巴格达迪（Muhammad bin Hasan al-Baghdadi）在 1226 年撰写的《烹饪之书》（*Kitab al-Tabikh*）。

我们对中亚南部和伊朗高原地区在公元后一千纪中的生活的了解大部分来自伊斯兰地理学家的著作（Miquel, 1980; Samuel, 2001; Watson, 1983）。其中有一位学者名叫穆卡达西（al-Muqaddasi, 945—991），曾受雇于阿杜德·道莱[1]（936—983）位于设拉子（Shiraz）的宫廷，他记载了 985 年左右伊朗法尔斯地区库拉河下游的灌溉系统、商队客栈和水坝建设的情况。他写道，在伊朗古城伊什塔克尔，覆盖全城的灌溉系统为稻田和果园提供水源（Sumner and Whitcomb, 1999）。库拉河的支流普尔瓦尔河环绕着今天的伊什塔克尔遗迹——这个名字在波斯语中意为"水池"，这意味着这座古城附近可能存在过大型水库。

随着复杂完善的灌溉技术与伊斯兰教一起深入中亚，当地的饮食也在悄然改变。稻米可能就是在这一时期逐渐成为中亚

1　阿杜德·道莱（Adud al-Dawlah）：布韦希王朝统治者。原名法纳胡斯鲁，阿杜德·道莱是他的尊号，意为"国之股肱"。

和西南亚菜肴的主要食材。1972 年，胡萨姆·卡瓦姆·萨马赖（Husam Qawam El-Samarraie）对 9 世纪伊拉克伊斯兰农业进行的调查主要参考了伊本·瓦赫希亚（Ibn Wahshyya）创作于 10 世纪早期的《纳巴泰农事典》（*Kitab al-filaha al-Nabatiyya*）（El-Samarrahie, 1972）。伊比利亚作者伊本·阿瓦姆（Ibnal-Auam）根据从古代作者以及 12 世纪末、13 世纪上半叶同时代作者那里收集到的信息，编纂了一部农事专著——《农事书》（*Kitab al-Filaha*，伊本·阿瓦姆的农事典）（Canard, 1959）。阿卜·哈米德·安达卢西·哈纳提（Abu Hamid al-Andalusi al-Gharnati）出生于 1080 年，1106 年开始云游四方。1130 年至 1155 年生活在呼罗珊的他注意到，附近有许多城市、村庄、农场和要塞。他写道，那里有"各种水果，我在游历过的其他任何国家都没见过能与之媲美的果实"。他还写道，西瓜比"加糖的蜂蜜"还要甜，硕大的香瓜可保存一整个冬季，此外还有饱满的枣、红葡萄和白葡萄、苹果、梨和石榴（Ibn Fadlan, 2012, 88）。

在公元 988 年，另一位阿拉伯地理学家伊本·哈卡尔（Ibn Hawqal，从 943 年到 969 年游历各国）将花剌子模描述为"一个富饶的国度，盛产多种谷物和水果，但不出产胡桃。他们从世界各地进口棉花和羊毛织物"（Ibn Fadlan, 2012, 177）。伊本·哈卡尔是当时少数几位在幼发拉底河中游一带旅行的学者之一，他在《大地之形姿》（*Kitab surat alard*）中记录了农业领域的细节（Ibn Hawqal, 1964）。伊本·白图泰（Ibn Battuta）是另一位古代地理学家，他于 1325 年至 1354 年在南亚和北非各地旅行，对伊斯兰世界各地的水果品质都称赞有加。不过，他从未涉足内亚的心脏地带，因此我们不知道他是否曾将自己所记录的水果与北方的相比较。

除了地理著作外，还有许多在当时编纂的阿拉伯食谱部分或全部保存至今。这些书大部分创作于 13 世纪。为了满足哈里发王朝权贵的口腹之欲，这些食谱选用了来自整个伊朗高原甚至西至地中海沿岸的食材。通过这些著作，我们可以推断出一些关于中亚百姓消费的细节。其中最重要的两本食谱出自地中海地区，还有三本出自伊斯兰世界的东部（Perry，2017）。最为详细的一本题为 *Kitab al-Wuslah ila l-Habib fi Wasf al-Tayyibat wal-Tib*，这本书成书于叙利亚一带，起初是为阿尤布王朝统治者准备的，近期则被译为英文，书名为《宴会钟爱的食色至味》（*Scents and Flavors the Banqueter Favors*）。该书收录了 635 份食谱和药方。它提出了保持体液平衡的方法——体液说是古代的一种医学理念，有些学者认为这种学说正是沿着早期商贸路线从欧洲传播到东亚的。书中的食谱十分多样化，出现了刺山柑泡菜、大麦醋和花露，还有用陶土烤炉烤制的烘焙食品。食材之丰富更是出乎意料：扁桃仁、苹果、杏、香蕉、枣、香橼、山茱萸、酸樱桃、黄瓜、茄子、葡萄、榛子、柠檬、瓜、桑果、橙子、开心果、石榴和椰枣。有些食谱还用到了芦笋、卷心菜、胡萝卜、生菜、洋葱和芜菁，香草和香料则有沉香木、肉桂、芫荽、茴香、大蒜、茉莉和其他芳香的花朵、马郁兰、罂粟和芝麻、红花、檀香木、糖、漆树和大黄。

另一位来自中国的古代旅行者也注意到了沿途物产的丰富。1220 年，丘处机应成吉思汗之邀从中原出发，经过蒙古帝国，一路抵达兴都库什，进入今阿富汗境内，随后又返回中国。随他西行的门人李志常记录了自己在三年旅途中的见闻。他注意到，当他们来到中亚的城镇时，当地人为他们送来葡萄酒和品种繁多的水果作为礼物。他提到了中世纪小镇阿拉木图附近出产的棉花和水果，他将水果称为"阿里马"，即当地语言中"水果"的音译。他还写道，城镇周边有水渠灌溉的广袤苹果园。李志常记载了阿姆河[1]沿岸种植水稻和蔬菜以及天山果园的情形，尤其提到了桃、胡桃以及可能是杏的"小桃子"。他特别称赞了撒马尔罕附近的沃土，指出，除了荞麦和大豆，中国的谷物和豆类在此地都有种植。他对泽拉夫尚河流域的西瓜和茄子（一种狭长的紫皮茄子品种）也赞不绝口（Chun, 1888）。谈及内蒙古阴山山脉的灌溉农业时，他指出，高海拔的寒冷气候让果实成熟较晚，但是得到灌溉的田地和菜园产量还是很高。

随着殖民主义和大发现时代的到来，来自欧洲、中国和阿拉伯的旅行者、探险家、商贾、士兵和学者如潮水一般涌入中亚的贸易城市。他们中的许多人留下了关于人声鼎沸的市场和品类繁多的水果的记载。1671 年，意大利贵族安布罗休·本波（Ambrosio Bembo, 1652—1705）进行了一项穿越整个伊斯兰世界东部（主要是今伊朗地区）的考察任务。他注意到，每座城镇都有丰富的水果，尤其是伊斯法罕。他对瓜类称赞有加，称其胜

---

[1] 阿姆河（Amu Darya）：中亚水量最大的内陆河，咸海的两大水源之一，源于帕米尔高原东南部。《长春真人西游记》中称"阿母没辇"，"没辇"即蒙古语"河流"。《史记》《汉书》称之为妫水；《隋书》《旧唐书》《新唐书》作乌浒水（Oxus）；《大唐西域记》则记为"缚刍水"。阿拉伯语和波斯语则称质浑河（Jayhūn）。——译注

过他所了解的地中海中部的各种瓜类。一路上，他在许多商队旅馆小住。但是，他对农业活动似乎知之甚少，也许他一生都不曾亲事农桑。因此他怀着极大的兴趣描写了开心果长在树上时的模样。他认为食用橡果不符合他的身份地位，便将别人作为食物送给他的橡果弃置一旁，尽管与他同行的整个旅行商队都会在橡树林边停下来采摘橡果（Bembo, 1672）。

亚历山大·"布拉哈"·伯恩斯（Alexander "Bokhara" Burnes, 1805—1841）曾在 1831 年至 1833 年穿越兴都库什山脉，前往布哈拉。作为一名原本可以在大博弈中赢得赫赫声名的英军中尉，他以英国王室使者的身份驻扎在印度。与每一位行经内亚的欧洲旅行者一样，各地巴扎市集上琳琅满目的水果和兴都库什山脉高原河谷地带的耕种活动让他目瞪口呆。他写道，在高山之间的每座小山谷里，当地人都在种植苹果、樱桃、无花果、桑果、桃、梨、石榴和榅桲。伯恩斯也注意到了 1832 年土库曼牧民中戈克兰部落的耕种活动，他细致地描写道：在沿途所见的任何一处营地，"几乎每种水果都在自然状态下生长。无花果、葡萄藤、石榴、覆盆子、黑加仑，还有榛子，随处可见；当我们靠近图尔门人（Turrkmens）的营地时，还见到了大面积栽植的桑树"。或许是因为见惯了树木排列有序的英式果园，伯恩斯似乎并没有意识到眼前的果树并非野生，而是当地牧民人工栽植并精心照料的树木。他将被高产耕地和果园环绕着的布哈拉称为"蔬菜之国"（Burnes, 1834）。伯恩斯进一步指出，布哈拉的物资销路遍布整个内亚，利润十分可观。他还描述了杏、葡萄和桃在阳光下晒干的景象。尽管布哈拉葡萄享有盛誉（特别是紫葡萄和一种长型黄葡萄），但伯恩斯的评价却是：这座绿洲之城最出名的是瓜类。他在日志中用了好几页篇幅来歌咏这些甜瓜的美好。

詹姆斯·贝利·弗雷泽（James Baillie Fraser, 1783—1856）是一位苏格兰旅行家，他在19世纪初骑马走遍了中亚和南亚的大片土地，在1821年和1822年跟随商队走过丝绸之路的数条路线。大发现时代的探险家大多热衷于讲述激动人心、充满曲折的历险故事，但弗雷泽的旅行日志却满纸忧伤。他的结论是：波斯贫困地区的政局"暴虐专制、极不稳定、腐败得无以复加"。当他沿路北上时，又指出土库曼人"沉迷于抢劫杀人、将人当作奴隶贩卖"。在中亚，他记载了让生灵涂炭的疾病和劫掠，以及土库曼入侵者屠村的暴行——这在沙俄帝国扩张之前是司空见惯的事。实际上，波斯的疆土内只有两点得到了他的称赞：水果和女人。他描写了伊朗塞姆南省的一座小村庄，那里是流离失所的叙利亚人的栖身之处。他指出，那座村庄里的女子非常美丽，唯一能与她们绯红的脸颊相媲美的是村庄里种植的苹果（Fraser, 1825）。他寻访集市上的商铺，与水果摊贩交谈，在商队的旅馆过夜。他称赞好几座小镇的水果质量上佳，尤其是费尔干纳和泽拉夫尚河一带。

中亚山区和丘陵地带的农事活动也让弗雷泽着迷。他记载道，在尼沙普尔[1]以北的伊朗北部丘陵地区有一座小村庄，"那里有大片的花园，到处都是果树，结出的果实风味十足……（这样

---

1 尼沙普尔（Nishapur），又译你沙不儿、尼沙普然（Nishapuran），现代地图上标作"内沙布尔"，是伊朗东北部呼罗珊地区的一座古城。——译注

的小镇）在山麓一带和山谷间的低洼地带随处可见，山谷里有水源滋养它们"。在一次跟随商队深入山区时，弗雷泽注意到一座幽谷，"里面长满胡桃树、桑树、杨树和柳树；果树园依山势而建，一个挨着一个，从远处高山溪流引来的涓涓细流为它们提供水源"。在伊朗马什哈德北部，他目睹了成片的小麦和大麦田，栽植的西瓜、甜瓜、苹果、梨、杏和各种葡萄一直蔓延到山区。他指出，扁桃仁、开心果、藏红花和"最上乘"的水果都是从赫拉特出口的，此外还有当地产的丝绸。至于中亚地区，他夸赞泽拉夫尚河一带的水果，称"布哈拉的水果据说是顶级的；苹果、梨、榅桲、李、桃、杏、樱桃、无花果、石榴、桑果、葡萄、瓜类等时令水果应有尽有；甜瓜的个头和风味让人赞不绝口，其重量时常能达到 20 磅，而且在一年中的七八个月里都能保持新鲜和美味"。他还谈到了费尔干纳的灌溉农业和农作物的轮作制度。弗雷泽指出，浩罕周边地区存在农耕活动，果树和坚果树——"高大的松树、杨树、杏树、胡桃树和开心果树"——的种植从城市一直蔓延到山区（Fraser, 1825）。

出生于纽约州伊萨卡城的尤金·斯凯勒（Eugene Schuyler, 1840—1890）是一位美国学者，也是第一位在 1873 年访问俄国占领下的中亚的美国外交官。他曾到访希瓦、塔什干、撒马尔罕、布哈拉和浩罕。在 1877 年出版的旅行日志《突厥斯坦》（*Turkistan*）中，斯凯勒绘声绘色地描述了丝绸之路沿线依然活跃的城市和当地人的生活。他对沿途所经的每座城市的水果、坚果、奢华的花园、果园和葡萄园都称赞有加，还提到了人们会在饭前为他送上一盘盘鲜果和干果。同其他许多探险家一样，斯凯

026

勒注意到自己一直置身古代遗迹之中。"这片地区随处可见古代农耕的痕迹，显而易见，此地曾经存在规模较大的人口。有些地方的土丘现已长满梭梭树和其他灌木，但它们显然是昔日城市的废墟。"（Schuyler, 1877, 67）[1]

　　一路陪同斯凯勒前行并报道旅途情况的是《纽约先驱报》的美国特派记者贾纽埃里厄斯·麦克加汉（Januarius MacGahan, 1844—1878），这位记者后来因报道保加利亚的土耳其族大屠杀而闻名。他的旅行见闻更侧重于记录政治和军事活动，例如他在1873年目睹的俄罗斯对希瓦汗国的侵略行为。不过，他的文字中也穿插着赞扬了所经城市的优质水果。他注意到，阿姆河（他称之为乌浒河）沿岸广泛分布着果园，"种有各种各样的果树"；他将一眼望不到头的花园和果园形容为"名副其实的天堂"。他这样描述通向希瓦城的道路："杏树上仍然挂满玫瑰金色的果实，看起来光彩夺目；微型稻田依然郁郁葱葱，与小麦和大麦金黄的麦秆相映成趣，麦子已经收割完毕，但还未捆成麦束，只堆成干草堆似的麦垛，等待由马蹄踩踏脱粒。"他不仅记录了干果和鲜果沿着重要的贸易路线从希瓦和其他中亚城市运出，还特别提到希瓦的干果出口至俄国，以及希瓦当地种有瓜类和果树，尤其是石榴和无花果（MacGahan, 1876）。他发现，无论是在城市还是沙漠中的农舍，土库曼人都有种植农作物的习惯。尽管土地贫瘠，但农业仍是当地的经济支柱。[2]

1　附录中节选了一段他的记述。

2　关于麦克加恩对希瓦的集市的描述，请参见附录。

　　另一位游历该地区的旅行者是英国圣公会的牧师亨利·兰斯戴尔（Henry Lansdell, 1841—1919），他在亚洲各地进行过多次探险，足迹远涉西伯利亚腹地和帕米尔山脉，还曾穿越新疆。1878 年，他在哈萨克斯坦东南部的七河地区度过了一段时间，随后沿伊犁河谷而上，前往中国。他说这一地区的主要农作物是小麦、大麦、粟米、黑麦和燕麦。在七河地区周围的高海拔地带，人们种植苹果树、山楂树和杏树。接着，沿伊犁河谷进入中国塔里木盆地的他注意到，小镇市场上的瓜和苹果又大又甜。他还发现了茶叶、烟草、糖、鸡蛋和各色手工艺品等商品。他在固勒扎（今天的伊宁市，见图 3）集市的餐厅品尝到了用大量藏红花调味的菜肴、未经发酵的面饼和各种肉类（包括狗肉）。当然还有水果。他写道，在固勒扎集市上经营商铺的商人们来自喀什噶尔、浩罕、察布查尔和塔什干等地。作为地道的英国人，他对茶叶的质量和制茶工艺格外感兴趣。他深入内蒙古的高原河谷，记录"忠城"[1]（今阿拉木图）周边的农事活动，包括荞麦和其他谷物的种植。（Lansdell, 1885）斯凯勒同样游历过阿拉木图。据他所说，果园在海拔 2400 米的高地仍欣欣向荣，而城外的小溪阿尔马廷斯基（Almatinsky）正是以两岸繁茂的苹果树而得名（Schuyler, 1877）。

　　继续穿越费尔干纳平原的兰斯戴尔写道，平原上种有"各种各样的果树、16 种葡萄、包括稻米在内的常见谷物"，还有棉花

1　忠城（Vierny）：俄语 Верный 的拉丁文转写，该名字在俄语中的意思是"忠诚的"，故译为忠城。——译注

图 3　新疆固勒扎镇（现为伊宁市）的商业街，中国西北部
翻印自亨利·兰斯戴尔的《俄国统治下的中亚：固勒扎、布哈拉、希瓦和木鹿》
（London: Sampson Low, Marston, Searle, and Rivington, 1885）

和瓜类（Lansdell, 1885）。与之前的诸多欧洲探险家一样，来到
撒马尔罕的巴扎（集市），眼前熙熙攘攘的景象令他目瞪口呆，028
他惊奇地注意到，棉花、水果、稻米、丝绸和小麦贸易十分繁
荣。此外，他充分肯定了泽拉夫尚绿洲农夫的生产能力。

　　埃德蒙·奥多诺万（Edmund O'Donovan, 1844—1883）是一
位爱尔兰战地记者，他在报道英国人对一处殖民地起义的残酷镇
压时在苏丹被杀害。为了见证俄国军队对盖奥克泰佩最后一座土 029

库曼人要塞的围城之战，他穿越伊朗北部，一路奔袭，进入现代的土库曼斯坦境内。他坐在小山坡上，眼睁睁地看着一队规模不大的俄国武装部队屠杀上万名被围困在要塞内的土库曼战士，要塞在俄军狂风暴雨般的炮火猛击下土崩瓦解。这场战役在1881年终结了土库曼人的自由时代。奥多诺万跟随商队沿着丝绸之路走了相当长的路程。俄国统治时期的丝绸之路发生了戏剧性的改变：商队旅馆都配有大炮。在奥多诺万的记述中，他沿途停留的每座城镇都被果园环绕，由绵延数千米的灌溉系统提供水源。他还提到，在抵达一座小镇时，迎接他的是盛满干果和坚果的银托盘，让人盛情难却。另一座小村庄的特点是："有一片茂密的树林，几乎全是这种或那种果树，枣树（他所指的应该是沙枣）泛灰白的绿叶和橄榄树很像，掩映在杏树和石榴树深绿色的树丛中。"（O'Donovan, 1883）

他在现代城镇梅尔夫（马雷）驻足休整，不远处便是昔日丝绸之路最大的商贸重镇的遗迹。"几乎一年到头，集市上的水果都供应充足，而且鲜美可口。事实上，梅尔夫在久远的过去便因水果备受赞誉。此地的瓜类偶尔会出口到波斯，在那个国度被贵族当作礼物赠送给彼此。"（O'Donovan, 1883）他对城市周围种植的不同品种的桃一一进行评价，它们都很美味，而他最喜欢的——他称之为自己品尝过的最可口的桃子——是一个体形较小的深红色品种。杏子让他喜笑颜开，但沙枣吃完后让他觉得口干。在市场上，他见到了在日光下晒干的中亚干酪（库鲁特）、酸凝乳、羊肉、牛肉、骆驼肉，偶尔能见到羚羊和野马肉，还有不少野鸡、其他禽类和鸡蛋。其他商品还有棉纺织品、粗蚕丝和骆驼毛。俄罗斯商人出售长短步枪、印花布和皮革。其他摊贩兜售绿茶、方糖或冰糖。自中国远道而来的商贩带来茶碗、茶壶和平底玻璃杯。还有人出售食品、木勺、餐盘、衣服、帽子、刀和鱼干。[1]

除了在一排排商铺间流连忘返，奥多诺万还跟随丝绸之路上的商队穿越了伊朗北部。他记录下自己所见的耕地与休耕地交织的情景，零星的村庄点缀在田间。根据沿途经过的众多考古遗迹，他推断这一地区从前的人口更多。在伊朗北部一座有武力保护的商队客栈里，在等待号角声响起、示意大型商队可以出发向北前往梅尔夫的时候，他描绘出这样一幅画面："满载行李、准备上路的骆驼和骡子都站在那里，稍有一点动作，它们身上的铃铛便响起来。沙赫阿巴斯（Shah Abass）商队客栈的圆顶和炮塔在暮色沉沉的天色里显得轮廓格外突出。"（O'Donovan, 1883）他与这支商队一同走过阿巴斯—阿巴德（Abas-Abad）、马基南（Mazinan）和迈赫尔沙赫尔（Mehrshahr）等小镇，一直抵达萨布扎瓦尔（Sabzavar）——他在那里与商队分道扬镳，步行上路，开始接下来的冒险。

集市是中亚和西南亚社会生活的核心。每座城市中央都有一座大型贸易广场，有时露天营业，现如今则往往覆盖着俄罗斯制造的瓦楞塑料顶棚。集市不仅是人们获取食物的来源，也是社交、贸易往来的纽带。数百年来，商贾在伊斯兰和突厥世界无数座城市的集市之间往来，阿拉伯和突厥特色饮食便在此过程中逐

1　附录中节选了一段奥多诺万的记录。

渐形成。在图 4 中，两名乌兹别克斯坦商贩坐在撒马尔罕中央
巴扎的摊位上，那是 1911 年拍摄的照片。他们出售苹果、柠檬、
石榴、葡萄干、杏干和李干，还有榛子、鸡蛋、饼干圈（sushki，
一种又干又硬的面包圈，类似欧洲的椒盐饼）和瓜类。历代瓜农
精心爱护当地所独有的品种，今天中亚各地令种植者格外自豪的
数百种瓜类便是瓜农心血的结晶。无论在哪座中亚城市，秋季前
来的旅行者都会受到品尝甜瓜的盛情邀请，每座城市都声称自己
的瓜在全中亚首屈一指。

树木栽培的植物考古学资料

古代水果和坚果留下的植物考古学遗存表明，这项获利颇丰
的贸易可追溯到比文献记载更加久远的时代。本书将用大量篇幅
来研究内亚各处考古遗址出土的植物考古学遗存。不久以前，在
迈克尔·弗拉切蒂（Michael Frachetti）的率领下，一支美国与乌
兹别克斯坦组建的联合考古探险队深入中亚山区，发现了一座在
一千余年里不曾有人涉足的城市，考古学家将其称为"塔什布拉
克（Tashbulak）"（Maksudov et al., in press）。这座城市建立在海
拔约 2200 米的高处。2015 年夏天对该处遗址的发掘让团队得以
一窥千年前丝绸之路沿线城市的集市景象，而我正是该项目团队
中的植物考古学家。

在泽拉夫尚地区开展的考古调查确定了数十座古城的身
份，它们一度消失在时光的长河中，曾分布在帕米尔高原各处
（Boroffka et al., 2002; Spengler Ⅲ and Willcox, 2013）。其中几座
古城坐落在一段贯穿乌兹别克斯坦和塔吉克斯坦、露出地表的金

032

图4 撒马尔罕一处水果和坚果摊的照片，1911年。这张照片由谢尔盖伊·米哈伊洛维奇·普罗库丁—古斯基（Sergei Mikhailovich Prokudin-Gorskii）在一次普查沙俄帝国民族情况的官方考察中拍摄，照片使用分层彩色底片

美国国会图书馆图片与摄影部，华盛顿特区

属矿脉沿线上。这些矿业小镇的年代各不相同：最早的萨拉子目古城形成于公元前四千纪晚期，还有些城镇则近至苏联时期。这些城镇的海拔均在2000米至5000米之间，可想而知，它们需要从其他地方获得稳定的食物供应，来养活本地人口。其中一些城镇也许就是当时已有的贸易路线上最早的中转站。它们出产的金属矿和冶炼金属产品被输送到南亚各个日渐强大的帝国，也就是说，它们代表着伟大的丝绸之路上最早的有组织的贸易系统。矿石的运输路线或许就是丝绸之路的起源。

作为塔什布拉克考古小组的一员，我在城中央集市的遗址协助参与了一条小型探方（2 米 ×1 米）的发掘工作，它直接通向位于古城中心区的大型垃圾堆。我们从这座垃圾堆提取的大样中发现了已经碳化但保存完好的苹果种子、桃核和杏核、葡萄籽（甚至有一颗完整的葡萄）、瓜子、开心果壳的碎片、蔷薇果种子、沙枣、朴属植物樱桃的果核，还有豌豆、鹰嘴豆、小麦和大麦粒（Spengler Ⅲ et al., 2018）。

这些农产品中的大部分可能不是当地或附近出产的。大多数果实，尤其是树上结出的水果因为高海拔地区生长期短，产量十分有限。但是，距离这里只有几小时路程的海拔较低的地带，便有适合搭建果园和花园的环境。在塔什布拉克古城出售的许多商品或许来自极其遥远的地方。集市可能作为沟通的枢纽，将当地居民与远在今日撒马尔罕之外的伊斯兰世界连接起来。

033

1986 年，一支苏联考古队对另一处大致与塔什布拉克同时期（约有 1000 年历史）的高海拔矿业中心进行发掘，让我们对这些城镇出售的商品有了更多了解。巴扎达拉（悬崖市场）考古遗址地处海拔近 4000 米的阿克吉尔加河（Ak-Dzhilga）岸边，位于塔吉克斯坦东南部、靠近阿富汗巴达赫尚省的穆尔加布河流域内。据粗略考察，这座采矿小城由 80 个建筑物组成（Bubnova, 1987）。苏联考古学家在挖掘古代房屋时发现了谷物、豆类、水果核和坚果壳等易腐食物的遗存，品类之多样令他们大为吃惊。高海拔地区的严寒气候就像天然的冷藏柜，将这些食物保存了下来。虽然这支考古队并未对植物遗存进行系统的采集，但此地的植物遗存推动了中亚最大规模的植物考古学研究的发展。果核的遗存包括苹果核、梨核、杏核、小檗属植物的种子、樱桃核、葡萄籽、瓜子、桑葚籽、桃核和西瓜子；坚果的遗存则有扁桃仁、榛子、开心果和胡桃壳。发掘人员还声称他们发现了一些更令人感兴趣的水果遗存，比如枣核和柿子，更令人震惊的是，还有一块可能是椰壳的碎片（Bubnova, 1987）。然而，我没能追查到这些古老水果遗存物的真容，报告中没有公布完整的描述或照片。

星罗棋布的绿洲为中亚的沙漠点缀了几分绿意，巴布尔、奥列雷乌斯和阿卜勒·法兹在行经绿洲时品尝到种类繁多的水果和面包，这种多样性是古老丝绸之路的遗产。平凡的商旅、移民、流亡者或流浪汉在这些绿洲中心跋涉，将褡裢或挎包里的种子、水果、根茎、用于扦插的枝条和树苗从亚洲的一端带往另一端。

虽然在今天的我们看来，这些商贾绝大多数没有姓名和面孔，但也有个别传奇人物脱颖而出。例如，来自亚述国王提革拉毗列色一世（后世相信他于公元前 1115 年至前 1102 年在位）宫廷的史料表明，这位国王的一大功绩便是发现了几株包括雪松和橡树在内的树木（Watson, 1983）。许多汉学家认为，富有神话色彩的人物张骞是将许多农作物引入中国的功臣。不过，杰出的丝绸之路贸易史学家贝特霍尔德·劳费尔（Berthold Laufer）表示："张骞带入中国的植物只有两种：苜蓿和葡萄。在与之同时代的史料中，没有张骞引进其他植物的记载。"（Laufer, 1919）早前关于中国葡萄的考古发现则显示，甚至这两种农作物可能也不是由张骞带入中国的。

在丝绸之路的另一端，亚历山大大帝常被认为是丰富了欧洲

034

饮食的功臣，他将马其顿帝国在东扩中遇到的许多农作物引入欧洲，其中以苹果最为著名，尤其是矮株品种。然而，没有确凿证据可以断定亚历山大大帝是任何一种农作物的发现者。同样有人认为，迪奥斯科里德斯（Dioscorides）在随罗马军队行进时发现了某些农作物。尽管他不太可能发现全新的植物品种，但他的确很有可能通过文字传播了关于多种农作物的知识。

　　与丝绸之路沿线的食物传播有关的、最负盛名的人物恐怕非马可·波罗莫属。他从威尼斯到中国的旅行见闻录不仅随着时间流逝而被过分夸大，其本人在创作时似乎也进行了相当程度的润色美化。他所讲述的逸事非常生动，却很难与史料相互印证，以至于某些历史学家不禁质疑他是否真的进行过这次旅行。20世纪90年代末，吴芳思（Frances Wood）出版了著作《马可·波罗真的到过中国吗？》（*Did Marco Polo Goto China?*）（Wood, 1998）；不久之前，汉斯·乌尔里希·沃格尔（Hans Ulrich Vogel）则以一本题为《马可·波罗曾在中国》（*Marco Polo Was in China*）（Vogel, 2013）的作品作为回应。

　　无论是史实还是虚构，故事记述了年轻的马可·波罗从威尼斯前往中国的旅程，据说他曾在蒙古帝国忽必烈汗的朝中供职。马可·波罗生于1254年，据他所说，自己17岁时与父亲尼科洛·波罗、叔叔马费奥·波罗和两名多明我会僧侣一起离开意大利，直到24年后才返回故国。据称，尼科洛和马费奥在1260年至1269年间便以丝绸之路商人的身份进行过一次这样的旅程。

　　据说马可·波罗在1295年返回威尼斯，但他在威尼斯与热那亚的一场海战中被俘。二者都是强大的城邦国家和商业港口，它们在地中海沿岸为争夺香料、农作物市场和其他相关利益展开争夺。在热那亚的狱中，马可·波罗向一位来自比萨的狱友鲁斯蒂谦（Rusticello）讲述了他的旅行经历，因此也有人认为，正是这位狱友将马可·波罗的故事写了下来。马可·波罗以富商的身份在威尼斯度过余生，而他的传奇则流传至今。不过，倘若马可·波罗的经历纯属杜撰，但杜撰的依据也是其他走过丝绸之路的商人的真实故事。

马可·波罗将意大利面带入意大利的传说无疑是错误的。他的叙述中确实提到过中国的粟米、稻米和其他农作物，还有为养蚕和造纸而种植的桑树（Polo, 1845）。此外，考虑到他确实描述过面条这种食物，他可能对它们很熟悉。在描述中国的中央王朝出产的小麦面条时，他将其称为细面条（vermicelli）、千层宽面（lasagne）和面片（lagana），表明他是在将这些食物与自己早已熟悉的食物相类比（Serventi and Sabban, 2002）。但是，由于最初的文本并未保存下来，后世已无从证明这一论断。最有可能率先推广"马可·波罗将面条引进意大利"这一传说的，是意大利面生产商的官方行业期刊《通心粉杂志》（*Macaroni Journal*）在1929 年刊登的一篇文章。

主张面条发源于地中海地区的历史学家指出，古希腊人称为"laganon"的长条形无酵饼便是最早的面条。他们认为，古人将这种面包放入水中煮熟，几层面包中间夹上奶酪，就这样创造出了千层宽面，而煮熟的无酵饼也可切成名为"伊特里亚（itria）"的细条（Anderson, 2014）。这种烹饪技巧可能沿着早期的丝绸之路传到了唐朝（7 世纪）以前的中国。这种理论有其可取之处，但是大多数学者依然赞同"面条由阿拉伯商人引入意大利"的观点——在此基础上，意大利又发明出了小舞裙（ballerine）、空心细面、水管面、天使发卷（capelli d'angelo）、贝壳面、蝴蝶面、长宽面、螺旋面、千层宽面、扁平面、通心粉、笔尖面、空心粗面、意大利饺子、笔管面、实心粗面、缎带面、细宽面、意大利馄饨和宽通心粉。在此只列举今天世界范围内较为流行的几种面食。

在中亚和东亚地区，我唯一发现的可用于制作通心粉的小麦（硬麦，硬质或粗粒小麦）的考古遗存出自中世纪时期的塔什布拉克遗址。有些历史学家声称，这类小麦在公元 7 世纪伊斯兰教扩张时期与其他新农作物品种一起传播到了其他地区（Watson, 1983）。中国面条以多种谷物为原料，但现代地中海地区的面食则主要由硬粒小麦制成（不过，这可能是最近才出现的趋势，是磨粉和筛粉机械化的结果）。意大利人也许将面食视为本国的民族遗产，但是这种说法很难得到佐证，古代罗马和希腊的文本中都缺乏明确提及面条或硬粒小麦的记载——尤其考虑到幸存至今的文献中有对晚宴全程的详细记载，还有完整的食谱类书籍。南欧文献中最早明确提到面条的记载可追溯至 12 世纪和 13 世纪，而且似乎将面条的传播与阿拉伯商人联系在一起（Serventi and Sabban, 2002）。根据文献资料，我们基本可以肯定：西南亚地区在很多个世纪之前就在食用面条。因此，号称"意大利国粹"的意大利面很可能是在不到 1000 年前才由阿拉伯商人经由海路从亚洲运到意大利的舶来品。

最后，区分史实与传说的唯一办法，是对来自历史文献的证据与考古调查所得的资料进行比对。当然，考古研究也无法避免错误或误解。随着现代科学手段在考古学中得到日益广泛的应用，早期的考古学解读正在受到质疑。本书中所呈现的资料主要来自植物考古学研究。不过，同位素分析、古蛋白质组学和古遗传学研究正在为植物考古学的研究成果提供补充和支撑，其作用日渐显著。在下面的章节中将出现许多跨学科学术研究得出的结论，这些结论会为我们揭示历史的真容。

3

丝绸和香料之路

　　1498 年 5 月 20 日，瓦斯科·达·伽马率领由 4 艘船和约 170 名船员组成的舰队在印度卡利卡特（今科泽科德）登陆，标志着从欧洲到东亚的海上航行第一次取得成功。达·伽马的旅程开启了香料之路的新篇章，将欧洲与东南亚连接在一起，让全新的风味——尤其是黑胡椒和肉桂——遍及全球（Diffie and Winius, 1977）。

　　他的航程是沿海路前往亚洲的若干次尝试之一。早在 6 年前的 1493 年 3 月 4 日，克里斯托弗·哥伦布的舰队便驶入达·伽马启航的里斯本港口，却在第一次横跨大西洋的探险中遭遇风暴，偏离了航向。这次航行改变了人类历史前进的方向，欧洲与新世界之间广泛的物种交流就此开始，史称"哥伦布大交换"。在接下来的几个世纪里，欧洲人逐渐见识了鳄梨（牛油果）、南瓜、可可、木薯、菜豆、辣椒、玉米、花生、山胡桃、土豆、藜麦、向日葵、烟草、番茄、香草和水生菰（*Zizania aquatic*）。作为交换，他们也向美洲输出了一系列植物，它们的入侵能力强悍到重塑了西半球的每一个生态系统。

令哥伦布大失所望的是,他始终没有找到为之踏上征程的亚洲香料植物,比如豆蔻皮——肉豆蔻的假种皮、肉豆蔻核和黑胡椒(Hanson, 2015)。在 1492 年 10 月 23 日星期二,哥伦布在自己的航海日志中写道:"我对这些物产一无所知,这真是世上最令我痛心之事。我见到了上千种树木,在现在这个季节就像西班牙的 5 月和 6 月时的树木一样绿意盎然,每一种树都有独特的果实。还有上千种开花的草药,然而我只知道芦荟,其他的全不认识。"(Columbus, 2003)由于对当地植物缺乏了解,哥伦布的一些船员误食了毒番石榴(*Hippomane mancinella*,西班牙语中称之为 manzanilla de la muerte,意思是"死神的小苹果"),他们将那些圆圆的绿色果实误认为葡萄牙常见的苹果(Hanson, 2015)。

哥伦布和达·伽马都有充分的理由从风平浪静的欧洲港口起航,驶入未知之海。二人都在寻找一条高效的海上航线,以便前往东南亚——传奇香料之路上多种商品的发源地。与丝绸之路一样,更靠南的香料之路上的交流往来至少可以追溯到公元前三千纪。到公元前一千纪,香料之路上的贸易有很大一部分转向了海运。货物被运到红海,然后经陆路抵达地中海,或者渡过尼罗河,再向北运往地中海沿岸的港口。公元 1 世纪,波斯商人运送到罗马的香料包括黑胡椒、豆蔻属植物、姜和姜黄。阿克苏姆帝国(100—940)是当时红海贸易的主宰,直到阿拉伯商人控制这片地区。

斐迪南·麦哲伦(1480—1521)的远征队想要探索一条通向东南亚的海路,完成哥伦布未竟的事业。在为期 3 年的航行中,麦哲伦探险队失去了 5 艘船中的 4 艘，牺牲了 200 名船员，包括麦哲伦本人和大多数指挥官，但是探险队最终实现了自己的目标。唯一幸存的维多利亚号在船长胡安·塞巴斯蒂安·埃尔卡诺（Juan Sebastián Elcano）的带领下返航，它不仅是第一艘完成环球航行的船，还带回了满满一船的珍宝。1522 年，这艘船回到塞维利亚，船上满载着肉桂、肉豆蔻皮、肉豆蔻核，还有 26 吨来自印度尼西亚香料核心产地——马鲁古群岛特尔纳特市的丁香。他们用货物偿还了西班牙王室对这场远航的投资，付清之后还绰绰有余。

植物沿着人类文化交流的既定航线（比如大西洋航线或香料之路）传播，这绝不是殖民时代才有的创举。在此之前，类似作用的路线就已存在，比如阿克苏姆的盐帮贸易路线，单峰驼和篷车组成的驼队满载着盐，沿着这条路线穿越广袤的埃塞俄比亚沙漠；还有从西南亚寸草不生的贫瘠地区穿过的波斯皇家之路。除此之外还有"塞巴商道"（Sabean Lane），又称"塞巴人之路"或"萨巴人之路"，这是印度和东亚农作物沿阿拉伯半岛南部边缘地区向非洲东北部和西南亚扩散的路线，也是非洲东北部和西南亚农作物反向传播的路线（Birkill, 1953）。穆子（*Eleusine coracana*）、高粱、珍珠粟（*Pennisetum glaucum*）、豇豆、蓖麻、柑橘属植物，甚至可能还有芝麻，这些农作物都曾在公元前三千纪和公元前二千纪出现在这条路上。过去 20 多年来的植物考古学发现表明，这些农作物中有许多原产于北非，随后向东扩散（Harlan, 1971; Murdock, 1959）。例如，北非萨赫勒地区发现的古代珍珠粟遗迹年代在公元前 2500 年左右，而这种农作物似乎在公元前 2000 年便已传入印度（Zeven and de Wet, 1982; Brunken, de Wet, and Harlan, 1977）。高粱也在公元前二千纪早期沿同样的路线传播（Fuller, 2003; Fuller and Boivin, 2009）。印度的梵文文献和吠陀经则为这些农作物的植物考古学证据提供了补充。虽然阿拉伯香料之路可能最早在公元前 2800 年便存在，但是，在公元前 1200 年至前 650 年这一时期，这些路线控制在来自蓬特（Punt）的麦因人（Miaeans）手中——蓬特是一个鲜为人知的国度，曾在历史学家中引发激烈的争论，而麦因人则是古埃及帝国重要的贸易伙伴（Nabhan, 2014）。

公元前一千纪，塞巴人控制着阿拉伯半岛和西南亚南部的贸易往来。他们出售产自北非的乳香和没药——古希腊人和古罗马人用它们敬奉神明、悼念亡者。塞巴商人的足迹遍布非洲、亚洲和东欧。塞巴农业生产者拥有一套复杂的河渠系统，可以灌溉数百平方公里的农田和果园（Nabhan, 2014）。该系统在很大程度上依赖一条 1.6 公里长的主渠，同时利用二级和三级渠来输送大坝从亚达纳干河（Wadi Adhanah）拦下的淡水。塞巴人收获的谷物、豆类和水果由马匹或骆驼运送，与麦因人交换乳香、没药和茴香（Singh, 2008）。就这样，马黎德绿洲（Ma'rid Oasis）的塞巴农业生产者与麦因商人建立起贸易往来，最终发展为伟大的香料之路，促使成千上万艘欧洲船舰驶向大海，开启了探索与殖民主义的时代。

塞巴商道也被称为"香路"（Incense Road）或"乳香小道"（Frankincense Trail）。这两个称呼分别提到了两种不同的植物。"香路"将地中海东部与印度连在一起，途经非洲之角的索马里、

041

埃及、黎凡特，非洲东北部和阿拉伯半岛。沿线贸易在公元前700 年至公元 200 年达到顶峰，那是阿拉伯半岛香料贸易的早期时代，主要出产豆蔻属植物、大马士革玫瑰（*Rosa damascene*）、石榴、漆树（*Rhus coriaria*，用于制作混合香料"扎塔"）和姜黄（Nabhan, 2014）。除了亚洲香料、纺织品和宝石外，还有阿拉伯乳香（*Boswellia* spp.）、芳香树胶（*Commiphora wightii* 和 *C. africana*）、乌木和没药等商品。乳香、芳香树胶和没药都是富含芳香物质的树脂，主要产自北非。当公元 224 年萨珊帝国在波斯崛起时，一些新的农作物正在阿拉伯半岛逐渐传播开来，比如亚洲稻米、香蕉、芭蕉、茄子、菠菜、柑橘类水果和甘蔗（Watson, 1983）。

042 公元 7 世纪，伊斯兰势力征服波斯，使双方的交流得到进一步深化，新的农作物品种和饮食习惯传入西南亚。随着海上香料之路的地位日渐突出，越来越多远道而来的香料进入地中海地区，例如黑胡椒和白胡椒、桂皮、肉桂、肉豆蔻核和肉豆蔻皮、八角和丁香等。

东南亚香料贸易的中心是马六甲港。马六甲的街道上飞扬着胡椒粉和肉豆蔻粉。16 世纪，班达群岛是全球唯一的肉豆蔻核和肉豆蔻皮产地，丁香则产自马六甲和马来西亚南部。当时马六甲港挤满了运送葡萄牙枪械和来自欧洲的补给的船只。整个 16 世纪，欧洲人在印度洋展开了激烈的竞逐。哪个国家能控制香料贸易，便控制了全球最大规模的财富流动。

然而，香料贸易并不是因为欧洲殖民势力的到来才开始的。人们带着这些植物制品跨越千山万水已有好几千年的历史。印度各民族在丝绸之路和香料之路的沿线贸易中都发挥着重大的作用。公元前一千纪，印度和巴基斯坦北部（古代的北印度）是交流的枢纽，印度河—恒河平原上许多条连通南亚次大陆北部与孟加拉湾各港口的贸易路线都汇集于此（Nabhan, 2014）。其他从北印度出发的贸易路线则一直向恒河延伸。孔雀王朝（前 322—前 185）覆灭之时，恒河已成为一条商贸要道。历史学家认为，印度的某些贸易路线是随着吠陀教徒、佛教徒和耆那教徒从恒河地区向南亚各地的早期迁移而形成的（Walsh, 2006）。历史学家还表示，势力范围覆盖印度北部和中亚南部的贵霜帝国（30—375）控制着北上的贸易路线，即后来的丝绸之路南线。这些彼此交错的贸易通道汇入丝绸之路的主脉，与从长安（今西安）前往喀布尔或马什哈德，从布哈拉、希瓦、木鹿、派肯特（Paykent）或撒马尔罕前往罗马或印度河的商队路线交汇。由于货物转手很快，一队商旅极少一次经过多座贸易城镇。在帕提亚帝国[1]的贸易城镇巴尔米拉，考古学家发现了一些保存完好的纺织品。一片按中国样式纺织的丝绸碎片上描绘着葡萄收获的画面，背景中则出现了中亚商人和巴克特里亚双峰驼（Liu, 2010）。

　　许多历史学家将目光聚焦在自东向西输送的、将上述地区与欧洲南部联系在一起的商品。在古罗马时期，贵霜商贩从克什米尔和范围更广的喜马拉雅山脉一带运来香料和宝石，这些香料包括云木香（*Saussurea costus*，希腊语中 κόστος/costus 意为"来自东方的"）、芳香树胶和喜马拉雅匙叶甘松（*Nardostachys*

043

1　我国古代也称之为安息帝国。——译注

jatamansi）。绿松石来自伊朗东北部的呼罗珊，青金石则来自阿富汗东北部的巴达克山。红海一带的许多商人是托勒密王朝时期在当地定居的古希腊人的后裔。贵霜帝国陷落后，丝绸之路南线落入小规模贸易网络和商业团体之手。来自今撒马尔罕地区的粟特人脱颖而出，成了占据主导地位的贸易群体。公元3世纪，萨珊帝国的子民取代帕提亚人成为波斯帝国的统治者，将贵霜势力逐出当地。贵霜人在4世纪又遭到笈多帝国（320—550）的进一步倾轧（Liu, 2010）。

本书的研究重点是陆上贸易路线，但随着商船开始横跨亚洲运输货物，贸易往来的频率得到了极大的提升。香料之路最南边支线的海路终点是刺桐（今泉州）。在帖木儿完成对中亚（包括今亚美尼亚、阿塞拜疆、伊朗、伊拉克和格鲁吉亚）的征服之后，刺桐的交通量在14世纪最后的25年达到了顶峰。帖木儿将都城定在撒马尔罕，他改变了贸易路线的政治氛围。在其去世（1405年2月18日）的前一年，帖木儿还在为东征做打算，集结力量准备对东方的大明王朝发起大规模的进攻。虽然这场征伐的主要目的没有实现，但它确实促使明朝不再倚重中亚来实现商业利益。当明朝将注意力转向南方的航海路线时，刺桐古城便成为新兴的贸易枢纽，在伊斯兰商人的主导下连接东亚与欧洲。据推测，马可·波罗曾在1292年游历刺桐。14世纪晚期，刺桐已有稳定的商船往来，船舶满载黑胡椒、桂皮、丁香、肉豆蔻核、肉豆蔻皮、四川花椒和檀香木，驶向遥远的西方市场。

民族植物学家加里·保罗·纳汉（Gary Paul Nabhan）对13世纪的刺桐航运细账进行了分析。账目中出现了芦荟、杏、蒌叶

（*Piper betle*）、香豆蔻、桂皮、肉桂、丁香、椰子、芫荽、孜然、龙血树脂、茴香、葫芦巴（*Trigonella foenum-graecum*）、乳香、姜、绿豆蔻、榛子、大麻籽、没药、木犀属植物（*Osmanthus sp.*）、胡椒、松子、大黄、藏红花、檀香木、苏木（*Biancaea sappan*）和八角（Nabhan, 2014）。

虽然香料之路对塑造各地特色饮食产生了深远的影响，但是我们可以有理有据地说，在其北部的丝绸之路为丰富我们厨房中的食材做出的贡献更多。这些交流用的网络以指数级增加的速度变得密集，促使思想和技术在全球范围内传播，彻底改变了人类的历史，进而推动我们向信息时代前进。

连接古代世界的桥梁

丝绸之路不是一条单一的道路，甚至也不是一组确定的路线。我们最好将其视为一种在欧亚大陆上呈现出高度流动性和交互性的、将天南海北的文化联系在一起的动态文化现象。从这一角度来看，它向北跨越阿尔泰山脉，远及西伯利亚和蒙古；它将来自非洲、阿拉伯半岛和印度的货物运往北方；当然，它也将地中海和东亚及中亚连接起来（Christian, 2000; Di Cosmo, 2002; Hanks and Linduff (eds.), 2009; Kuzmina, 2008; Victor (ed.), 2012）。这个将中亚置于古代世界中心的交流关系网看起来更像是放射状的轮毂，而不是一条笔直的大道。中亚先民像搬运工一般，将诸多新发明从中国运送到吐蕃、大夏、波斯、拜占庭、希腊、罗马和更远的远方。

这个错综复杂的系统或许起源于公元前二千纪游牧民族和农

046

牧族群所使用的道路。纵观苏联学者对内亚的牲畜季节性迁移长达数十年的研究成果，E. 库兹明娜（E. Kuzmina）指出，牧民翻山越岭时经过一些隘口，那里有水源和草料，坡度也不算陡峭。库兹明娜据此提出了这样的论断："通过追溯这些道路最初的使用情况可以推断出，伟大的丝绸之路可能早在青铜时代就具备了雏形。"（Kuzmina, 2008）这一观点在苏联考古资料中占据主流地位（Gorbunova, 1986）。

丝绸之路（Silk Road，更准确地说是德语中的"Seidenstrasse"）一词由探险家、地理学家兼历史学家费迪南德·冯·李希霍芬（Ferdinand Von Richthofen）男爵（"一战"传奇飞行员"红男爵"的叔叔）在 1877 年正式提出。某些古籍中记载，丝绸起源于一片远在东方的未知之地，李希霍芬便据此提出了"丝绸之路"的名称。大卫·克里斯蒂安和其他一些历史学家更倾向于使用该名称的复数形态——Silk Roads，他们主张这个词源于德语中的复数名词 Seidenstrasse（Christian, 2000）。本书中使用单数形态，与约定俗成的用法保持一致。

虽然李希霍芬对"丝绸之路"一词的使用限定在非常狭窄的范围之内，但他对汉代以后连通欧亚大陆的更广泛的交流体系也很感兴趣，尤其是唐代将异域商品输入中华的贸易网（Richthofen, 1877）。他发现，唐代已经存在相当活跃的商业网络系统。正如米华健（James Milward）所总结的："将丝绸之路理解为中国与罗马之间的东西向道路或者其他类似的概念，这种观念非常狭隘，也不符合事实，事实是丝绸之路并非某一条'道路'，而是将诸多商品集散连在一起的、纵横交错的道路的集

图 5　布哈拉紧靠古城墙的市场上出售的水果和蔬菜，2017 年。在这些商贩所售卖的果实中，有许多早在 2000 年前便在这座城市里出售

摄影：本书作者

合。历史学家更愿意将丝绸之路视为一个网络，而不是单线条的道路。"（Millward, 2013）与之类似，历史学家科林·伦福儒（Colin Renfrew）指出："丝绸之路有许多条，但它们的主干道都途经新疆，穿过内亚，再延伸到地中海沿岸的叙利亚，及至古代世界。"（Renfrew, 2014）数千年来，中亚人和他们的贸易网络塑造了现代世界的面貌。历史学家给他们的社会和文化贴上了许多标签，比如阿瓦尔人、辛梅里安人、于阗人、蒙古人、塞种人、萨尔马提亚人、斯基泰人（广义）、粟特人、吐火罗人、回鹘人、乌孙人、匈奴人和月氏人。

考古研究进一步表明，"丝绸之路"并非一蹴而就、突然出现，而是以游牧民族的季节性迁移路线和补给路线为基础逐渐形成的。俄国历史学家和丝绸之路学者纳塔利娅·戈尔布诺娃（Natalya Gorbunova）的看法是，丝绸之路是季节性迁徙的产物，尤其是在公元前一千纪晚期，随着中亚山区对马匹运输的依赖逐渐增加，丝绸之路的各条路线逐渐发展起来（Gorbunova, 1993）。这样一来，公元一千纪晚期骆驼商队的行进路线或许是游牧民族的绵羊和山羊在许多个世纪前开辟出来的道路。同样，放牧牦牛的藏民和突厥骑兵所戍守的隘口，在过去几千年里也是农牧民在冬季牧场和夏季牧场之间穿行的通道。

根据学者当中日益壮大的观点，我对"丝绸之路"采取较为宽泛的定义，这一定义的内涵比人们熟悉的西方古典时代和东方汉代的长距离商队交流更为宽泛（Spengler Ⅲ, 2015; Kuzmina, 2008; Renfrew, 2014）。关于丝绸之路的传统认识经过了浪漫想象的加工，人们设想这条路所依托的是有组织的政治势力，即帝国集团通过这条路上的长距离交流互通有无。按照这种观点，伟大的丝绸之路直到公元后的 1000 年里才逐渐成形，在内燃机问世的时代便宣告终结。然而，沿途的商队在现代世界依然存在。著名的民族志学家和探险家欧文·拉铁摩尔在中亚旅行时曾与商旅并驾齐驱，在大漠中纵马扬鞭，他在《通往突厥斯坦的沙漠之路》(*The Desert Road to Turkestan*) 一书中记述了这段经历。20 世纪 20 年代和 30 年代，他在中国、蒙古、俄国和中亚游览过许多市场和集市 (Lattimore, 1928; Lattimore, 1940)。

人们翻越狭窄的高山隘口走向远方，同时也将关于冶金、马匹繁育和骑马、纺织和工艺制造的先进知识与设备传播开来——还有宗教。他们随身携带的纺织品采用丝绸、羊毛、亚麻、大麻和棉等材质，在高大的重锤织机上纺织而成，这种织机可以织造出复杂的斜纹布和格纹布 (Doumani et al., 2015)。他们的行囊中还有皮毛和毡布、经过切割和抛光的石质装饰品、瓷器和陶瓷艺术品、腌鱼、腌肉，以及晒干的奶酪、干果和发酵饮料——比如葡萄酒和马奶酒 (马奶发酵而成)。他们传播的是语言、基因以及更广泛意义上的文化习俗。

当技术和文化知识在丝绸之路沿线渗透时，其他知识也以丝绸之路作为传播的渠道。公元前 130 年，希腊—巴克特里亚王国的覆灭是第一件在丝绸之路两端均有历史学家记载的历史大事件 (Christian, 2000; Rogers, 2007)。公元前 109 年至前 91 年，中国的传奇史学家司马迁及其同僚记录了汉使张骞奉命前往西域、试图与中亚人民结盟共御匈奴人的故事。身在中亚的张骞比其他中原人提早几年得知了希腊—巴克特里亚 (Greco-Bactrion) 王国灭亡一事，于是，这一历史事件也被司马迁记录下来（Qian, 1993）。大约半个世纪之后，古罗马史学家斯特拉波也在卷轴或木质写板上记录了这段已为中原人所知的中亚历史，而且，他很有可能参考了更早的史料，提到了希腊—巴克特里亚王国的崩溃和月氏在北方的扩张。

　　我们有确凿的证据表明，公元 1 世纪，丝绸之路上已有贸易往来，并且已有配套的贸易规则和有组织的税收。公元前 121 年后不久，授命张骞远行的汉武帝将长城一直延伸到敦煌和玉门关，使玉门关成为汉朝最西端的军事要塞。玉门关遗址至今仍坐落在敦煌西北约 80 公里处（Hill, 2009）。得益于屯兵之地的建立，商旅停驻的小城在中国西部（尤其是河西走廊一带）形成了一条穿越祁连山脉、以长安为终点的通道（Liu, 2010）。西部地区的汉朝戍卫塔楼内发现了写在木牍上的私人文档和军事文献。1900年左右，考古学家奥莱尔·斯坦因从古老的契丹城门出发，在千佛洞附近的瞭望塔垃圾堆中也发现了类似的文献。在这些由丝绳绑在一起的古籍中，有一份文献罗列了瞭望塔军官布置的各项杂务，包括屯田、种菜、开凿运河和修理农具等（Mirsky, 1977）。

　　汉朝的军事力量在该地区的渗透带来了农业革新的浪潮，尤其是在塔克拉玛干沙漠。农业的革新促进了人口增长，为更密集的交流奠定了基础（Liu, 2010）。公元前 108 年，汉朝征服楼兰，并在该地区建立起军事哨所。历史学家认为，汉军与当地人的融合使葡萄、梨、石榴和枣在汉朝内部得到了更好的普及（Anderson, 2014）。然而事实上，是汉朝在中亚北部的扩张促进了中亚的食物向东方流动。

图 6 卡拉库姆沙漠绿洲间的单峰驼群，土库曼斯坦，2010 年。中亚现在很难再见到大型驼群了，它们在很大程度上已被卡车和飞机所取代
　　摄影：本书作者

　　在公元后的 1000 年里，丝绸之路开始呈现出截然不同的面貌。386 年，拓跋氏征服汉朝旧地，建立起国号为"魏"的王朝，这个史称北魏的政权对这片土地的松散统治一直持续到公元 550 年左右。来自北方的拓跋氏常被定性为游牧民族，他们与中亚人始终维持着紧密的文化联系和贸易往来。有些史学家认为，公元 400 年至 500 年左右是北方商道贸易往来最为重要的时期，这一时期孕育了唐朝精英阶层对异域商品的强烈渴求。在北魏亡国之前，北魏都城内设有一片专供外国人生活的区域（与后来的唐朝都城如出一辙），根据某些历史学家的估算，这片区域生活着 4 万至 5 万名中亚人（Anderson, 2014）。600 年，唐朝海纳百川，洋溢着浓厚的多元文化氛围，市场上随处可见贩售美酒、水果、肉干和马匹的中亚商人。

　　《齐民要术》是介绍北魏时期从西域引进新食物的优秀古代

文献之一，据说成书于 544 年，当时北魏已日暮西山。这部著作的作者是贾思勰，书中有好几章专门记述农事活动，除了介绍来自中亚的瓜类等农作物之外，还提到了石榴，这似乎是一种新引进的果实（Anderson, 2014）。

到北魏末年，一些来自帕米尔高原山麓以及富饶的泽拉夫尚河平原的粟特人承担了丝绸之路中间商的重要角色。这些商人艰难跋涉，穿越险象环生的中亚地带，将丝绸和香料运往遥远的市场。巴克特里亚双峰驼比它们的阿拉伯近亲单峰驼更强壮，能背负更重的货物，也更能忍耐中亚的恶劣环境。丝绸之路的经典形象——络绎不绝的驼队便来自这一时期。虽然这种动物吃苦耐劳，但是丝绸之路上最关涉生命的要素是沿途的驿站——它们发挥着加油站的作用。布哈拉、楼兰、木鹿、撒马尔罕、吐鲁番和乌鲁木齐……这些点缀在沙漠绿洲和崇山峻岭间的小镇都在人类历史上留下了自己的印记。

唐朝建立起全世界前所未见的最大规模的商贸网络，营造出日益增长的国际大都会的氛围。觥筹交错的宴席让宫廷和坊间的生活热闹非凡，席间时常可以见到从西域（中亚的绿洲城市、河谷间的村落，以及今天的新疆地区）进口的葡萄酒。为宴饮助兴的还有来自西域的音乐和中亚的胡旋舞者。斟酒的侍女与表演者和美酒一起从西域进入此地（Wertmann, 2015; Anderson, 1988）。唐朝的都城长安有许多酒肆，尤其是西市和礼泉坊附近更是酒肆林立（Wertmann, 2015; Anderson, 1988; Anderson, 2014）。这些通常由粟特人经营的酒肆是城市文化交流和商贸谈判的中心。根据史料记载，这里有蓝眼睛的侍女和沿街兜售胡饼的波斯商贩，这些都是中亚影响的明证（Anderson, 2014）。在这一时期，长安城逐渐成为全世界最庞大、很可能也是最多样化的国际大都会。这座城市是佛教徒、穆斯林、犹太教徒、景教徒、东正教徒和祆教徒[1]的家园；这里生活着阿拉伯人、汉人、印度人、蒙古人、波斯人、粟特人、塔吉克人、鞑靼人、土库曼人和回鹘人。这些人不仅仅在市场上摩肩接踵，也建立起贸易和通婚的纽带。因此，丝绸之路不仅仅是贩运茶叶、麝香和马匹的道路，也是人类基因的交融之路。

　　杰出汉学家薛爱华根据史料编纂了一份关于唐朝进口贸易的详尽研究报告。进口的商品包括人（奴隶和表演者）和家畜（主要是马匹），此外还有种类繁多的野生动物和动物制品，包括象牙和犀角，从貂皮到豹皮等各类动物皮毛，还有兽尾、兽角和羽毛等。沿线运输的货物既有世俗用品也有宗教用品，还有书籍文献、贵金属、实用金属和精加工玻璃器。进口的宝石和矿物包括玉石、红玉髓、雄黄、石英、孔雀石、青金石、珍珠、绿松石、琥珀、珊瑚、盐、明矾、硼砂、硝石、硫酸钠（芒硝）、硫黄和钻石。羊毛、亚麻、丝绸、棉布，以及毛毡、地毯和服装都是商旅们交换的货物。

　　大量药物、草药、经方和具有神话色彩的疗法也是交易的对象，薛爱华在研究中列举了其中之一二；他还提到了一些芳香

1　祆（xiān）教，又称火祆教、拜火教、琐罗亚斯德教（英文 Zoroastrianism，波斯文：مزديسنا），古波斯帝国国教，在波斯萨珊王朝时期盛行于中亚各地，是伊斯兰教诞生之前西亚最有影响的宗教。8 世纪中叶穆斯林占据中亚后，大批祆教徒向东迁徙，进入中国。

物质，比如熏香、沉香木、藤香木、榄香脂、樟脑油、安息香脂或枫香树、乳香和没药、丁香、天竺薄荷和茉莉花。这条路上运输过多种加工食品，包括酒和其他发酵饮料、果干、蔬菜干以及蔗糖等（Schafer, 1963）。其他历史学家则根据阿拉伯学者的记载，罗列出一系列在唐代沿着这条伟大商道传播的产品（Christian, 2000）。

考古学家在中国境内发掘出土的金银器证明，唐代的贸易和思想传播具有极其重要的地位。何家村遗宝是其中格外引人瞩目的一大发现。20世纪70年代，在长安古城胡人云集的西市东南方向1公里处，出土了2只大陶瓮和1件小银罐。陶瓮每只高约半米，里面装满金银器、药瓶，还有经过雕琢的宝石和矿物。此外，人们还发现了大量钱币，有些钱币竟然来自遥远的日本和拜占庭。其中有一枚显然是出自希拉克略统治时期（610—641）的索利都斯金币，不过它有可能是中国古代仿造的复制品，还有一枚是萨珊王朝库思老二世统治时期（590—628）的德拉克马银币（Hansen, 2003）。何家村一共出土了478枚钱币，几块银锭上镌刻的日期表明，这批遗宝的年代在公元732年后。除了金银器，遗宝中还有玛瑙器、玉雕、黄玉、蓝宝石、琥珀和珊瑚（即红珊瑚，一种红色的海洋珊瑚，在西藏地区是备受推崇的珍宝）。根据推测，其中某些器皿应该曾经装有药材和其他贵重货物。许多器物，特别是酒碗，都呈现出典型的粟特风格（不过与前文出现的钱币一样，有可能是中国胡人市场上的仿品）。器皿上装饰着狩猎的场景：画面描绘了有舞者和粟特乐师助兴的宴席，宾客酩酊大醉，还有衔着丝带的鸟儿、狮子以及极具粟特特色的珍珠花纹等。

随着阿拉伯势力的东扩，唐朝与中亚地区的联系开始受到干扰。712 年，在经历了激烈的战斗和漫长的围城战之后，撒马尔罕最终落入阿拉伯入侵者之手，而在此之前，阿拉伯军队早已横扫中亚南部和伊朗。当时率领阿拉伯军队的是屈底波·伊本·穆斯利姆（Qutayba b. Muslim）。粟特国（康国）国王乌勒伽（Ghurak）签订协约投降，为撒马尔罕城支付了一大笔赎金。然而，阿拉伯人的首领还是占据了这座城市，迫使粟特人的首领迁往附近的瑟底痕城（今伊什特汗）。新政权接管了丝绸之路沿线的贸易。鉴于与粟特人（以及中亚其他民族）的密切联系，唐朝向中亚派出了一支大军，支援当地仍然希冀击退阿拉伯人的政治领袖。751 年 7 月，唐军在怛罗斯河畔与齐亚德·伊本·萨利赫（Ziyad b. Salih）统帅的黑衣大食（阿拔斯王朝）军队正面交锋，这就是赫赫有名的怛罗斯之战（Karev, 2004）。大食军队击败了唐军，带走了一大批战俘，其中有不少手工匠人和丝绸工人。传说，这些工匠懂得缂丝和纺丝的技艺。为了养蚕，阿拔斯王朝在全境各地栽种桑树，很快，亚洲各地都开始生产丝绸。但也有学者认为，中亚地区可能还存在更古老的丝绸产业（Liu, 2010）。

在接下来的 1000 年里，丝绸之路的贸易控制权在军事强国之间不断易手。经过尼哈旺德一战（642），阿拉伯军队迫使萨珊王朝的武装力量退居木鹿，这场战役为丝绸之路的伊斯兰化奠定了基础。从考古学角度而言，基本没有证据表明中亚地区出现过迅猛的伊斯兰化进程，许多地区的文化转变似乎都是逐渐发生的。取代倭马亚王朝（661—750）的阿拔斯王朝（750—1258）

054

将首都从大马士革迁至巴格达。阿拔斯王朝的精英阶层积累了可观的财富，尤其是来自中国和印度的地毯和丝绸。《天方夜谭》收录的许多故事发生在这一时期。10世纪，井然有序的贸易网络已经建立起来，并且受到阿拔斯王朝的保护。商道拓展到北非，沿非洲东海岸一路延伸，甚至深入西非的某些地区，欧洲大部分地区和整个亚洲更是不在话下。商道沿线的主要驿站基本上都掌握在穆斯林手中，甚至在伊斯兰教并非主流宗教的地区也是如此，因为主导贸易活动的是穆斯林商旅。这些伊斯兰势力很快取代了在其之前的佛教驿站，成为中亚的掌权者。统一的塞尔柱帝国和各地独立的埃米尔是丝绸之路西部安全的保障，他们建造起堡垒一般的商队旅社，为旅行者提供食物和住宿，为他们的牲畜提供饲料，以此确保商队的安全（Liu, 2010）。

在伊斯兰的黄金时代（750—1257），源自波斯和阿拉伯的饮食习惯发生大融合，导致了一场跨越西南亚和中亚的风味大爆炸。波斯厨师和阿拉伯厨师将各自的厨艺、灵感和食材融为一体，以满足人们对全新香料和食物日益强烈的渴求。倭马亚王朝宫廷从千里之外招募厨师，为美食的融合提供了助力。人们对香料和新口味的不懈追求促进了对全球范围内的探索。来自遥远的印度洋海岛和中国山地的新奇调料和风味促进了饮食的融合和发展，同时也推动了经济帝国主义的发展。在这段黄金时代，信奉伊斯兰教的化学家还开展了炼金术试验，探险家将新发现的东亚疆土画进地图，政客打着民主的旗号纵横捭阖，而厨师们则对一直延续到现代厨房的全新食材和调料心醉神迷。

在阿拔斯王朝早期，丝绸之路沿线的贸易十分繁荣。讲波斯语的移民与波斯人和粟特商人结为盟友，共同满足唐朝对异域风情和奢侈商品的庞大胃口。当时足迹已经遍布中亚的粟特人迁入今天的中国西部地区（Wertmann, 2015）。从 5 世纪到 8 世纪，粟特人都是贸易的主导者，以片治肯特、撒马尔罕和布哈拉为活动中心（Liu, 2010）。他们只是运送货物进出中国的若干民族群体之一。在这一时期，整个中亚都在经历艺术和文化事业百花齐放的盛景，专业歌伎和舞者年纪轻轻便在行会接受训练，准备前往中国和阿拉伯的宫廷献艺。最终，享受美食和艺术蓬勃发展的成果的对象，不再只是倭马亚王朝统治阶层的精英，而是整个中亚地区的黎民百姓。

另一股入侵势力——13 世纪初的蒙古人再次改变了丝绸之路的面貌。中国的宋朝（960—1279）孕育了财力雄厚且生机勃勃的贸易网络，通过陆路和海路将亚洲与欧洲相连。13 世纪 10 年代，成吉思汗统一蒙古高原诸部，以哈拉和林为都城。由此开始的一系列历史进程最终导致了宋朝的灭亡，同时也对丝绸之路北线的贸易造成了不良影响。

辅佐成吉思汗的耶律楚材曾在 1218 年至 1224 年跟随蒙古大军西进中亚，并撰写了一部赞美西域的书籍[1]。他为撒马尔罕题献了一组诗歌，将坐落在沃土之上的撒马尔罕誉为全中亚最美的城市。"环郭数十里皆园林也。家必有园，园必成趣。率飞渠走泉、方池圆沼，柏柳相接，桃李连延，亦一时之胜概也。"他又对城中出产的水果和葡萄酒也不吝溢美之词："盛夏无雨，引河以激"，

---

1 即《西游录》。——译注

"酿以蒲桃，味如中山九酝"（刘译，2010）。

蒙古的可汗帝国寿命不长，不过，另一位突厥军事领袖将在不久之后统一内亚。14世纪末，帖木儿的势力在撒马尔罕崛起，加之中国海路贸易的增长，这两大因素再一次彻底改变了跨欧亚贸易的面貌。在多重因素的作用下，丝绸之路北线开始缓慢衰落。虽然这些商道在被沙俄帝国征服之后得以幸存，但再也无法与其鼎盛时期同日而语。知识、文化、技术、原材料、加工产品和人类DNA穿越高山峡谷和无垠荒漠，沿丝绸之路传播，这对欧洲和亚洲历史的形成功不可没。作物和农业知识的传播不仅推动了欧亚大陆腹地农业活动的发展，更改变了全球的生态系统和饮食习惯。谷物和轮作制度传入东亚和欧洲（将在后文详述）为不断增长的人口和不断扩张的帝国提供了不可或缺的给养。

在简要阐明丝绸之路的历史沿革和地理轨迹之后，下面几章中将重点研究沿丝绸之路不同方向传播的食物：每种食物的起源地，驯化历史，它们沿丝绸之路向其他地区传播的情况，以及它们对各地特色饮食和文化的后续影响。

PART II

深入厨房的丝绸之路

4

粟米

与我们熟悉的大颗粒谷物（比如小麦）相比，粟米在全世界范围内养活了更多人口。"粟米"一词是多种农作物的泛称，大多数情况下可用于称呼任何一种小颗粒谷物。这些谷物被史前时代的农业生产者在世界各地分别多次驯化。在 4000 年前的北美中南部各州（从阿肯色州到得克萨斯州再到密苏里州），从事农耕的古人已经在种植五月草（*Phalaris caroliniana*）了。在 2000 年前的西南美洲，人们已经懂得采集，甚至可能已经人工栽植索诺拉鼠尾粟（*Sporobolus* spp.）。高粱，这种原产于非洲、经驯化后在全球广为种植的农作物也常被归为粟米一类。起源于非洲的粟米还有好几种，例如珍珠粟（*Pennisetum glaucum*）、穄子[1]（*Eleusine coracana*）、苔麸[2]（*Eragrostis tef*）和福尼奥米

1　穄子，禾本科穄属。在中国各地有鸭脚粟、拳头粟、龙爪稷、龙爪粟、鸡爪粟、鸡爪谷、鹰爪粟、鸭爪稗、碱谷、非洲黍等俗名。——译注

2　苔麸，禾本科画眉草属，又名埃塞俄比亚画眉草。苔麸（teff）一词来源于埃塞俄比亚闪族语词根"tff"，意为"丢失"（因为谷粒非常小）。在埃塞俄比亚的奥莫特语（Oromigna）和提松雷语（Tigrigna）中亦分别写作 Tafi 和 Taf。——译注

（*Digitaria* spp.）。东亚农民种植的粟米种类更加广泛，除细柄黍
（*Panicum sumatrense*）、鸭嫲草（*Paspalum scrobiculatum*）、尾稃
草属和臂形草属（*Urochloa* spp. 和 *Brachiaria* spp.）之外，还包
括黍、粟和稗。本章将讨论这类在中亚种植历史悠久的关键农作
物的不同品种。

黍：生长于古典时期以前欧洲的东亚农作物

虽然在工业化的现代世界中，黍主要作为鸟食，但是在古代
世界，它是重要的谷物之一。从公元前一千纪至公元二千纪初，
黍是建设欧洲的劳动者、士兵和农民维系生命的口粮。我们在大
多数混合鸟食里见到的富有光泽的小圆粒种子就是黍，请不要将
其与颗粒稍大且通常呈红色的谷物——高粱混为一谈。今天，杂
粮面包在美国深受全食（whole-food）[1]爱好者的追捧，而黍作为
杂粮面包的一种成分也迎来了短暂的复苏。

通过一系列古代文献，我们得以一窥古人对欧洲南部和西南
亚植物的认知和使用方式。这些文献记载了农作物收获和备耕的
方法、耕种实践以及相关的传说。

被西塞罗称为"历史之父"的希罗多德（约前484—前425）
为希腊北部诸民族撰写了大量著述。任何一位研读其著作《历
史》（*Histories*）的学者都应持保留态度。与大多数古典时期的
学者一样，希罗多德并未费心将神话与现实区分开来。根据他的
记载，他称为"斯基泰人"（Scythians）的部族是嗜血的游牧悍

1　即轻加工食物和无加工食物的统称。——译注

将，他们吸食大麻，用敌人的头骨盛酒喝。然而他也提到，斯基泰农夫种植粟米，粟米和大草原上自然生长的洋葱是他们的主要农作物。希罗多德还提到了西南亚，他写道："在那里，小麦和大麦的叶片很容易长到四指宽；至于粟米和芝麻，虽然我知道它们可以长到多高，但我不想说出来。因为我明白，从未踏足巴比伦尼亚的那些人根本不会相信我所说的关于谷物的一切。"（Herodotus, 1920）

考古学家提出了一个观点：国家集中灌溉工程的发展是让黍和粟传播至整个中亚和西南亚的主要驱动力之一（Miller, Spengler Ⅲ, and Frachetti, 2016）。希罗多德评论称，西南亚广泛覆盖的灌溉系统让农民可以全年种植农作物，有利于实行轮作制。粟米曾经是属于穷人的低投入农作物，但在轮作周期中变得至关重要，在欧洲和西南亚的地位也因此不断提高。

巴尔干地区的人们种植黍已有近 2000 年历史，他们可能是从中亚牧民那里获得了这种农作物，而且很可能是最早开始种植这种农作物的欧洲人。在德摩斯梯尼于公元前 341 年发表的第三次反腓力演说中，他警告雅典人，"为了色雷斯人粮仓里的黑麦和粟米"，腓力二世将在冬天围困色雷斯。德摩斯梯尼强调了粟米的储备，试图借此激励希腊公民团结一致，共同对抗"牧民"部队的入侵（Valamoti and Jones, 2010）。

古典时期的自然哲学家和医师也提到了粟米的不同品种。希波克拉底（前 460—前 370）的《急性病摄生论》（De diaeta in morbis acutis）中记载了经过烤制和发酵的粟米。泰奥弗拉斯托斯

（约前 370—前 288 / 前 285）在《植物志》（*Historia plantarum*）第八卷"谷物和豆类"中描述了黍，在其他著作中对这两种小颗粒东亚谷物都有提及。出生于莱斯沃斯岛的泰奥弗拉斯托斯师从柏拉图，是亚里士多德的同窗好友。他的巨著《植物志》是欧洲最古老的植物志，他本人也因此赢得了"植物学之父"的美誉（Scarborough, 1978）。

佩达努思·迪奥斯科里德斯（Pedanios Dioscorides，约 40—90）是尼禄统治时期（37—68）的罗马军医。他跟随罗马军队遍访帝国疆土，从高卢直至小亚细亚遍布他的足迹。他留心观察并详细记录沿途遇到的植物及其用途，无意中成了有史以来第一位民族植物学家。他于公元 64 年左右撰写的著作《药物志》介绍了大约 600 种植物和植物产品，比泰奥弗拉斯托斯所罗列的还要多出 100 种。迪奥斯科里德斯谈到了黍和粟这两种农作物，尤其关注它们的养生功效，还对谷物酿成的发酵饮料赞不绝口（Dioscorides, 2000；Osbaldeston, 2000）。

老普林尼（23—79）在其代表作《博物志》（*Naturalis historia*）中提到了超过 1000 种植物，相比之下，泰奥弗拉斯托斯和迪奥斯科里德斯的汇编都相形见绌。老普林尼可以说是古典时期最著名的希腊生物学家，而他的这部作品也成了后人介绍自然世界时最常引用的文献。他对知识满怀激情，甚至为此付出了生命，在观察摧毁赫库兰尼姆古城和庞贝古城的维苏威火山爆发时不幸身亡。庞贝古城的植物考古学调查表明，粟米在当地居民的饮食中占有重要地位（Murphy, 2016）。

《博物志》第 18 卷第 10 章的标题为"谷物博物志"。老普林尼在这一章中指出，黍和粟都是地中海沿岸和安纳托利亚半岛的夏季农作物，而在后面的篇章中，他声称这些谷物只需 40 天即可成熟。他写道："共有好几种黍（粟）类，例如，乳米（mammose）的谷穗呈簇状，边缘有细小的绒毛，一株植物顶部生有两穗。可根据颜色予以区分，有白色、黑色、红色甚至紫色。有好几种面包以粟米为原料，但以黍为原料的却寥寥无几：没有任何已知的谷物比粟米重、在烘烤时更易膨胀。"在第 24 章中，老普林尼列举了数个有种植粟米习惯的地区，其中便包括中亚。老普林尼称，粟米是斯基泰人的主要农作物。"萨尔马提亚人（萨尔马提亚是伊朗人在西南亚建立的部落帝国）主要以这种粥为食，甚至食用生肉，此外只饮用马奶或从马腿上割出的鲜血。"老普林尼在接下来的一卷中再次提到，两种粟米都是耐旱的植物，即使在夏季也能在贫瘠的土壤上播种。他指出，粟米是黑海以南东欧大草原地区的主要农作物之一。在讨论他所谓的"人工酿造葡萄酒"时，他还记录了酿造粟米啤酒的配方。尽管这些谷物（例如大米）在其东亚原产地主要用于制作粥一类的食物，但在中亚的厨房里，它们经过转化，被制作成了无酵饼和啤酒。

斯特拉波（前 64/63 年—约 24）在《地理学》中介绍了古典世界各地的风土人情。在谈及生活在今克罗地亚一带的雅波德人[1]时，他写道："他们的土地贫瘠，人们主要以斯佩耳特小麦和

063

1　雅波德人（Iapydes，又写作 Iapodes, Japodes；希腊文写作 Ιάποδες）是生活在利本尼亚以北内陆地区的古代民族，主要活动范围在库帕河与乌纳河之间。——译注

粟米为食。他们的盔甲来自凯尔特，他们也像其他伊利里亚人和米拉斯人（Miracians）一样文身。"他进一步指出，在高卢，人们在葡萄和其他水果难以生长的地区种植粟米。斯特拉波还写道，在意大利北部的波河两岸，粟米也是轮作作物之一，"他们说，有些平原一年到头都可以耕种；前两轮种黑麦，第三轮种黍类，偶尔还能再种第四轮蔬菜。"后来，在介绍生活在东欧大草原一带的民族时，斯特拉波特别提到了庞蒂克·科马纳（Pontic Comana）、达兹莫尼提斯（Dazimonitis）和加齐乌拉（Gaziura）等古镇，以及一些以粟米（包括黍和粟）作为最重要的农作物的区域。

其他提到粟米的古希腊和古罗马作者还有赫西俄德（公元前 8 世纪），他在《赫拉克勒斯之盾》（*Shield of Heracles*）中提到粟米是一种夏播农作物。色诺芬（前 430—前 354）在描写在奇里乞亚（位于安纳托利亚南部的波斯控制地区）种植的农作物时提到了黍和粟。波利比乌斯（约前 200—前 118）的《历史》（*Histories*）中有一章标题为"山南高卢[1]的粮食生产"，文中称山南高卢地区（即阿尔卑斯山南麓、今天的意大利北部地区）种植的黍和粟产量都很高。除此之外，出现关于这些农作物记载的古籍还有：亚里士多德（前 371—约前 287）的作品篇章；老加图（前 234—前 149）的《农业志》（*De agricultara*）；

1　山南高卢（英文 Cisalpine Gaul，拉丁文 Gallia Cisalpina），又称内高卢或山内高卢，是指古罗马时代阿尔卑斯山和亚平宁山脉之间由塞尔特侵略者居住的意大利北部地区。与山南高卢对应的是山北高卢（Gallia Narbonensis，亦称外高卢或山外高卢），即阿尔卑斯山以北，现今法国、比利时、荷兰与卢森堡一带，是另一群塞尔特人（高卢人）居住之地。——译注

瓦罗（前116—前28）于公元前37年创作的《论农业》（De re rustica）；卢修斯·尤尼乌斯·莫德拉图斯·科鲁迈拉（4—70）所著的另一本《论农业》（De re rustica）；维吉尔（前70—前19）的《农事诗》（Georgics）。另外，古罗马食谱合辑《阿比修斯》（Apicius）也收录了若干份用到粟米的食谱（Murphy, 2016）。

上述古典时期文献所针对的受众是生活富足、受过良好教育的人群，而不是在田间辛苦劳作的普罗大众（Murphy, Thompson, and Fuller, 2013）。罗马公民和希腊地主的别墅内栽种的通常是具有精英气质的作物，尤以葡萄、橄榄和其他水果为多。因此，被视为穷人食物的谷物并不是上述文献所关注的重点。考虑到这一点，粟米的地位可能比仅从上述文献所得的推断重要得多。证明公元前一千纪的欧洲人食用两种粟米的文献证据得到了植物考古学发现的支持。对庞贝古城进行的一项植物考古学研究为黍在古罗马世界的重要地位提供了佐证（Murphy, 2016）。对古城第6区1号街区大量居民房屋内植物遗存的调查表明，黍在当地家庭中尤为常见，其出现频率是大麦的3倍以上。

黍究竟如何在公元前一千纪传播到东欧和内亚并成为当地至关重要的农作物？这始终是一个谜团，也是一个备受争议的课题。在遥远的古代，许多农作物穿越了内亚的重重山谷，早期传播在黍遍及整个旧世界的过程中发挥着引人深思的作用。

黍的起源地
单系还是多系 [1]

千百年来，黍喂饱了整个欧亚大陆上的数十亿农夫、小规模农场主和牧民；然而，关于这种谷物的历史，许多问题至今仍未得到解答：黍在何时何地被人类驯化，经历过一次还是多次驯化，以及它如何在书面记载出现之前跨越亚欧两大洲，等等。更令人不解的是，黍的野生祖先或亲本种群从未被发现过；为了回避这个问题，典型的做法是假设这种神秘的野生黍类祖先一定生存在（或曾经生存在）欧亚大陆中部的某个地方（Zohary, Hopf, and Weiss, 2012）。

在黍的故事中，最有意思的便是关于它究竟是单一起源还是两大起源的争论；用植物学术语来说，即关于黍应归为单系群还是多系群的争论。这场争论中的许多观点最早形成于 20 世纪 70 年代中期格鲁吉亚境内的高加索山脉。戈里斯拉娃·N. 利希齐纳（Gorislava N. Lisitsyna）曾在 20 世纪 60 年代至 70 年代担任俄罗斯科学院考古研究所的常驻古植物学家，是苏联屈指可数的几位植物考古学专家之一。她对土库曼斯坦南部（当时是苏联的一部分）的早期农业，尤其是灌溉系统进行了研究。20 世纪 70 年代

1　单系和多系：如果一个分类群包含来自一个共同祖先的所有后代，那么这个分类群就称为单系类群或单系群（monophyletic group）。单系群中的所有物种只有一个共同的祖先，而且它们是该祖先的所有后代。

　如果一个分类群包含的成员来自两个或多个分支，且没有包含所有成员的最近共同祖先，那么这个分类群就称为多系类群或多系群（polyphyletic group）。换言之，该分类群中并不包含其所有成员的最近共同祖先。——译注

中期，她将注意力转向了高加索地区。

1977 年，利希齐纳与同事 L·V·普里什申蓬科（Prishchepenko）发表了他们在格鲁吉亚和阿塞拜疆对尤泰佩（Kjultepe）、阿鲁赫洛（Arukhlo）、伊米里斯戈拉（Imirisgora）和恰克（Chokh）等遗址进行的植物考古学研究的摘要（Lisitsyna and Prishchepenko, 1977）。学界普遍认为，这片地区在人类历史早期便出现了农业生产活动。根据从这几处遗址收集的资料，两位苏联古植物学家认为，早在公元前 5 千纪，该地区便已存在活跃的农业经济。考古发现中包括保存完好的黍的谷粒。在利希齐纳看来，这样的发现或许并不意外，因为许多俄罗斯人从小就以各种各样的卡莎粥作为早餐，其中最常见的就是小米稀饭。在 1984 年的一部专著中，利希齐纳以上述资料为依据指出，在苏联的行政区划内存在一个瓦维洛夫所提出的栽培植物起源中心（Lisitsina, 1984）。尼古拉·伊万诺维奇·瓦维洛夫常被誉为苏联最伟大的植物学家（在二战期间的大清洗中牺牲之后，他更是备受赞誉），他在栽培植物起源方面的研究无疑对利希齐纳产生了很大影响，而利希齐纳的观点则为随后几十年许多学者的研究奠定了基础。在苏联时期，研究早期农业栽培谷物的普遍手段是：仔细检查谷物留在黏土烧制的容器上的压痕。目前，东欧有 31 处考古遗迹发现了年代早于公元前 5000 年的黍，还有非常多遗迹发现了粟米或各种谷物混合物、狗尾草属或黍属谷粒的残迹（Hunt et al., 2008; Motuzaite-Matuzeviciute et al., 2013）。

虽然证据显示"粟米在东欧被人类驯化"，但是，黍和粟这两种农作物在东亚饮食中的悠久历史（在东亚，黍和粟不仅仅用来熬制早餐的稀粥，其用途广泛得多）却与这些证据相互矛盾。在中国的史料中，黍和粟的历史可追溯到数千年前。1980 年，位于华北太行山一带的磁山文化遗址[1]（前6100—前5600）出土了一片大型粮食窖穴，为"粟米在中国的人工种植早于高加索山脉的考古发现"提供了物证（Zhao, 2011）。

证据表明，这种谷物在 7000 多年前分别在欧亚大陆两端为人类所种植，这一现象很难得到解释。没有其他证据能证明这些文化之间存在交流，也无法证明谷物在如此早期的历史阶段就被传播了如此遥远的距离。目前存在两种可能的解释：其一，黍被人类驯化了两次——一次在中国东北部，另一次在高加索山区或欧亚大陆的某个地方（这一假设得到了"农业起源之争"中的著名学者杰克·哈兰的支持）（Harlan, 1975; Harlan, 1977）；其二，这种农作物在没有其他农作物或物质文化伴随的情况下，在早于现有的丝绸之路活动证据的时代，独自完成了亚洲和欧洲之间的跨越。

2011 年，随着黍基因测序的完成，学界再度掀起了关于这种植物究竟源自一种还是两种祖先的争论（Cho et al., 2010）。同样在这一年，剑桥大学的一支考古学家和生物学家团队发表了一篇以遗传学为基础的种群研究，其中用到了在更大规模的基因组研

1　磁山遗址位于河北省武安市磁山村东约 1 公里处，东北依鼓山，距武安城 17 公里，距今约 10300 年，考古学上定名为"磁山文化"。磁山遗址共发掘灰坑 468 个，其中 88 个长方形窖穴底部堆积有粟灰，层厚 0.3 米至 2 米，有 10 个窖穴的粮食堆积厚近 2 米以上。这一发现将中国黄河流域植粟的记录提前到距今 7000 多年。磁山遗址粟的出土，提供了中国粟出土年代为最早的证据。——译注

究中所识别出的遗传学引物[1]。这项2011年的研究检视了欧亚大陆
各地的粟米品种中特定基因（等位基因）的分布。研究人员检测
出了两个遗传信息截然不同的黍种群——一个在东欧、一个在东
亚——两个种群在很久以前便存在明显的生殖隔离。研究报告的
作者指出，造成这种遗传隔离的原因有可能是存在彼此独立的两
次驯化，也有可能是一小部分栽培植物在早期传入东欧之后才与
亲本种群发生了隔离（Hunt et al., 2011）。从理论上说，后一种
情况的确有可能发生：长途旅行的人带着一小袋谷物，在离家万
里的高加索山脉开垦出一片全新的粟米田。因此，早期学者提出
的两种假设都可以解释遗传学研究的结论。

067

学者们重新审视了十几份关于欧洲地区发现的、早于公元
前5000年的各种粟米的报告，随后对其中的部分观点提出了质
疑（Hunt et al., 2008）。他们指出，在对欧洲各地遗址进行的大
规模植物考古学分析当中，只有一小部分涉及早期粟米（Boivin,
Fuller, and Crowther, 2012）。不仅如此，这些发现通常只是几粒
谷物，与同一地点发现的数千粒小麦属和大麦谷粒不可同日而
语。学者认为，在已发现的粟米遗迹中，至少有一部分可能只
是粒型较大的野生黍亚科植物，这些野草原本或许是混杂在农
田里的杂草。剑桥大学的吉德丽·莫图扎伊德·马图采维丘特
（Giedre Motuzaite-Matuzeviciute）和她的同事指出，这些考古发
现大多记载于50年前，许多出土谷物或压痕已经散佚，现已无

---

1 引物（primer）是指在核苷酸聚合作用起始时，刺激合成的一种具有特定核苷
   酸序列的大分子，一般是一小段单链DNA或RNA。——译注

法验证当初的判断或重新进行断代。不过，莫图扎伊德·马图采维丘特的研究小组成功锁定了他们认为具有代表性的 10 份关键样本，并对其进行了放射性碳定年检测。虽然证明欧洲早期存在粟米种植的证据看起来数目众多，但是莫图扎伊德·马图采丘特及其同事坦言："断代测定的日期显示，过去对中欧和东欧大量黍的大植物遗存年代的判断比真实情况偏早了至少 3500 年。"（Motuzaite-Matuzeviciute et al., 2013）

这篇文章在植物考古学领域的影响力空前；它表明此前关于这些考古发现的十数份现场报告并不可信，而且直接驳斥了许多已发表的现场报告中的观点。不仅如此，这篇文章重新描绘了欧亚大陆早期农业的图景，改变了我们对丝绸之路雏形范围内的农作物传播的认知。

总之，上述两种假设——无论是主张粟米同时起源于东亚和东欧的多系说，还是主张一小部分种群在早期被分离后产生遗传隔离的单系说——似乎都站不住脚。如果推定莫图扎伊德·马图采维丘特及其同事（包括考古遗传学家哈丽雅特·亨特）的结论正确，那就意味着黍直到公元前二千纪早期才传入欧洲，欧洲地区发现的年代更早的粟米类谷物要么是鉴定有误，要么是从年代较晚的上层考古地层中下渗的遗存。

中国"东北"：粟米的故乡

黍和粟在史前时代的大约同一时期、同一地区被人类驯化，更有意思的是，它们在整个旧世界的农耕系统中常常同时出现，不过，它们并不是一同传出东亚的。这两种农作物似乎都起源于中国北方的黄河流域（Bellwood, 2005; Crawford et al., 2005; Zhao, 2011）。它们的耐旱性也许正是适应黄河以北半干旱草地或辽阔草原的结果（Liu, Hunt, and Jones, 2009）。现已发现的年代最早且保存完好的碳化黍粒出土于中国北方的大地湾遗址（约前 5900），这一地区还有好几处大致属于同一时期的遗址（见地图 2）（Bettinger et al., 2010; Liu, Kong, and Lang, 2004）。例如，磁山遗址也出土了大量碳化的谷粒，尽管它们的来源和年代一度饱受争议。内蒙古兴隆沟遗址（前 5670—前 5610）的发现则进一步证实，早在公元前六千纪的中国北方，黍已经得到了广泛种植。兴隆沟遗址共出土了 1400 多粒碳化黍（以及 60 粒碳化粟）；这些谷粒在三家独立的实验室分别进行了测年以核实其准确性（Zhao, 2011）。

最近几年的稳定碳同位素（δ13C）研究为我们对粟米传播的认识做出了重要贡献。粟米的光合作用机制（C4 机制）与大多数植物不同，因此碳同位素的比值也有所不同，这一点可用于研究古人类食谱。以粟米为食的古代人类的骨骼中可以检测到这种与众不同的碳同位素 C4 的信号。对大地湾遗址进行的同位素研究进一步支持了"粟米种植在公元前 5900 年已在当地普及"的观点（Barton et al., 2009）。

作为对大植物研究结论的补充，大地湾遗址人骨中测出的 δ13C 含量较低，这一点似乎提示我们，在公元前 5900 年至前 5200 年，该遗址先民的饮食中粟米所占比例有限。这些数据很可能表明，当时低投入粟米种植还处于初期，当地先民的混合型经济仍然高度依赖狩猎和采集活动。不过，该遗址还出土了晚于公

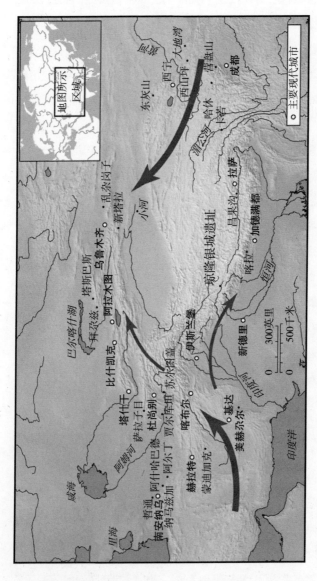

地图 2　中亚山地走廊的主要考古遗址以及农作物扩张的可能路径。农作物沿土壤肥沃、适合耕种的山谷传播，这里人口密度相对较高，冰川融水汇成的溪流和雨水滋养出丰美的草甸

元前 3900 年的人骨，这部分人骨中的碳同位素含量较高，而这很可能就是粟作农业地位提升的结果（Barton et al., 2009; Jing and Campbell, 2009）。其他学者基于考古证据指出，公元前 5000 年至前 3000 年是农耕活动迅速发展的时期，而这种发展显然是农业集约化和粮食出现富余带来的结果（Zhao, 2011）。

070

研究世界各地植物驯化中心的植物考古学家可以追溯出许多（尽管不是全部）植物漫长的演化过程，从探索现代食用植物的野生亲缘种开始，这些野生植物经过一步步的形态变异，最终成为我们今天所熟悉的植物品种。在西南亚，有大量人类采收野生小麦和大麦的证据，还有展现西南亚基础农作物驯化进程的证据。虽然大植物考古数据显示，粟米种植始于公元前六千纪，但是没有确凿的证据证明，人类在驯化这种植物之前已有栽植野生品种的活动，也没有关于人类在驯化过程中与农作物互动的证据。证据的缺失为其他推测留下了很大空间：人类驯化粟米的时间可能更早。与大米和玉米等其他世界主要谷物一样，微观植物学数据分析得出的人类最早驯化粟米的日期极具争议，这个日期比大植物考古证据推断出的日期早了好几千年。

微体植物遗存研究最早的农业证据主要集中在分析植硅体（植物细胞内和细胞壁之间的硅颗粒）、淀粉粒（谷粒内部和植物根系中葡萄糖分子聚合而成的颗粒）以及孢粉上。虽然这些鉴定和断代技术极大地拓展了早期农业研究，但其鉴定的可靠性和准确性都存在争议。

在大地湾人骨的稳定碳同位素测定数据——该数据支持当前大植物研究的结论——发布一个月之后，另一支学者团队在同一份期刊上发表了一篇论文，宣称他们在磁山遗址发现了小米"驯化"的证据（Lu et al., 2009a）。倘若这一成果能够经受住科学的考验，它将使东亚最早出现农业活动的年代提前至与西南亚出现农业活动几乎一样的时期，即全世界已知最早的植物栽种活动出现的时期。这一观点令许多中国历史学家、学者和考古学家振奋不已，他们纷纷对此表示支持（Anderson, 2014; Liu, 2004; Yang et al., 2012）。论文作者称，中国有可能是全球农业起源的先驱，其依据是他们在提出这一惊人结论的一个月前在另一篇论文中确立的标准（Lu et al., 2009a）。这套新颖的标准不仅可利用植硅体区分人工驯化的粟和黍，还可用于区分这两种农作物各自的野生和驯化品系。几位作者对一种野生狗尾草样本（Setaria viridis）和两种野生糠稷（Panicum bisulcatum）样本中的植硅体进行了定性研究，提出："可以利用植硅体对粟和黍进行鉴定，因为这两种植物内含的植硅体形态通常具有鲜明的特点，足以与糠稷、狗尾草和皱叶狗尾草相区别，后述几种野草内的植硅体分布不具备粟和黍典型的特殊形态，不过还需要进一步的研究来验证观察结果。"（Lu et al., 2009a, Lu et al., 2009b）

这篇论文的其他内容也让人愈发质疑研究人员对磁山遗址断代的准确性。例如，论文作者称谷粒是从遗址的 88 个窖穴中现场采集的，根据他们的记录，这些谷粒"保存完好"，但随后他们又说谷粒保存条件很差，"暴露在空气中以后很快氧化成了灰粉。"（Lu et al., 2009a）仅以植硅体为判断标准，这为未来的争论留下了很大的余地。而另一支由中国学者组成的团队利用淀粉粒（微观植物学研究中的一类微小遗存）分析法，对磁山遗址附近的另一处在文化上具有关联性的考古遗址进行了调查，他们认为粟米的驯化时间甚至还要早于磁山遗址测定的年代（Yang et al., 2012）。但是，这些淀粉粒分析数据也引起了科学界的怀疑。许多从事驯化研究的学者都指出，这两批微观植物学的数据都存在一定问题，还需要进一步调查研究（Bestel et al., 2014; Zhao, 2011）。

关于中国早期粟米驯化的淀粉粒研究得到了另一支团队对同一考古现场材料所进行的分析的印证，这种情况在微观植物学领域屈指可数。淀粉粒在特定条件下可以保存数千年，植物考古学家经常能够从石制研磨工具或陶器中提取到淀粉粒。仔细分析淀粉粒的一系列特征，即可判断出留下这些淀粉粒的植物所属的大致类别。在所述的案例中，两支科研团队在研磨石器中寻找淀粉粒遗存的考古地点是位于中国北方的东胡林遗址，其历史可追溯到公元前 9000 年至前 7500 年。有趣的是，两支团队得出了大相径庭的结论（Liu et al., 2010; Yang et al., 2012）。第一支团队的结论是，从东胡林采集的淀粉粒来自橡子（栎属、柯属或青冈属植物）；他们还指出，这些淀粉粒的大小与基本形态都不符合粟米或草本植物的特点（Liu et al., 2010）。当时中国该地区的先民主要以橡子（而不是草籽）为食，这一观点得到了越来越多大植物研究以及其他淀粉粒研究的支持（Fuller and Qin, 2009; Fuller and Qin, 2010; Fuller, Harvey, and Qin, 2007; Anderson, 2014; Liu et al., 2010）。第二支团队对同一处遗址（甚至可能是同一批出土文物）的研磨石器进行了研究，他们断言，这些淀粉粒来自人类驯化的黍和粟。他们宣称自己的数据"将中国食用粟米的历史提前了近

072

1000 年（甚至比植硅体研究论文作者所主张的还要早 1000 年），将该地区出现黍的年代提前了至少 2000 年。"（Yang et al., 2012）他们认为，将淀粉粒鉴定为橡子只是一种"推定"，以此驳斥前一支团队的观点。

　　虽然支持该地区先民在这一时期采食橡子的数据很多，但还没有其他证据能证明当地先民在此时已驯化粟米。这项研究产生的疑问比解决的问题更多。例如，研究人员称，除了石器之外，他们还从一件陶制炊具碎片上的碳化残留物中提取到了粟留下的淀粉粒。但是，淀粉粒对高温非常敏感，一经烹煮便会分解，因此，在容器上发现煮熟之后碳化的淀粉粒实在令人意外。再者，此地先民似乎也不太可能先将粟米磨成粉，再放入锅中煮沸——这样烹煮而成的想必是黏稠的糊状物，而不是含有整颗谷粒的粟米粥。此外还有一点：这些作者一方面引述对其他谷物作物的诸多研究，称驯化野生植物需要长达 2000 年甚至 3000 年的进程。而另一方面，他们也明确指出，在考古遗址发现的早期植物微小遗存全部来自已经驯化（而非野生）的谷物。这样一来，他们的发现似乎将人类最早栽培这些植物的时间提前到了更新世[1]。即便抛开这些疑点，"两种农作物在公元前 9000 年都已完全被人类驯化"的观点也很难令人信服。

　　让争论进一步白热化的是，发布前述研究成果的学术期刊近期又登载了一篇同样以古代淀粉粒和植硅体为研究对象的论文。

---

[1]　更新世（Pleistocene），又称洪积世，时间跨度为 2588000 年前到 11700 年前，地质时代第四纪的早期，人类在这一时期出现。地球历史上的更新世和考古学上的旧石器时代大致相当。——译注

这篇文章称，在中国北方陕西省的米家崖遗址，研究人员在出土的容器中鉴定出了大麦的植硅体，距今有 5000 年的历史。他们提出的大麦栽种时间比现存最早的东亚古代谷物证据还要早大约 1000 年——这个结论似乎与中国大量涌现的大植物研究成果明显对立。这篇论文的作者指出，得益于他们"最近发展起来的、以植硅体形态测定一系列针对形态的特定测量为基础的研究手段"，他们鉴定出了"比植物大遗存早 1000 年"的大麦遗存（Wang et al., 2016）。

中国城市化速度之快前所未有，受到城市建设进程的影响，考古调查和抢救性发掘日益增多，关于最早种植粟米的时间和地点的疑问在未来几年里一定会有定论。不过，无论我们选择相信大植物研究的结论（粟米的驯化大约在公元前 5900 年左右）、植硅体测定的结果（约前 8300—前 6700）还是淀粉粒分析的结果（约前 9000—前 7500），有一点都是无可辩驳的：黍和粟这两种农作物都发轫于中国北方，与人类的关系源远流长。

黍在中亚的传播

如果我们接受"粟米直到公元前三千纪末期才到达中亚，到达东欧的时间更晚"这一结论，那么粟米从东亚外传的时间恰好与丝绸之路最早有人员往来的时间（当初曾被称为"内亚的山地走廊"）相吻合（Frachetti, 2012）。黍以及易脱粒密穗型小麦和大麦是最早穿越中亚的农作物（Spengler III et al., 2014b）。它们很适应山麓和丘陵地区的雨育农业，沿着天山山脉和青藏高原边缘传播，随后进入中亚南部和印度河流域，最后来到安纳托利亚半岛和巴尔干半岛（Miller, Spengler Ⅲ, and Frachetti, 2016）。经由安纳托利亚半岛和巴尔干半岛，粟米迅速传入欧洲，在公元前二千纪中期传播至高加索山脉西部（Trifonov et al., 2017）。

黍最初向西传播的时间比大型公共灌溉工程的诞生还要早 1000 年。由于粟米相对容易种植，它的传播似乎与牧民或低投入（无须人工灌溉）的小规模农业息息相关（Spengler Ⅲ, 2015）。中亚的山麓丘陵非常适合发展旱作农业，或者利用高山冰川融水形成的溪流进行少量灌溉的农业，这种地形也为农牧民提供了适合开垦小块低投入粟米田的区位条件。这样的农耕活动为牧民或小规模农场主提供了一定的保障，在遭遇其他农作物歉收或牲畜损失等灾害时能够维持生存。有意思的是，直至今日，黍依然是一种与内亚流动人口关系密切的粮食作物（Paskhevich, 2003; Vainshtein, 1980）。

原产自东亚的这两种粟米可以耐受各种恶劣的生态条件。斯特拉波在《地理志》中记载："粟米是最适合预防饥馑的农作物，因为它能承受不利于植物生长的气候，即使其他谷物颗粒无收，粟米也不会让人失望。"学者们发现，粟米的三大特点使之尤其适合成为游牧经济的组成部分。首先，这些植物十分耐旱，不依赖大型灌溉系统，它们可以在小溪或任何水源附近的小片土地上生长。其次，每株植物的单产量很高，牧民只需携带一小袋种子即可播种。最后，这些植物的生长周期很短，夏季播下种子，在前往冬季营地的季节性移徙到来之前便可以收获（Pashkevich, 1984）。

此外，种植黍这种浅根系农作物不用犁地（Motuzaite-

Matuzeviviute, Telizhenko, and Jones, 2012）。其需水量只有易脱粒小麦的一半，很可能是因为其生长周期短暂（在理想条件下，黍从播种到收获只要 60 天）。（Shantz and Piemeisel, 1927）粟米的另一大潜在优势是谷粒体积小，烹煮时间短，因此消耗的燃料相对较少（Miller, Spengler Ⅲ, and Frachetti, 2016）。这一特点在木材储备稀缺的环境里尤为重要，那里的主要燃料是牲畜的粪便——这是一种了不起的环保燃料，但是燃烧产生的热能不及木柴。

　　早期前往中亚的欧洲探险家经常在其记载中提到低投入农业的情形。在受到俄罗斯人的影响之前，许多中亚游牧民族都在低海拔地带小范围种植黍和大麦（大麦的数量更少）（Di Cosmo, 1994; Levin and Potapov, 1964; Priklonskii, 1953; Seebohm, 1882; Vainshtein, 1980）。这些小块田地通常分布在秋季或春季营地方圆 5 公里的范围内，但距离冬季营地可能有三四十公里远。这些农作物几乎不需要打理，因此，牧民在农作物的整个生长期只需骑马去田间查看几次即可。4 月播种时去一次，10 月收获时再去一次，中间基本不需要维护和人工灌溉。种植面积相对较小，鲜有大于 1.5 公顷至 2 公顷（3.7 英亩至 5 英亩）的土地。在没有大规模灌溉的条件下，大多数农作物难以在干旱的草原存活，因此，这些小片田地通常位于河谷或水源附近（Vainshtein, 1980）。

　　根据狄宇宙（Nicola di Cosmo）的评述，罗纳－塔斯（Rona-Tas）在 1959 年对蒙古西部色楞格河流域游牧民族农业活动的研究是对欧亚大陆中部牧民低投入农业进行了精彩总结。罗纳－塔斯注意到，河岸附近有用木犁翻过的小片土地；当地人用手搓碎土壤中的泥块，然后人工播下小麦、大麦或黑麦的种子。播种之后，牧民便驱赶畜群前往夏季草场，直到秋天才会回来。罗纳－塔斯还指出，牧民不使用镰刀，他们手工摘采谷穗，用大木铲扬谷脱壳，再用马拉磨将谷物碾碎。如果中亚史前先民使用的也是这类不利于长期保存的工具，那就很难留下考古证据（Di Cosmo, 1994）。

在整个欧亚大陆中部的高山和沙漠地区，都有涉及此类小规模、低投入农业的人群的历史学记载。身兼地理学家、历史学家和丝绸之路探险家多重身份的欧文·拉铁摩尔坚称，草原上的居民实现了食物的自给自足（Lattimore, 1940）。无独有偶，哈利尔·阿尔金巴耶夫（Khalel Argynbaev）也指出："在本世纪初，七河地区引入旱作农业的唯一前提条件是山地间有许多小片可耕地。"（Argynbaev, 1973, 155）然而也有证据表明，在中世纪甚至更早时期，主要河流沿线便存在灌溉农业，大型市镇和聚居地便是证明（Bartol'd, 1962–1963）。早期农业活动主要在河流和泉水附近进行，利用山地降水和冰川融水资源；在海拔更高的地区和山麓丘陵地带则实行旱作农业（Soucek, 2000）。

在讨论粟米对大草原游牧人口——尤其是斯基泰人（尽管斯基泰人的具体身份尚未确定）（Semple, 1928）——的重要性时，其他历史学家的观点与希罗多德相似。老普林尼记载了帝国北部大草原地区的粟米种植活动。科鲁迈拉（4—70）的农业专著可谓罗马时期该领域最重要的作品，他在书中写道："许多国家的农民都靠以黍和粟制成的食物为生。"（Columella, 1 世纪中期）

古希腊罗马的文本并不是唯一提及中亚地区粟米种植的历史文献。哈马达拉·穆斯陶菲·可疾维尼（Hamd-Allah Mustawfi of Qazwin）在 1340 年创作的《心之喜》（*Nuzhat-al-Qulub*）地理篇中，关于突厥领地、民族和文化的描述里经常提及当地种植的主要农作物。有趣的是，这本书将金帐汗国（13 世纪）的居民描述为种植粟米和夏小麦的牧民。可疾维尼写道："此地气候苦寒；农作物收成稀少，只能种植粟米和夏玉米（谷物），棉花、葡萄和其他水果都无法成熟。不过，此地居民拥有成群的牲畜，他们的衣食住行都依赖牲畜的繁殖。此外，此地水晶矿的产量非常可观。"在同一章节中，他继续写道："农作物中小麦的占比很低，但粟米和其他夏季谷物优质且高产。葡萄、西瓜和其他水果在此地极为罕见，棉花无法生长。但牧草丰美，牛马成群，当地人主要依靠畜牧产品维持生存。"（Hamd-Allāh Mustawfī of Qazwīn, 1340）

尽管阿拉伯文献对粟米加工的描写不如其他植物食材那样详尽（也许是因为粟米被视为低等农作物），但一些来自西南亚的早期伊斯兰文献提到了用黏土烤炉或馕坑烤制而成的粟米薄饼，粟米有时会和兵豆粉混合在一起使用。在今叙利亚和伊朗一带游历的早期旅行者也在他们的见闻录中提到了粟米饼（Samuel, 2001）。成书于 12 世纪的《纳巴泰农事典》（*Nabatean Agriculture*）对粟米饼和大米饼的制作过程进行了对比，指出粟米和大米一样在夏天种植，但需要的水分比大米少（Ibn al-Awwam, 2000）。伊本·阿勒－阿瓦姆（Ibn al-Awwam）指出，有些地区在夏季种植粟米时完全不用灌溉（Samuel, 2001; Ibn al-

Awwam, 2000）。萨马赖（Samarraie）通过对 9 世纪伊拉克文献的研究 [由戴尔文·塞缪尔（Delwen Samuel）加以总结]，发现其中有用混合粟米和大麦粉制作一种厚实的死面饼的记载，包括伊本·瓦赫希亚在内的古代作家都曾称赞这种面饼很适合体力劳动者食用（Samuel, 2001）。

在欧洲和西亚的农业中心，黍也为劳动密集型农业出产的谷物提供了可靠的替代品。它在整个内亚都具有举足轻重的文化内涵。例如，在祆教传统的半年节（粟特历七月的第一天）期间，每逢粟特历七月的第二天，祆教徒都要享用一种由粟米、黄油、牛奶和糖制成的甜点。（Golden, 2011）

东亚和中亚饮食对谷物的加工方式存在明显的差异。在东亚，人们将谷物蒸熟或煮熟（然后加工成馒头、面条、米饭和粥）。而在中亚和欧洲，谷物通常被碾成粉末，用于烘烤面包（Fuller and Rowlands, 2011）。粟米跨越了这两种饮食的壁垒，它似乎扮演着双重的角色：既可以煮粥，也可以制作不同种类的面包。以迪奥斯科里德斯、老普林尼和科鲁迈拉的著作为代表的古代文献曾记录用粟米粉或混合面粉烤制面包的方法（Murphy, 2016）。这些文献说明，粟米面包是当时常见的食物，不过很有可能只是平民百姓的食物。还有许多其他文献提到了粟米粥，通常与牛奶搭配食用。

生长周期短、耐旱、喜温，这些特点让粟米成为夏季轮作植物的理想选择，而包括维吉尔和科鲁迈拉在内的许多学者的相关记载也证实，古人的确是这么做的（Murphy, 2016; Semple, 1928）。不过，夏季种植同样需要灌溉。因此，直到大规模灌溉工程遍及南欧和南亚之后，粟米才成为真正重要的大规模农作物（Miller, Spengler Ⅲ, and Frachetti, 2016; Murphy, 2016）。

黍的植物考古学数据

关于内亚古人食用黍的植物考古学证据不断涌现，我们得以相当精准地还原出这种农作物的传播途径（Spengler Ⅲ et al., 2014b）。黍传播到东亚之外的最早证据有许多来自以家庭为单位的小规模农场，即许多考古学家口中所称的游牧营地。迄今为止在东亚以外发现的最古老的谷物出自我在拜尕兹遗址（公元前2200年；见地图1）发掘的一座古代人类火葬坑。据推测，先民将经过焚烧的谷物作为祭品，与死者的遗骸一同埋葬（Frachetti et al., 2010）。拜尕兹位于中亚北部的哈萨克斯坦东部，因此我们可以推定，粟米只用了短短几个世纪的时间便经由中国新疆传播到了中亚地区。

位于穆尔加布河三角洲的大型城市农业中心古诺尔特佩（Gonur Depe）（前2500—前1700；见地图1）也曾有发现粟米谷粒压痕的报告，但这些谷物可能来自公元前二千纪的文化层（Miller, Spengler Ⅲ, and Frachetti, 2016）。但是，我在距离古诺尔特佩主城区不远的阿吉库伊古城（Adji Kui）发现了粟米粒，经放射性碳定年法测定，其年代在公元前2272年至前1961年（Spengler Ⅲ et al., 2017b）。阿吉库伊古城的时间跨度覆盖公元前三千纪至公元前二千纪，是中亚南部贸易路线上的重要商业据点。2013年，考古发掘者将从该处遗址提取的大样本邮寄给我，请我分析其中的植物遗存。发掘者还注意到，遗址出土的陶器和物质文化在风格和形式上都与中亚北部的手工制品有几分相似。他们提出，这意味着"游牧民"与城市定居者之间存在某种关联。这些农牧民之间的联系或许可以解释，为什么考古人员仅在放牧营地和小规模定居遗址中找到了粟米，却没有在同一时期的中心城市发现它们的踪迹。

我在中亚南部的几处小型营地或定居遗址发现了古代碳化黍，比如位于土库曼斯坦的奥贾克里（Ojakly，约前 1600 年）和同样位于土库曼斯坦的 1211 遗址（约公元前 1200 年）（Spengler Ⅲ et al., 2014a）。我对这两处遗址的古代植物遗存以及我本人于 2011 年在奥贾克里采集的植物样本进行了分类。在发掘现场，这些沉积层样本（以及来自整个中亚范围内其他考古遗址的许多样本）已作为植物遗存接受了地质学筛分，并按植物考古学里利用浮力从沉积层中分离碳化植物遗存的方法（浮选法）进行了处理。在土库曼斯坦南部多个遗址的后续发掘中，我的美国和意大利合作伙伴又为我收集了一些样本。其中一个样本内有一小批谷物——247 粒黍。所有这些小型文化层遗址都分布在古诺尔特佩方圆 20 公里的范围内（Rouse and Cerasetti, 2014）。

公元前三千纪晚期或公元前二千纪早期，中亚北端和南端都已有粟米存在，这意味着这种农作物可能通过山麓丘陵迅速传播开来。公元前一千纪，粟米已成为经济的重要组成部分，大多数植物考古学样本中都发现了这种农作物，便足以证明这一点。

不仅如此，西南亚地区的其他考古遗址中也发现了粟米，比如公元前一千纪早期的塔希尔拜特佩（Tahirbai Depe）地层，还有公元前二千纪的苏尔图盖（Shortughai）文化层（第 Ⅱ 层第 Ⅰ

期；见地图 2 ）（Herrmann and Kurbansakhatov, 1994 ）。土库曼斯坦的达姆达姆切什梅（Dam Dam Cheshme）石屋的垃圾堆中也检测出了粟粒（前 1200—前 800）。不仅如此，黍还在大约 3000 至 5000 年前成功传入印度河流域的哈拉帕文化地区。被命名为皮腊克（Pirak）的村落或城镇是哈拉帕考古群的主要遗址之一，此地出土了粟米；谷物的历史可追溯到大约公元前 2000 年（Costantini, 1979）。在更靠南的伊朗哈夫塔万（Haftavan），考古工作者发现了大量年代在公元前 1900 年至前 1550 年之间的黍粒（Nesbitt and Summers, 1988）。

公元前一千纪，粟米已成为日益复杂的中亚和西亚农耕系统的有机组成部分。粟米是小型村落图祖塞（前 410—前 150；见地图 1）遗址发现的大量农作物之一（Spengler Ⅲ, Chang, and Tortellotte, 2013）。这处遗址附近保存了好几种农作物和各类牲畜的痕迹。目前正在进行的研究提供的补充数据显示，整个山麓地区都分布着农业社群，可能实行轮作制，也可能将粟米当作防范风险的储备作物。与之类似的是，土库曼斯坦的塔希尔拜特佩遗址（约前 650—前 500）出土了大量黍粒；而大致同一时期的乌兹别克斯坦克孜勒捷帕（Kyzyl Tepa）遗址也检测出了黍和粟（Nesbitt, 1994; Wu, Miller, and Crabtree, 2015）。其他发现粟米的考古遗址还有：位于伊拉克（前 7 世纪晚期）的新亚述遗址尼姆鲁德（塔庙）和撒缦以色（Shalmaneser）堡垒，以及约旦的底雅亚拉（Deir Alla）第六期遗址（前 650）（Helbaek, 1966; Neef, 1989）。

尽管粟在旧世界的传播似乎远远落后于黍，但粟在公元前一千纪也已经完成了跨越南亚的旅程。黍和粟都在横渡阿拉伯海之后传入也门，接着在公元前二千纪中期传播至苏丹（Fuller and Boivin, 2009）。黍在公元前二千纪初来到巴尔干半岛和希腊北部（Tafuri, Graig, and Canci, 2009; Valamoti, 2016）。提取自特洛伊古城、年代大约在公元前 1550 年的植物考古学样本中，以及同一时期土耳其和地中海东部其他聚居地的样本中，都出现了黍（Riehl, 1999）。西南亚地区的早期粟米发现呈零散分布状态，让人疑惑它们究竟是如何传入巴尔干半岛和更远的北非的（Fuller and Boivin, 2009; Spengler Ⅲ et al., 2017b）。不久之前，考古工作者在位于高加索山脉西部的古阿姆斯基岩洞（Guamsky Grot）的垃圾堆中发现了烧焦后结成大块的粟米种子，好像烧煳的粥，其年代可追溯至公元前二千纪末期。这一发现证实东欧的确存在粟米，也反映出这种谷物跟随早期先民迁移的速度有多快

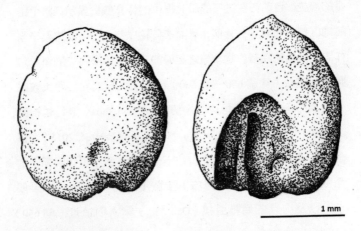

1 mm

图 7　图祖塞古村出土碳化黍粒的背面观和腹面观，位于哈萨克斯坦东南部七河地区的塔尔加尔河冲积扇平原，年代可追溯至公元前五千纪后半期

（Trifonov et al., 2017）。

在过去 5 年里，碳氮稳定同位素分析在北亚考古研究中激增。在这类研究中，人骨中的碳富集水平显示古人摄食大量 C4 植物（包括粟米）的证据。一旦确定数据的极值范围，对人骨和兽骨进行的稳定碳同位素分析即可为其他相关研究提供支持性证据。其中一项对俄罗斯米努辛斯克盆地 37 处考古遗址（约前 2700—前 1）出土的 354 份人骨和兽骨进行数据测定的研究，发现了一个有意思的趋势（Svyatko et al., 2013）。研究者注意到，公元前 1500 年之后的人骨中 δ13C 值略有上升，这表明古生态环境或古人类饮食结构发生了某种变化。这一发现对应了植物考古学所证实的该地区引入粟米种植的时间（Spengler III et al., 2016）。据此认定这一转变代表着阿尔泰山脉地区向粟作农业与牧业混合经济的过渡，这种观点并非妄加揣测。米努辛斯克盆地的同位素研究之所以格外重要，是因为其时间跨度很长，而且囊括了这一转变之前和之后的人骨同位素数据。

一系列后续研究表明，到公元前 1500 年时，整个欧亚大陆的古人类都在大量摄食碳 4 植物。在米努辛斯克盆地进行的另一项研究发现，位于叶尼塞河西岸的阿伊戴（Ai-Dai）墓地（前 740—前 410）以及位于图瓦共和国[1]大海姆旗的艾米日立克遗址（Ayrnyrlyg，大部分在公元前 5 世纪至前 2 世纪；见地图 1）的人类遗骸中均检测出了含量较高的 δ13C 值（Murphy et al., 2013）。

1　图瓦共和国是俄罗斯联邦主体之一，属西伯利亚联邦管区管辖，首府为克孜勒。历史上属于唐努乌梁海地区的主要组成部分。——译注

对哈萨克斯坦北部库斯塔奈州出土的遗存进行的另一项同位素研究得出了很有意思的结果：该遗址没有发现人类食用粟米的证据——这一结论意义重大，因为它体现了这种农作物向西传播的时间和空间边界（Ventresca Miller et al., 2014）。研究团队进行稳定碳同位素分析的人骨遗存分别来自乌巴甘河的支流布鲁克塔尔河（Buruktal）沿岸的别斯塔马克（Bestamak）墓地（前2032—前1640）以及托博尔河沿岸的利萨科夫斯克（前1860—前1680；见地图1）。继该研究之后，又一个科研项目对来自25处考古遗址的骨胶原遗存进行了碳同位素分析，其覆盖范围相当广泛，接受检测的127份人骨和109份动物骨骼取自哈萨克斯坦各地，时间跨度从大约公元前2920年一直到公元1155年（Motuzaite-Matuzeviciute et al., 2015）。分析结果所支持的观点是：粟米种植在公元前二千纪已普遍存在于中亚山麓的经济活动中，最终经由中亚南部传入欧洲。

关于黍的小结

在欧洲，黍逐渐被易脱粒小麦所取代；在亚洲，黍则逐渐被水稻取而代之。尽管如此，黍依然有资格被称为古代世界最具影响力的农作物。其与众不同的耕种特点使之非常适合在早期丝绸之路沿途栽种。这种农作物最初在东亚被人类驯化；它从东亚出发，行经中亚的山麓，在公元前二千纪传入欧洲。种植黍需要的劳动力相对较少，农夫、小规模农场主和牧民都可以轻松种植。在这些古人类社群中，黍降低了单一经济的风险，为在低生产力的土地上生活提供了一定的保障。总之，这种直径只有2毫米左右的谷物养活了丝绸之路上的搬运工和建造旧世界帝国的劳动者。

随着集中灌溉系统和集体劳动的发展，粟米的主导地位在公元前一千纪的后半期更加突出。集中灌溉系统引入了夏季灌溉的做法，使农民可以在一块土地上种植两轮（有时甚至是三轮）农作物，只要用牲畜粪便维持土壤的肥力即可（Miller, Spengler Ⅲ, and Frachetti, 2016）。耐热耐旱的粟米一年到头都可种植，土地完全不需要休耕，农民也没有农闲时节。这样的轮作周期下的生产力很高，出产的谷物过剩，为帝国的扩张奠定了基础。轮作制让许多人从农耕活动中解放出来，转而投入对知识和艺术、政治和军事的追求。由此可见，小小的粟米牵引着罗马帝国战车的方向，也喂饱了整个东欧。粟米养育了在丝绸之路沿线奔波的人和整个亚洲的"游牧民族"。粟米让一代代波斯农夫填饱了肚子，让东亚水稻种植区之外的先民得以果腹。然而，今时今日，这种曾创造辉煌历史的谷物在俄罗斯只是不起眼的儿童早餐，在西欧和美洲更是沦落为鸟食。

其他东亚粟米

今天，粟是一种在很大程度上已被人们遗忘的农作物，但是它与黍一样根植于久远的过去。两者都是禾本科黍族的成员。在许多古典时期的著述中，黍在古代拉丁文中常被称为粟草（milium），而令现代读者困惑的是[1]，粟常被称为黍草（panic），

---

1 黍草的拉丁文是"panic"，而英文"恐慌"一词也是 panic，二者拼写一致，故令英文读者困惑。——译注

这两种植物常被相提并论。在早至公元前一千纪的欧亚大陆考古遗址中，两种谷物经常同时出现，这或许表明当时存在将它们栽种在一起并且一起食用的做法（见图8）。黍和粟都是中亚传统的低投入农作物，而东欧和南欧的贫农也在贫瘠的土壤上种植它们。

粟可能与黍在大致同一时期、在中国东北部的开阔草地或长江流域被人类驯化。迄今为止，人类驯化狗尾草属植物最早的确凿证据出自月庄遗址（前6000—前5700），与黍属植物开始被驯化的时间大体相同（Zhao, 2011; Crawford et al., 2005）。然而，目前尚未发现能够还原中国东北粟米驯化过程的证据，也没有确凿的证据表明人类在驯化这些植物之前已懂得采收野生种子。粟米驯化的确切日期和地点均不明朗，在学界引发了大范围的争论。

中国山西省柿子滩第9地点（前11800—前9600）的大植物研究为人类驯化粟米前利用野草的情况提供了唯一的初步证据。尽管从该地点提取的样本中确实含有野生黍型植物的种子，但只有8粒种子或种子残迹，其中有2粒来自稗草，2粒来自狗尾草，还有几粒来自禾本科和苋科（又称藜科）植物（Bestel et al., 2014）。然而，我们不能凭借几粒种子推断这些植物已具有重要的经济地位，亦不能判定它们就是人类采收的野生植物种子。这几种植物的种子碰巧是整个欧亚大陆北部的古代植物样本中最常见的品种，在整个北半球也屡见不鲜。野生黍型植物和藜科植物的种子在亚洲草原出土的许多古代植物样本中都占据着主要地位，即便在不太可能采收野生种子的较晚时期也是如此。

由于驯化早期阶段的植物大遗存缺乏清晰的形态指标，探究

图 8 上：一粒黍种子的背面观和腹面观。下：在对乌兹别克斯坦希腊化时期的遗址巴什特帕（Bash Tepa）进行植物考古学研究时发现的一粒粟的正反两面观。主持发掘工作的是纽约大学古代世界研究所（Institute for the Study of the Ancient World）的泽伦·斯塔克（Sören Stark）。两粒种子的历史均在 2500 年左右

粟米驯化的调研之路困难重重。在世界各地为人类所驯化的诸多谷物当中——尤其是西南亚的基础作物（例如小麦和大麦）——考古学家着重寻找最早的驯化表型特征：坚硬的穗轴，即单粒或小簇种子与谷穗连接的短茎。在自然的野生状态下，大多数种子在成熟之后便很容易从穗轴上脱落。然而，在被驯化的谷物上，

种子在整个收获过程中始终附在谷穗上。这种改变是镰刀收割而意外导致的结果：当古人用镰刀切割谷穗时，穗轴易碎的种子便会落在地上，穗轴相对强韧的种子则被人类收集和储存起来，然后再次播种和收获。这种改变出现在我们所有的谷物类作物当中，包括小麦、大麦、黑麦、燕麦和大米。毋庸置疑，黍和粟也经历过这种改变。

但是，要在粟米中检测出这种改变并非易事，因为穗轴太细、太脆弱，无法在考古遗迹中保存下来。其他驯化的早期性状也踪迹难寻，比如分蘖（植物茎秆的分枝）数的减少。分蘖的减少使草本植株看上去不那么茂盛，更像是秸秆。此外，种子的尺寸整体上变得更大，每一穗（圆锥花序）上的谷粒数量也有所增加（de Wet, 1995）。种子变大是较晚时期的粟才有的发展趋势，而较早的粟粒很难与其野生祖先狗尾草或其他狗尾草属植物相区别。从古代人类聚居地提取的古代遗存很难从植物考古学的角度进行甄别，无论是区分粟与黍，还是将这两种驯化植物与各自的野生品系区分开来（Zohary, Hopf, and Weiss, 2012）。

尽管存在上述不确定因素，但显而易见的是，公元前一千纪晚期，粟在整个欧洲范围内已广为人知。与黍一样，粟之所以能够被广泛传播并成为欧亚大陆农耕制度不可或缺的组成部分，很可能是集中灌溉得到普及的结果（Miller, Spengler Ⅲ, and Frachetti, 2016）。

不过，在粟成为一种人们普遍接受的夏季轮作作物之前，它在欧亚大陆可能早已为人所知。欧洲各地有多处断代在 4000 多年前的考古遗址中都发现了粟粒和更广泛意义上的狗尾草属植物的种子；不过，与早期黍的发现相似，这些报告的可靠性存疑（Hunt et al., 2008）。一份相对可靠的报告（出自我本人之手）记录了位于哈萨克斯坦东部山麓的塔斯巴斯遗址（Tasbas，约前1400）的情况（Spengler Ⅲ, Doumani, and Frachetti, 2014）。该遗址仅出土了 9 粒残损的粟，而一同出土的其他谷物（包括易脱粒小麦、裸大麦和黍）则有数百粒之多。这些粟粒量少且残损，因此说服力略显不足；不过，鉴定结果得到了植硅体研究的支持（Doumani et al., 2015）。数据表明，塔斯巴斯的小规模农牧民在公元前二千纪中期已经在种植粟，但这种农作物的地位可能不那么重要。

　　早期粟的考古植物遗存在中亚和南亚的分布情况足以证明，粟在公元前一千纪已实现广泛种植。在位于安纳托利亚中部的戈尔迪乌姆[1]古城遗址，公元前一千纪的文化层中同时发现了黍和粟的遗存（Miller, 2010）。阿契美尼德王朝在今乌兹别克斯坦苏尔汉河州建造克孜勒捷帕要塞的历史可追溯到公元前一千纪中期，此地出土了全中亚至今发现的保存最为完好的驯化粟的种子（包括穗轴）（Miller, Spengler Ⅲ, and Frachetti, 2016）。这些遗存数量很多，包括 2000 多粒黍和 1500 粒粟（Wu, Miller, and Crabtree, 2015）。年代在公元前 410 年至公元前 150 年的图祖塞（Tuzusai）古村也发现了这两种粟米的碳化遗存（Spengler Ⅲ, Chang, and Tortellotte, 2013）。在西亚，位于土耳其东南部、年代在公元前

1　戈尔迪乌姆（Gordion），古代弗里吉亚王国的首都。西方传说"谁能解开戈尔迪乌姆之结，就能成为亚细亚之王"中的戈尔迪乌姆即为此地。——译注

708 年的提勒霍尤克（Tille Hoyuk）发现了大量粟粒，共有 15 升左右（Nesbitt and Summers, 1988）。

在公元前一千纪后期，粟米种植已是初具规模的农业生产模式中的有机组成部分。在集中灌溉系统、巧妙的轮作周期以及坎儿井（地下水渠）等新式灌溉技术的共同作用下，农作物生产过剩，推动了人口增长、领土扩张和手工业的进一步专业化。到公元第一千纪后期，夏季灌溉和轮作制度已成为西南亚和中亚的普遍做法（Watson, 1983; Miller, Spengler Ⅲ, and Frachetti, 2016）。这些农业创新也有利于其他新农作物的种植，包括棉花和品种日益丰富的果树。

5

稻米和其他古代谷物

稻米的故事：双谷记

"饭"和"菜"是中餐的两大基本概念（Simoons, 1990）。与阴阳二气一样，饭和菜并不对立，而是彼此互补。平衡是中国文化的核心元素。简而言之，"饭"即米饭，而"菜"则指搭配米饭的蔬菜和肉类。中国人认为，饭与菜的平衡是养身健体的不二法门——只有在餐厅里或宴席上，米饭才退居次要地位。中国家长总会要求孩子吃一定比例的主食。稻米在中国膳食理念中的地位至关重要，以至于广义上的"饭"成了"食物"的代称，"吃饭"就等于"用餐"（Anderson, 1988）。如今，稻米是全球近一半人口稳定的食物来源。

毫无疑问，稻米在古代中国的饮食习惯中同样重要，尤其是在南方的水稻种植区。在无法种植水稻的北方，冬小麦和粟米是最重要的农作物；西部高海拔地区的主要农作物是大麦。除这些地区之外，中国的大部分可耕地抑或专用于栽植水稻，抑或实行包含水稻的轮作制。在中国南部的亚热带气候区，一块土地每年可收获两次稻米。

虽然稻米成为中餐的组成部分已有数千年的历史，但它直到上一个千纪才真正占据主要地位。宋代中国大部分地区的稻米产量达到了之前的两三倍，致使粟米的地位有所下降（Anderson, 2014）。农耕活动的密集化和农业工程建设是实现这一增长的原因之一，但更重要的一大因素或许是新稻米品种的引进：生长迅速且早熟的占城稻，起源于今属越南的占城国[1]。根据历史学家的说法，1011 年，宋真宗（997—1022）派出的使者将占城稻引入长江流域（Anderson, 1988）。引进占城稻之后，双季稻轮作在几乎整个中国南方得到普及。一季水稻收获之后，农民便立即开始播种下一季水稻。从理论上说，许多农民还会留出一小片种植各类蔬菜的小菜地。不过，由于占城稻的口感较差，在不太受干旱或生长周期等因素影响的中国南方，占城稻并未成为占据主导地位的谷物。

轮作制产生了大量的粮食富余，为东亚帝国的建设提供了助力。然而，我们对轮作最早出现在何时以及史前时期的轮作情况知之甚少。成书于公元前 1 世纪、只有若干残篇存世的《氾胜之书》常被后世文献所引述，这本书介绍了汉代农业各方面的情况：冬小麦和粟米已普遍实行复种和轮作；潮湿地区进行垄作栽

1 占城（Champa），即占婆补罗（"补罗"梵语意为"城"），又译占婆、占波、瞻波。中国古籍称象林邑、林邑；8 世纪下半叶至唐末称环王国。占城稻亦称"早占""早米"，《宋史·食货志》《宋会要辑稿·食货》《淳熙三山志》均有记载。——译注

培（垄栽法）；稻田；播种前用骨汁对种子的处理（溲种法）等（Anderson, 1988）。书中记载的许多实践后来都成了应对经济变革的必要手段，并最终通过政治改革得以确立执行。

较近时期的水稻种植改革更有戏剧色彩。绿色革命致力于培育耐受性更强、产量更高、营养更丰富的农作物品种。在不久之后的 20 世纪 60 年代和 70 年代，中国农业科学家也启动了研发杂交水稻的工作。他们最大的成就是培育出水稻雄性不育系，阻止植物自体授粉，因而只能通过杂交繁殖。这一创举被归功于中国科学界的传奇、在中国家喻户晓的"杂交水稻之父"袁隆平。

东亚稻（亚洲稻）有几位近亲也在全球其他地区被人类所驯化。另一个品种光稃稻（*O. glaberrima*），又称非洲稻，在距今约两三千年前的尼日尔河一带被人类驯化。而在历史文献或民族植物学研究中，关于菰米（*Zizania latifolia*）的记载普遍见于整个亚洲东部，从西伯利亚到马来西亚均有提及，不过学界对这些记载所指的是否为同一物种尚存争议（Simoons, 1990）。菰米可能采收自野生植株，也可能在浅水中栽植。古代文献足以证明，中国东部和中部一带的先民早就栽植这种能结出长粒菰米的植物。有意思的是，到了宋代（960—1279），古人种植菰的目的不再是为了收获菰米，而是将其茎秆当作蔬菜食用。尽管如此，菰也是一种相当不寻常的蔬菜：它只有在被黑穗菌感染之后，才会变成可食用的菰笋（茭白）。

北美的野生菰米——水生菰（*Zizania aquatic*）和沼生菰（*Z. palustris*）的多年生品种——是美国北部和加拿大南部的原住民奥杰布瓦族人的食物，拥有悠久的历史。虽然这些原住民

091

数千年来在野外大量采收菰米，但是这些植物从未出现被驯化的形态特征，因为他们将菰米拍打进独木舟里，这样的采收方式与用镰刀收割小麦和大麦不同，不会对易折断的穗轴进行人为的筛选。

稻米的驯化

与东亚的粟米一样，人类最早种植水稻的时间也是过去 10 年学界争论的热点。学者们提出了好几处水稻驯化的可能地点，包括印度、中国长江流域、中国华南地区、喜马拉雅山南坡和东南亚的沿海湿地等（Ding, 1957; Chang, 1976; Higham, 1995）。主张只有一处驯化中心和主张有多个驯化中心的学者都利用遗传学研究来支持自己的观点（Gross and Zhao, 2014）。近年来，学界普遍接受的观点是存在两个驯化中心：一个在中国东部的长江下游，另一个在印度北部。然而，新近的遗传学数据却提供了另一种有趣的可能。越来越多的证据表明，早在公元前七千纪，中国东部的长江中上游流域已开始人工种植野生稻，但是，直到公元前 4000 年左右才建立起稳定的驯化稻种群（Stevens et al., 2016; Zhao, 2011）。中国存在水稻田的最早证据也可追溯到公元前 4000 年左右，然而，明显直到公元前 2500 年，水稻田才具备完善的规模（Zheng et al., 2010; Crawford, 2006）。

与本书其他章节所讨论的小麦等其他谷物类似，表明水稻被人类驯化的第一性状特征是不易折断的穗轴（硬轴）。这一性状特征意味着自然播种机制的丧失，是考古现场区分驯化谷物种群和野生谷物种群的依据。学界普遍认为，人类种植的水稻植株中 sh4 等位基因的突变导致了这一驯化初始性状出现，不过，某些水稻种群中也存在其他使穗轴不易折断的关联基因（Sang and Ge, 2007a, 2007b; Vaughan, Lu, and Tomooka, 2008; Fuller, 2011, 2012）。与水稻驯化有关的其他性状还包括种子颗粒变大（但这并非普遍现象，而且受到多个基因的共同影响）、侧枝或分蘖减少等，因此株型更加挺拔（可能与 PROG1 基因有关）（Fuller, 2012）。

显而易见，中国先民与稻类植物的关系长远而密切。关于中国东部古人类可能食用野生稻的植物考古学证据可以追溯到 2 万年前，这种行为可能在更新世便已零散出现（Gross and Zhao, 2014）。在长江下游，以采猎为生的东亚古人类至少在 8000 年前便开始在较大范围内采收野生稻的种子（Zhao, 2011）。目前能够证实中国先民有规律地采收野生稻的确凿证据出自上山遗址[1]（约公元前 9000—前 5000）。虽然该处遗址仅出土了十数粒碳化的稻米，且其中大部分出自较晚时期，但是，现场发现的碎陶片和烧焦的胎土中依然有保存完好的稻壳、颖片和稻米的印痕（Gross and Zhao, 2014）。

与粟米（以及其他许多农作物）一样，微观植物学数据反映的水稻驯化时间比现有的大植物研究数据的推断要早得多（Jiang and Liu, 2006; Anderson, 1988; Liu, 2004）。例如，从上山遗址的植硅体数据来看，水稻驯化的时间可以前溯至公元前 8000 年。古

093

---

[1]　上山遗址：位于浙江省钱塘江支流浦阳江上游的浦江县黄宅镇境内，是长江下游和东南沿海地区年代较早的新石器时代遗址之一。出土证据表明上山遗址当时已有原始稻作农业。——译注

植物学家傅稻镰（Dorian Fuller）和他的同事们对这一结论提出了异议，他们根据大植物研究数据提出，以植硅体为依据推断的稻米驯化时间应当向后推迟数千年。这支学者团队花费多年心血研究稻米驯化的起源，对数千根稻米穗轴进行了检验，以判断穗轴的断口是平滑的还是粗糙的。他们得出的结论是：水稻的穗状花序由落粒转向不落粒的突变发生在公元前 5000 年之后（Fuller, Harvey, and Qin, 2007）。

在野生水稻种群中，一定比例的稻谷会牢牢附在稻穗上（也就是说，有些野生水稻的穗轴不易折断）。随着人类用镰刀收割的方式对种群进行人为筛选，生有硬轴的种群比例便逐渐提高。2009 年，傅稻镰和同事们发表了第一篇针对穗轴基部的大规模研究的成果，文章对一处考古现场发现的早期驯化性状进行了鉴别。他们详细阐述了长江下游浙江田螺山遗址谷物驯化的长期演变历程。这项研究彻底重塑了学界对水稻驯化的认识（Fuller et al., 2009）。对同样地处长江下游的跨湖桥遗址（前 6000—前 5400）出土稻谷的穗状花序进行的植物考古学研究发现，该遗址发现的大部分稻米都为野生形态（Zheng, Jiang, and Zheng, 2004）。相反，对田螺山遗址进行的类似研究却表明，在年代最早的样本（约前 4900）中，驯化型稻米的数量极少，但在之后的三个世纪中变得相当普遍（Fuller et al., 2009）。同样位于长江下游的河姆渡遗址多沼泽，植物遗存因此保存得相当完好。这些遗存表明，当地先民采食的野生食物范围十分广泛。稻米便是其中之一，大概在公元前五千纪之初便实现了人工种植。在田螺山遗址发现的具有经济价值的植物包括稻米、四角菱、橡子（栎属、柯属或青冈属植物）、葫芦、芡实、枣和柿子等（Fuller et al., 2009; Gross and Zhao, 2014）。

长粒印度香米和短粒稻米

品尝过印度餐馆的咖喱饭和寿司卷里软糯米饭的人会发现，稻米有许多形状不同的品种。驯化稻的品种很多，但基本可划分为两个截然不同的演化支（或者说两大类）：籼稻（*O. sativa ssp. indica*）和粳稻（*O. sativa ssp. japonica*）——又称印度型水稻和中国型（日本型）水稻[1]。印度型水稻通常为长粒稻米，这一演化支系中最具代表性的例子是印度香米（巴斯马蒂大米）。而粳米通常颗粒较短，有时也称珍珠米。许多局地栽植的亚洲稻米品种颗粒长度都介于籼稻和粳稻之间。粳米和籼米都有糯性和非糯性品种，但粳米烹煮后往往会变得黏且糯。在这两大演化支中，有些品种具备适宜水田种植的性状，而另一些品种则更适合旱地。

近期的遗传学研究为东亚水稻的起源提供了新的思路。"稻米在长江下游被人类驯化"的观点早已被普遍接受，但学界对印度北部是否可能存在一个次生起源地的说法一直有激烈的争论。一种观点主张，印度型水稻分支与中国型水稻系毫无关联、各自进

---

[1] 此处原作者将粳稻称为"中国型水稻"，但学界通常将其称为"日本型水稻"。因为日本农学家加藤茂苞在1930年发表于国际刊物的论著中，将籼稻命名为"印度型"，将粳稻命名为"日本型"，依据《国际植物命名规则》确定粳稻的正式拉丁文学名为 *O. sativa ssp. japonica*。1949年，中国农学家丁颖系统论述了水稻原产中国华南的观点，要求将"印度型"和"日本型"水稻分别重新命名为 hsien（籼）和 keng（粳）。但这一要求被否决。——译注

化；另一种观点则认为印度型水稻在数千年前才从中国型水稻中分离出来（Civáň et al., 2015）。对两大演化支均具备的关键驯化特征——不易脱粒的遗传学研究似乎倾向于单线驯化历程。然而，这两个种群之间的整体遗传学差异暗示，水稻可能在中国和印度分别被驯化。根据这些差异，两大演化支最近的共同祖先生活在距今 86000 年至 200000 年前（Tang et al., 2004）。两大演化支的基因组表现出截然不同的特点，说明它们来自不同的野生祖先种群——印度型水稻来自尼瓦拉野生稻，日本型水稻则来自普通野生稻（Kawakami et al., 2007; Vaughan, Lu, and Tomooka, 2008）。

两大水稻种群都具备若干对驯化至关重要的突变，这一事实使水稻的故事变得愈发复杂，说明水稻驯化是一个单一的过程，即水稻为单系群（Yang et al., 2012; Civáň et al., 2015）。除了拥有能够产生不易脱粒的 sh4 等位基因之外，大部分驯化水稻还具有 rc 等位基因，正是这种基因使驯化稻米拥有白色果皮（外层麸皮），而不再长出野生稻的红色果皮。

一种新提出的水稻驯化模型能够弥合上述遗传学数据之间的冲突。遗传学家将两大种群之间相似的驯化突变解释为杂交的结果。根据这一模型，在粳稻出现驯化性状特征之后的某个时间点上，籼稻和粳稻发生了杂交，从而使关键性驯化基因从中国稻品系转移到印度稻品系当中（McNally et al., 2009; Kovach, Sweeney, and McCouch, 2007; Sang and Ge, 2007）。根据目前的学界通说，在被人类驯化的水稻从东亚传入印度北部地区时，当地从事低投入农业生产或者以采猎为生的先民已经懂得照料（甚至可能已经在栽培）野生形态的尼瓦拉稻（Fuller and Qin, 2010; Fuller,

2011; Gross and Zhao, 2014; Stevens et al., 2016; Vaughan, Lu, and Tomooka, 2008）。经过两大品系的杂交，控制不易脱粒和其他驯化性状的基因被尼瓦拉野生稻所吸收，有效推动了尼瓦拉稻的驯化，使之在分类学上与水稻划入同一大类。数个关键基因就这样跨越了物种的隔阂，其中最重要的就是 sh4 等位基因（Fuller, 2011; Stevens et al., 2016）。

　　到公元前三千纪中期，稻米已在印度的恒河流域经济中确立了自身的地位。印度境内旁遮普、哈里亚纳和斯瓦特[1]等地的考古遗址中均发现了古稻的踪迹（Costantini, 1987; Saraswat and Pokharia, 2003; Stevens et al., 2016）。学者认为，驯化稻米在公元前三千纪之初便广泛存在于这一地区（Fuller, 2011; Silva et al., 2015; Fuller, 2012）。公元前 1500 年左右，水稻在印度和东南亚大部分地区已是一种常见的农作物（Silva et al., 2015）。

　　目前最早的具有不易脱粒性状的印度型水稻有一部分出土于印度马哈加拉（Mahagara）的考古遗址，其年代可追溯至公元前二千纪之初（Fuller, 2012; Stevens et al., 2016）。这一发现意味着两种人工栽培品系在该时间点之前已经实现了杂交。该假设与某些学者提出的"人工栽植的野生籼稻在公元前三千纪从恒河流域向印度河流域上游传播"观点相吻合。在位于印度北方邦上恒河平原的拉胡拉德瓦（Lahuradewa）遗址，植物考古学数据表明，该地区的先民早在公元前 6000 年便采收野生稻米了，而且可能已经懂得如何养护野生水稻

1　斯瓦特（Swat），英属印度时期的王侯领，1849—1969 年。——译注

（Fuller, 2012; Silva et al., 2015）。

　　至今仍不清楚日本型驯化稻走过了怎样的路线才与印度型野生稻相遇。最符合逻辑的答案似乎是存在一条穿越亚洲东南部的路线，或许是沿着喜马拉雅山脉南麓穿过斯瓦特山谷，进入印度河流域。不过，最近有学者提出了另一种假设。一支来自伦敦大学学院的古植物学家团队认为，驯化稻可能与本书讨论的其他许多农作物一同沿原始丝绸之路的北线逐渐迁移。虽然没有可靠的考古学证据表明公元前的中亚北部存在水稻，但这不失为一种动人的假设。团队研究人员指出，稻米从东亚进入中亚的路线可能与粟米相同。他们也承认，还有必要在南亚北部和整个喜马拉雅山脉开展更进一步的调研，尤其要重视喜马拉雅山南麓最新发现的几处早期稻遗存（Stevens et al., 2016）。

　　植物考古学数据没有充分证据能证明公元 1 世纪以前的中亚山地西部存在稻作农业。虽然手抓饭可能是今天在俄罗斯、土耳其和阿拉伯世界流传最广的一道膳食，但它的雏形可能起源于 2000 年前的印度，随后逐渐传播到俄罗斯全境。手抓饭的形式丰富多样，原料包括米饭、水果干或胡萝卜、洋葱，有时还有肉类；每个地区、每个家庭都有其制作秘诀。手抓饭俨然成了身份认同的标志，偶尔还是民族性的有力宣示。许多中亚人都以当地的特色手抓饭为荣。有意思的是，虽然现代食客几乎无法想象没有米饭的手抓饭，但是在近代之前，只有最富有的社会上层人士才有机会享用米饭，其他人只能用大麦制作手抓饭（Bacon, 1980）。

稻米西游记：对土耳其特色饮食的影响

与粟米相似，亚洲稻米首先在中国东部进化，后来却在遥远的西方成为备受青睐的食材。如今，稻米已成为阿拉伯和土耳其特色饮食中不可或缺的原料，而且至少在中世纪便是当地饮食中极其重要的一部分（Watson, 1983）。波斯、阿拉伯和伊斯兰世界的烹饪习惯是在大米中加入油焖煮或蒸熟，搭配各种蔬菜、香料和肉类一同食用。此外，大米也以其他方式出现在当地特色饮食中：它是中世纪制作各类阿拉伯甜点的重要材料；大米粉可以用来烤面包；经过发酵的大米可以制成啤酒和醋，还有药用价值。不过，在今天大多数中亚特色饮食中，大米最突出的做法还是手抓饭。

20 世纪初丝绸之路沿线植物交流领域的权威学者贝特霍尔德·劳费尔认为，西亚在公元前 4 世纪之前没有种植稻米（Laufer, 1919）。文献资料和考古证据则显示，早在公元前 5 世纪，生活在西南亚的人便对稻米有所了解（Miller, 1981）。不过，直到伊斯兰征服当地并建立起更加完善的灌溉系统后，稻米似乎才成为具有重要地位的农作物。有几部古典时期的文献提到过稻米，但它们通常将其视为奇异之物，因此，稻米在当时的地中海一带不太可能大量种植。7 世纪伊斯兰扩张之后，阿拉伯商人的活动在地中海东部地区日益频繁，局面才有所改变。古希腊医师迪奥斯科里德斯和盖伦（约 129—200）似乎都提到过大米的药用方法。食谱合辑《阿比修斯》（公元 5 世纪）和拜占庭医师安提姆斯（公元 6 世纪）的著作都有大米生长在东方的记载。《阿比修斯》称，煮过大米的水可用于烹制其他菜肴或作药，某些历史学家据此认为，大米在古罗马兼具食用和药用价值（Nesbitt, Simpson, and Svanberg, n.d）。祆教圣书《阿维斯塔》（*Avesta*）中没有出现大米的相关信息（这本书只提到了少数几种植物）；希罗多德关于波斯地区种植的谷物的记述中也没有提到稻米。

在东亚和印度之外的地区，唯一断代明确且有文献佐证的早期稻米考古发现是植物考古学家内奥米·米勒（Naomi Miller）的成果。她在伊朗苏萨的王城 II 期 3A 文化层底部一处窖穴或祭坑内发现了 373 粒短粒大米，还有一个可能用于盛放谷物的罐子（Miller, 1981）。她的发现与斯特拉波关于"巴比伦帝国"、大夏、苏萨和下叙利亚（Lower Syria）种植稻米的记载相吻合。斯特拉波本人没有去过这些地区；他可能是参考阿里斯托布鲁斯（Aristobulus）的行记——阿里斯托布鲁斯曾跟随亚历山大大帝的军队四处奔走，因而有可能在公元前 334 年至前 323 年留下了此类记录。据推测，阿里斯托布鲁斯可能一直跟随亚历山大大帝抵达印度河：他提到过水稻田里的劳作，这大概是他在旁遮普邦所见到的情景（Nesbitt, Simpson, and Svanberg, n.d）。

西西里的狄奥多罗斯所著的《历史丛书》（*Bibliotheca Historica*）支持斯特拉波的观点。书中指出，稻米与粟米、芝麻一样，都是印度的夏季作物，而小麦则在冬季种植。西西里的狄奥多罗斯也许只是在援引更早的文献记载，他大概也没有亲自去过印度，但他对水稻似乎有一定的了解。

假设斯特拉波和阿里斯托布鲁斯所描述的确实是亚洲水稻，则我们可以假设，在古希腊时期，生活在地中海一带的人对大米已有所了解。泰奥弗拉斯托斯的一段记载为这一推定提供了佐证。他提到大米在印度生长，这说明他至少知道大米究竟是什么（Theophrastus, 1916）。迪奥斯科里德斯写道，米粉可以做面包。而老普林尼的《博物志》也数次提到大米。位于埃及境内的古罗马库塞尔－阿勒卡迪姆贸易港（Quseir al-Qadim）遗址发现了 33 粒古代大米遗存；古罗马贸易中心贝勒尼基（Berenike）的遗址也发掘出了少量谷物。根据这些小规模的考古发现，学者可以推断出这些谷物是进口的商品；有意思的是，在这两处考古遗址，稻米在整个伊斯兰时代的数量似乎都比较少（van der Veen, 2011）。

《史记》中有载，汉使张骞对大宛的描述是"耕田，田稻"。大多数学者认可大宛是现代乌兹别克斯坦境内的费尔干纳。张骞在介绍当地风土人情时列举了几种主要谷物，尤其注意观察当地是否种植稻米；另外，他提到费尔干纳有大量麦田和葡萄园。根据张骞的观察，安息和条支同样种有水稻，但不少学者认为这并非张骞亲眼所见的第一手资料（Laufer, 1919）。

中亚的植物考古学研究尚未取得关于稻米的可靠证据，目前掌握的资料十分有限，尤其是在费尔干纳这样农业发达的富裕地区。20 世纪 70 年代，苏联考古发掘者称在费尔干纳第 28、29 和 61 号地点发现了大量米粒，可追溯至公元一千纪初期。尽管这一说法未经充分核实，但 20 世纪 80 年代的又一发现或许能支持这一论断。这一次，在吉尔吉斯斯坦境内奥什州克尔基顿（Kerkidon）镇附近，人们在蒙恰特佩的泥砖残迹中发现了稻米，年代在公元 5 世纪至 7 世纪之间（Gorbunova, 1986）。今天，乌兹别克斯坦境内的泽拉夫尚河流域有部分种植稻米的地区，北至七河地区南部的某些湿润河谷也有水稻种植，但是这些地区中的绝大部分都不太可能在古代种植稻米。

另一份更激动人心的报告出自对两座中世纪村镇的小规模植物考古学研究。居万特佩（Djuvan-tobe）和卡拉斯潘特佩（Karaspan-tobe），这两座村庄均位于哈萨克斯坦南部，坐落在锡尔河一条支流的沿岸。项目团队中的植物学家在卡拉斯潘特佩公元 4 世纪至 5 世纪的文化层中检测出了一粒稻米，在居万特佩的 7 世纪文化层又发现了一粒稻米。仅有的两粒稻米与同一地点出土的数百粒小麦、大麦和黍形成了鲜明对比。研究者公布了选址中发现的所有驯化作物（包括苹果种子、葡萄种子、豌豆和兵豆）的精美图片，却唯独没有提供这两粒稻米的文字描述或图像（Bashtannik, 2008）。这位学者援引哈萨克斯坦同一地区另一现场发掘的成果来佐证自己的结论：位于讹答剌绿洲、年代在公元 7 世纪左右的克尼勒特佩（Konyr-tobe）遗址也发现了少量稻米。

综观上述所有关于稻米的报道，尽管存在个别有待商榷之处，但它们都表明到公元一千纪中期，稻米在中亚的普及程度有所提升。不过，它很可能依然是一种次要的谷物，小麦、大麦和粟米在日常饮食中扮演着更为重要的角色。

对七河地区图祖塞古镇遗址进行的植硅体分析表明，当地存在稻米。阿琳·罗森（Arlene Rosen）及其同事在报告中写道，他们发现了栽培稻稃壳（包裹米粒的外壳）的植硅体以及茎叶中的扇形植硅体（Rosen, Chang, and Grigoriev, 2000; Chang et al.,

2002; Chang et al., 2003.）。然而，在多年的大植物研究现场调研以及作为补充的植硅体研究中，我和我的同事为证实上述发现所做的各项尝试均未取得成果（Spengler III, Chang, and Tortellotte, 2013）。能够产生此类扇形泡状植硅体的草本植物数量不少，尤以芒属和芦苇属居多。今天，遗址附近生长着许多这两属的植物。再者，中亚有些种植稻米的可能性微乎其微的地区也发现过扇形植硅体，比较典型的是在公元前400年新疆一座墓葬中发现的绵羊或山羊的粪便（Ghosh et al., 2008）。

在伊斯兰扩张之前，中亚地区仅有的关于水稻的报告均出自高度存疑的植硅体分析以及个别缺乏验证的苏联考古成果。由此看来，中亚较早存在水稻种植的观点似乎难以得到支持。虽然水稻有可能在公元一千纪后期传入西南亚，但它大概直到公元二千纪才在中亚其他地区扎下根来。在今日土耳其和阿拉伯饮食中至关重要的稻米，在早期丝绸之路沿线显然只是无名小卒。

在过去几年关于稻米的研究当中，最有意思的大植物研究发现之一来自西藏琼隆银城遗址。最近，对公元455年至700年的文化层发掘发现，除了仅有的1粒稻米之外，还有9粒稻穗轴，并且在附近一个大致同时期的名为泽本（Zebang）[1]的遗址也发现了稻米。稻穗基部的出现往往意味着这种植物在当地种植，但琼隆银城遗址的海拔高达4300米，泽本的海拔也有4000多米，均远高于常规的水稻种植区。无论这些谷物来自本地种

1　此为音译，未查到相关信息。——译者注

植，还是从千里之外经由南方山谷运达此地，这些遗存都足以说明，稻米或许早在根植于西南亚之前便先行传入喜马拉雅山脉南麓。另一种可能的情况是，稻米正是沿着喜马拉雅山脉南麓的隘口进入中亚的（Song et al., 2018）。这一理论得到了克什米尔桑姆珊（Semthan）所发现的稻米证据的支持，其年代可追溯到公元前1500年至前500年（Lone, Khan, and Buth, 1993）。稻米或许并不是唯一穿越克什米尔（主要经由卡利甘达基河谷）的东亚农作物：此前，学者曾发现早期桃、杏和"约伯的眼泪"——薏米的遗存（Knörzer, 2000; Lone, Khan, and Buth, 1993; Stevens et al., 2016.）。位于新疆吐鲁番的阿斯塔那唐代古墓群的祭品中也发现了稻米（Li et al., 2013）。阿斯塔那遗址的稻米是中亚北部以及欧亚大陆交流通道沿线可以确定的最早的水稻物证。

贝特霍尔德·劳费尔在20世纪初期提出了一种看法：直到阿拉伯时期（伊斯兰黄金时代）发轫的公元7世纪，稻米才在西南亚盛行起来（Laufer, 1919）。而在不久以前，安德鲁·沃森（Andrew Watson）根据史料指出："哈里发王朝东部有悠久的水稻种植历史，在伊斯兰早期便有较大范围的栽植。"他进一步提出，7世纪初的穆斯林势力扩张带来了灌溉系统的发展，"在整个伊斯兰世界，几乎任何有水灌溉的地方都种上了稻米"（Watson, 1983）。13世纪的食谱集《宴会钟爱的食色至味》明确收录了9道以稻米为食材的菜肴，其中大部分属于手抓饭。但这是一本为精英阶层创作的食谱，稻米在其中只是一种次要的食材。相比之下，书中关于腌制蔬菜的方法倒是多达数十种。

沃森引述的早期伊斯兰文献表明，栽植水稻的地区西至现代俄罗斯，南至非洲东北部，北至费尔干纳盆地。结合史料和植物考古学资料可知，这一时期的水稻种植已遍及东亚。沃森还援引了若干探讨稻田农业的早期伊斯兰文献，这些文献表明西亚并未推行旱作水稻（Watson, 1983）。不仅如此，进入伊斯兰时代许久之后，古植物遗存中的稻米仍不多见。通过对幼发拉底河上游和中游伊斯兰村庄遗址出土材料的研究，我们并没有在 8 世纪至 10 世纪的遗址中发现稻米，但在 11 世纪至 14 世纪的出土材料中发现了少量碳化种子和穗轴（Samuel, 2001）。公元 1000 年以后，稻米的种植范围覆盖整个内亚，就连一些在今天看来过于干旱的地区（例如阿富汗的大部分地区）也有水稻种植。

　　水稻更适合南亚潮湿的亚热带地区，而不是从现代阿富汗延绵至叙利亚的沙漠绿洲——在沙漠种植水稻需要消耗极高的劳动力和生态成本。灌溉需要投入大量劳动力，不仅如此，种植水稻还会提高土壤的盐碱度，尤其是灌溉用水滞留稻田的时候。渗入土壤的水将溶解地下的矿物质，使之缓慢渗透到地表，待地表水分蒸发之后便聚集在表层土壤中。

103

　　许多中世纪阿拉伯文献都曾探讨水稻种植活动，尤其是将水稻纳入轮作周期的方法。其中伊本·阿瓦姆的论述提供了较为丰富的细节，《纳巴泰农事典》中的记载也比较详细（El-Samarrahie, 1972）。降低盐碱度的方法之一是在排干积水后重新灌水，这一做法直至今天仍在使用，但也让这种农作物的生态需求愈发苛刻。伊朗北部的民族历史学资料指出，稻田的面积受到严格的控制，两块田地之间的集水区必须不断进行水体循环，以防含盐量上升。此外，稻谷收割之后，稻田往往会改作牧场，休耕 3 年后方可再次种植水稻（Samuel, 2001）。

植物考古学家马克·内斯比特（Mark Nesbitt）是英国皇家植物园的现任民族植物学收藏馆馆长，他与两位同事合作编纂了一份详尽的综述报告，汇总了有关水稻传入中亚的诸多文献和植物考古学证据。他们指出，成书于公元 3 世纪至 5 世纪的《巴比伦塔木德》（*Babylonian Talmud*）记载，波斯湾和美索不达米亚冲积平原附近有食用稻米的习惯，水稻在萨珊王朝晚期是当地的重要农作物，而且是税收的对象。在关于萨珊王朝皇家宴席的描述中出现过稻米的身影，主要用于制作米布丁。不过，稻米显然是一种仅供精英阶层享用的稀有食材，而且只在满足水稻生长条件、无须投入大量劳动力维持灌溉系统的小片土地上种植。

西亚为数不多的其他古代稻米遗存年代在 9 世纪至 12 世纪，叙利亚和土耳其境内各有 1 处遗址（均地处幼发拉底河流域）出土了几粒稻米（Nesbitt, Simpson, and Svanberg, n.d）。自阿拔斯王朝以降，水稻种植随着灌溉系统的改进和饮食习惯的变化而逐渐增多。根据历史文献记载，米粉主要用于烘烤面包，不过似乎也用于制作米布丁或其他甜点。

在水稻西传过程中，稻米在各地特色饮食中扮演的角色有所改变，这一点在其他农作物的传播中也有所体现。比如，粟米在中国主要用来熬粥，到中亚却用于烤制硬面包；在中亚用来烤面包的小麦，到中国便成了制作面条和馒头的原料。而在土耳其和阿拉伯特色饮食中，手抓饭的地方特色或许体现了近期才发生的文化变迁。

公元 10 世纪的阿拉伯地理学家穆卡达西（945—991）写

道，库拉河流域（今伊朗法尔斯省境内）有政府出资建设的大规模灌溉工程；他还指出，坐落于库拉河支流普尔瓦尔（Pulvar）河畔的伊什塔克尔古城周围环绕着稻田和果园（Sumner and Whitcomb, 1999）。从其他阿拉伯学者的记述也可看出，稻米的重要性日渐增长。作为一名逊尼派政治家，拉施德丁（1247—1318）同时也是一位著作等身的作家、历史学家和医生，后来还成了伊利汗国合赞汗的维齐尔。他曾参与一个渊博学者云集的小组，小组成员中还有伊利汗国统治下的伊朗佛教徒。拉施德丁描述了一种在印度十分普及的水稻品种，历史学家称之为印度香米（巴斯马蒂大米）；但他也指出，受到生态环境的制约，波斯人无法在西南亚地区种植水稻。有些历史学家认为，水稻种植直到这一时期才真正在西南亚流传开来，这尤其要归功于蒙古帝国时期开展的大型堤坝工程（Anderson, 2014）。

　　大约在同一时期，塞亚尔·瓦拉克（Sayyar al-Warraq）编纂了最早的阿拉伯食谱。在选自同时代资料的 615 份食谱中，提到稻米的寥寥无几，而且多将其作为面包或啤酒的原料。也有几份米粥的食谱，加入肉桂、糖、姜或蜂蜜调味。另外 3 本成书于 13 世纪的阿拉伯食谱也很重要，其中年代较晚的一本中关于稻米的食谱相对较多（Nesbitt, Simpson, and Svanberg, n.d）。

　　还有一份更详细的、针对水稻种植和稻米食用的阿拉伯史料的研究，出自伦敦大学学院考古研究所的植物考古学家戴尔文·塞缪尔之手。他指出，9 世纪和 10 世纪的历史文献都有记载，稻米不仅可以用于烹制汤羹等美味佳肴，还可以制成甜布丁、加牛奶熬制、发酵或烤面包。这些菜肴有时会佐

以水果糖浆、藏红花、糖、葡萄、无花果、枣或蜂蜜增加甜味
（Samuel, 2001）。

年代较晚的《巴布尔回忆录》等文献表明，稻米在距今 500
多年的中亚已有重要地位。巴布尔描绘了阿富汗卡菲里斯坦[1]谷地
里的大片稻田。他的军队从该地区经过，迫使大批当地人背井离
乡，对剩下的人大开杀戒，缴获了大量稻米。16 世纪莫卧儿皇帝
阿克巴的生平传记（由他的维齐尔阿卜勒·法兹·伊本·穆巴拉
克撰写）中出现了许多以稻米为原料的食谱。这些文献表明，稻
米于 8 世纪在整个伊斯兰世界已广为人知。然而，在 13 世纪以
前，它很可能并不是当地饮食中的主要食材，尤其是在普罗大众
之中。

关于水稻的小结

目前普遍接受的水稻驯化模型显示，中国东部的先民早在公
元前 6000 年就开始采集野生稻的种子，并且可能已经开始影响
野生稻种群的遗传基因。在随后的 1000 年里，人类活动的影响
给野生稻带来了至关重要的变化，尤其是通过人为收获筛选出不
易脱粒的穗轴。长此以往，长江下游以采食各种水果、坚果和种
子为生的先民最终在无意中改变了身边野生稻的种群基因。这一
过程的结果在田螺山和河姆渡遗址的考古遗存中得到了证明。田

---

1 卡菲里斯坦（Kāfiristān），位于阿富汗东部，当地居民保有自己的传统文化
和宗教，被伊斯兰教视为异教徒"卡菲勒"（kāfir），该地因此被称为"卡菲
里斯坦"，意为"异教徒之地"。随着阿富汗控制这一地区以及当地人逐渐
皈依伊斯兰教，该地区在 1906 年更名为努尔斯坦（Nurestan），意为"开化
之地"。——译注

螺山野生稻向驯化稻的缓慢过渡直到公元前 4600 年左右才结束（Fuller et al., 2009）。

　　与之并进的另一条轨迹是，印度北部某些地区的先民在公元前 6000 年就开始采食野生稻米，他们对印度野生稻施加的影响并未导致水稻形态改变。不过，公元前二千纪初期，马哈加拉（Mahagara）地区也开始栽植完全为人类驯化但基因与东亚稻米完全不同的水稻。基因数据表明，水稻在长江流域和印度北部分别被当地先民驯化栽植，但是，控制穗轴不易折断的等位基因（驯化的独特性状）的确起源于长江流域，后来才传播到印度北部（Gross and Zhao, 2014）。因此，东亚水稻被驯化的形态学改变只出现在长江下游，而这种驯化基因从完全驯化的日本型水稻转移到了保持野生形态的印度型水稻上——由此形成了我们今天所知的印度香米（巴斯马蒂大米）和珍珠米。在此之后，这一基因随着农作物传播开来（渐渗杂交），成为印度北部其他保持野生形态却已被人类驯化种植的水稻种群的主导基因。

　　有观点认为（尽管依据有限且零散），野生印度型水稻种群北部的中亚山地是驯化基因得以传入印度北部并与当地水稻发生交互作用的渠道（Stevens et al., 2016）。新的资料似乎表明，驯化基因在克什米尔传播开来，然后可能是沿斯瓦特山谷南下，传入旁遮普邦。有意思的是，虽然今天大米已成为中亚饮食不可或缺的组成部分，但在公元 7 世纪伊斯兰势力扩张之前，大米在印度河流域以西很可能并不是十分重要的农作物。由此可见，以大米为主料、现已成为中亚和西南亚多地特色饮食之代表的手抓饭，其诞生不过是过去 1000 年里的事。虽然水稻是当今世界最重要的粮食农作物之一，但它在欧亚大陆传播的历史却比大多数人所以为的要短很多。

荞麦

荞麦与小麦没有亲缘关系。它甚至不是禾本科植物，而是蓼科植物（Polygonaceae）中的一员。这种植物早在数千年前便引起了世界各地先民的注意。荞麦的英文通用名"buckwheat"源自德语"Buche-weizen"（意为"山毛榉小麦"或"山毛榉谷粒"），因为荞麦与山毛榉（*Fagus* spp.）的果实外形有几分相像；荞麦的拉丁文学名（*Fagopyrum esculentum*）也暗指二者之间存在相似之处。荞麦至少有一位近亲——直立蓼（*Polygonum erectum*）在北美被人类栽植。荞麦属植物至少在不同时期被亚洲先民分别驯化过 3 次。这些驯化农作物中最著名的便是甜荞，学界相信它在中国西部被人类驯化。第二种驯化荞麦则是苦荞，又称鞑靼荞麦或花荞。苦荞可在海拔 4300 米处生长，比甜荞的生长地高许多。与其他荞麦属植物不同的是，苦荞更耐霜冻。许多学者认为这种农作物起源于中国西部山区（Simoons, 1990; Zeven and de Wet, 1982; Harlan, 1975）。最后，不那么常见的赤地利（*Fagopyrum acutatum*，又称日本荞麦、金荞麦或金锁银开）曾在日本和远东茂盛生长。

荞麦是喜马拉雅山脉的主要高海拔农作物，它与大麦都是西藏特色饮食和农业的主角。这种植物生长季节短，能够耐受寒冷的气候、贫瘠多石的土壤，仅需有限的照料。

今天，美国和西欧饮食中只有松饼和个别独特的烘焙食品中才会用到荞麦。在东欧和俄罗斯，荞麦常被用来熬粥。俄罗斯荞麦粥格列奇卡（Grechka）风味浓郁，加糖后常作为孩子们的食物。然而，有限的植物考古学资料似乎表明，荞麦这种谷物直到公元元年之后很久才传出喜马拉雅山脉或东亚地区。即使如此，中亚和西南亚大多数地区从未发现种植荞麦的迹象。荞麦之所以成为中亚北部熬粥的原料，或许是受到俄罗斯征服中亚的影响。

我们对蓼科植物的起源和传播知之甚少。鉴于其在喜马拉雅地区的重要地位以及该地区地方品种和野生亲缘种之间的巨大差异，学者们推断这一作物就是在该区域的某个地方被人类驯化的。但是，没有任何植物考古学证据能证明古人类存在驯化荞麦或在驯化前栽植荞麦的活动。对西藏野生荞麦品种的遗传学研究表明，甜荞和苦荞的野生祖先可能都起源于喜马拉雅高原，其中甜荞在西藏东部或云南德钦一带被驯化，而苦荞则原产于西藏中部（Ohnishi, 2004）。

荞麦直到最近几个世纪才被带入中亚，它的传入可能是沙俄帝国扩张的结果。值得一提的是，19世纪早期探访中亚的欧洲探险家在记录农耕活动时完全没有提到荞麦，尽管其中许多探险家——比如尤金·斯凯勒——都为他们所见到的农作物留下了不厌其详的描述（Schuyler, 1877）。长春真人在1222年途经撒马尔罕时注意到，这座城市周围的农田里可以见到中原也有的所有谷物和豆类，唯独没有荞麦和大豆

（假设俄国汉学家埃米尔·布雷特施奈德 1888 年的译法是准确的）[1]。唯一提到该地区有荞麦的欧洲探险家是亨利·兰斯戴尔，他对自己在伊犁河谷和天山所见的高海拔耕作赞叹不已。他写道，在一座被他称为"忠城"（Vierny 是俄语 Верный 的转写，意为"忠诚的、守信的"）的小镇周围种植着荞麦和其他谷物（Landsell, 1885）。这座小镇的具体位置很难确定。它可能是指阿拉木图。大约 10 年前，斯凯勒在伊犁河谷造访了一座同样名为"忠城"的小镇，但是他指出这座小镇的海拔高达 2400 米，而今天的阿拉木图海拔只有 800 米（Schuyler, 1877）。

尽管没有确凿证据表明荞麦在 1000 多年前已从东亚传出，但是，有些颇具争议的研究从微观植物学数据出发，认为荞麦早在公元前五千纪便已传入欧洲。例如，有一项研究以花粉为线索，无比详尽地还原出荞麦从喜马拉雅山南麓向北沿山地走廊扩散，最终在公元前五千纪左右穿过中亚北部大草原的路线（Janik, 2002）。然而，考古学家和植物学家直言，几乎没有其他资料，也没有充分的大植物研究证据能够支持此类结论（Boivin, Fuller, and Crowther, 2012）。其他主张荞麦极早传入欧洲的说法大多无法自圆其说。还有一些利用来自中国的花粉和淀粉粒论证荞麦早期传播的研究则存在显而易见的问题（详见下文）（Hunt, Shang, and Jones, 2017）。

在此之前早有学者——植物学家阿方斯·德·康多尔

1　《长春真人西游记》原文：河中壤地宜百谷，惟无荞麦、大豆。——译注

（Alphonse de Candolle）在 1884 年便指出，欧洲没有关于荞麦的早期记载，而语言学领域的证据也表明这种谷物的输入时间较晚。西南亚早期文献中不曾提过这种农作物，梵语中没有"荞麦"这个词；古代希腊或罗马文学中也没有它的身影。由于这种农作物缺乏拉丁文名称，它的分类学名称是现代才有的发明。不仅如此，荞麦在欧洲各种语言中完全找不到共通的词根。德·康多尔认为，这种农作物在中世纪经由中亚北部（他将这一地区称为鞑靼利亚）传至俄罗斯，直到 1436 年在德国种植以后，西欧史料中才出现相关的记载（de Candolle, 1884）。

一种在欧洲具有重要地位的农作物在这片土地上的历史似乎如此短暂，传播途径又如此神秘，这实在令人着迷。荞麦在东亚的历史也同样迷雾重重。一份公开发表的报告称，日本早期绳文文化层出土过一粒荞麦，距今约有 5000 年历史，但通说认为，这粒荞麦是较晚时期的侵入物（Crawford, 1983）。中国早期史料中没有荞麦，直到 5 世纪和 6 世纪才出现相关记载，而中国中部的考古发掘几乎从未发现过这种谷物（Ho, 1975）。通过近期发表的一份关于中国荞麦的植物学汇总研究，足以看出荞麦的起源多么扑朔迷离。研究人员综合了 26 份遍及中国各地的关于早期荞麦的报道，其中 14 份以花粉粒为依据，2 份以淀粉粒为依据，其余 10 份以早期种子遗存为依据的报告尚需进一步确认。与东亚早期农业的诸多微观植物学数据类似，通过淀粉粒测定的年代明显早于大植物研究得出的所有可靠年代，这些数据高度存疑。来自中国的荞麦花粉数据与欧洲的花粉数据一样存在问题。此外，对一份深层

110

沉积物样本中的荞麦驯化形态的鉴定饱受质疑：经鉴定，这份利用钻孔机在中国取得的样本所含有的植物遗存可追溯到公元前 23000 年。另外，荞麦是生态系统受到干扰的标志，是一种通过畜牧食用其植株或种子来传播种子的植物；如此一来，与人类活动相比，荞麦花粉出现频率的改变更能体现畜群活动的变化。最古老的可靠样本来自公元前一千纪的云南。青海、陕西和甘肃也发现了比之稍晚一些的大植物遗存（Hunt, Shang, and Jones, 2017）。

中国云南的海门口遗址出土了 3 粒小型种子样本，可能是目前发现的最古老的栽培荞麦。这些种子的年代推定约在公元前 1400 年至前 800 年左右，它们可能是野生荞麦，但也可能不是（Xue, 2010）。中国南部也有其他据称可追溯至公元前 1500 年的荞麦发现，但还需要后续分析确认（Ohnishi, 1998）。

在尼泊尔上木斯塘宗河河谷的米拜克（Mebrak）和蒲赞林（Phudzeling）墓葬遗址，人们发现了更为清晰的驯化荞麦粒遗存。在公元前 1000 年至公元 100 年的墓葬中发现荞麦，这清楚地表明该农作物最迟在公元前一千纪便在高山地带被人类栽植（Knörzer, 2000）。不过，关于荞麦起源和传播的争论至今仍未停歇，至少有一支考古学家团队仍然坚称，公元前 2500 年左右的中国北部存在一个荞麦的起源中心（Hunt, Shang, and Jones, 2017）。在出现确凿证据之前，这些对更早时期的主张只能是种种推测。话虽如此，但我们确实不应该排除荞麦起源于喜马拉雅山脉以外更北的地方的可能。有意思的是，对尼泊尔遗址的植物考古学报告指出，当地同时存在两种荞麦（一种是苦荞，另一种经研究人员认为是甜荞）。在墓葬群所处的时期，西南亚的各类农作物已经传播到这一地区，米拜克和蒲赞林的先民同时也种植裸大麦、皮大麦和亚麻（Knörzer, 2000）。最有可能的情况是，荞麦原本只是混杂在这些早期小麦和大麦田里的野草，古人容忍了它们的存在，并且逐渐驯化了它们。还有一种可能：荞麦的密集生长是大批牦牛放牧的结果。反刍动物所在的地方往往会出现体内传播植物（依靠以之为食的动物传播种子的植物）的聚集。总之，荞麦的驯化似乎是喜马拉雅山脉南麓农牧业成熟发展的次要结果。

最有希望让我们理清荞麦驯化历程的关键证据，是在琼隆银城遗址公元 455 年至 700 年文化层中出土的大植物遗存（Song et al., in review）。植物考古学家在此发现了两个可能是苦荞的样本，他们根据其形态判断这些谷物已被人类驯化。我与几位同事此前在同一遗址考察时也发现了荞麦属植物的种子，但我们无法仅根据出土的几份样本断言它们就是已经驯化的荞麦（d'Alpoim Guedes et al., 2014）。尼泊尔山区的喀拉（Kohla）遗址也发现了年代在公元一千纪且保存完好的荞麦粒（Asouti and Fuller, 2009）。

根据现有的考古植物学数据，最令人信服的说法是荞麦是一种较晚驯化的农作物，直到公元前二千纪才在喜马拉雅山脉南麓实现人为栽植，晚于该地区种的其他各种农作物。在被人类驯化以前，荞麦可能是一种杂草。目前掌握的寥寥无几的数据表明，甜荞和苦荞这两种山地农作物直到大约 3000 年前才真正得到驯化。另外，荞麦可能在公元后的第一个千年里才沿着丝绸之

112

路向北部或中国中原腹地传播，传入欧洲和中亚的时间更晚。我们可以推论：荞麦在俄罗斯本土以及随后向东欧的传播，其实是通往莫斯科（13 世纪俄罗斯是世界的政治中心）的茶叶贸易路线建立所带来的结果（见第 12 章）。

古希腊罗马时代失落的谷物

过去至少 1 万年以来，亚洲先民与禾本科植物建立起密切的共同进化关系，通过人为施加的压力，许多物种进化出了驯化性状，数量之多令我们吃惊。在这些亚洲驯化谷物中，有许多其他地方闻所未闻的品种，有些则已消失在历史长河中。除了我们熟悉的大粒谷物（小麦、大麦、黑麦、燕麦、稻米和黍）之外，亚洲的驯化谷物还包括许多准谷物，比如苋科藜属植物（见第 11 章）、以荞麦为代表的蓼科植物，此外还有十几种其他禾本科植物。这些相对次要的谷物基本没有踏上丝绸之路。

除了黍和粟以外，其他许多小粒粟米同样起源于东亚。稗属植物曾在东亚多次被驯化，主要是在日本，至少可追溯到 4000 年前。紫穗稗（*E. esculenta*）在日本、韩国和中国东部个别地区有少量种植，它们往往生长在对水稻而言过于寒冷的干旱地区。另一种稗属植物湖南稗子（*Echinochloa frumentacea*）——又称印度粗米——在南亚被驯化，在印度、巴基斯坦和尼泊尔均有分布。第三种驯化稗属植物是非洲稗（*E. stagnina*），主要生长于西非。时至今日，野生品种的稗属杂草仍然在乌兹别克斯坦的粟米田里疯长。有时，人们也任由其自然生长，在收获季节将稗草的种子与人工栽植的粟米一同收割。

南亚还驯化了其他小粒谷物，例如多枝臂形草（*Brachiaria ramosa*）、细柄黍和金色狗尾草，它们都起源于印度南部的某个地方。在历史上，细柄黍和金色狗尾草曾经在印度南部混杂在一处生长（Kimata, Ashok, and Seetharam, 2000）。另一种有趣的东亚谷物——薏米，过去曾在中国各地广泛种植，今天仍在中国中部地区以野草的形式生长。这是一种生有硬壳的独特谷物，其历史可追溯至公元一千纪早期新疆山普拉古墓群发现的薏米实物（Jiang et al., 2009）。在不同历史时期，古人都有从野外采收谷物的习惯。

另外一些传入中国的谷物对当地特色饮食的影响则没有那么深远，比如黑麦和燕麦。中国四川和云南有种植黑麦的传统，但我们对黑麦传入东亚的过程几乎一无所知（Simoons, 1990）。黑麦传入西南亚的路线则相对容易确定：研究人员在 12 世纪至 14 世纪的梅达村（Qaryat Medad）遗址鉴定出了黑麦，叙利亚古夫坦丘（Tell Guftan）遗址也出土了一批同时期的黑麦粒。这两批谷物中都混有大量小麦和大麦粒（Samuel, 2001）。虽然四川西部的彝族人和川西南的诺苏彝族（黑彝）早有种植燕麦的习俗，但我们对燕麦在中国的传播和早期种植知之甚少（Simoons, 1990）。

另一种在中国取得重要地位的谷物是高粱。高粱在北非被驯化之后，可能从南方的某条路线传入了中国。古代汉语将高粱称为"蜀黍"，意思是"四川粟米"。有些语言学家认为，这种称呼或许在提醒我们，高粱是经由印度传入中国的（Ho,

1975）。鉴于中亚完全没有这种农作物存在的证据、土耳其的饮食历史中也没有它的身影，这种假设似乎有一定的说服力。目前还不清楚高粱何时传入西南亚，但老普林尼曾写道："近十年来，意大利从印度引进了一种粟米，颜色黢黑，谷粒硕大，茎秆形似芦苇，可长到 7 英尺高，谷穗尺寸可观。其名为phobae。"根据他的描述，这种植物似乎就是高粱。直至公元300 年，中国历史文献从未提到黍属，至于高粱在此之前是否已传入中国，目前尚有争论（Simoons, 1990）。与其他粟米一样，高粱耐寒耐热，能在干旱贫瘠的土地生长。今天，它在中国南方广为种植，是酿造白酒的常见原料。但是，中国缺少高粱存在的早期植物考古学证据，这可能意味着这种农作物在公元元年之后才从印度北上。

对于历史上各种农作物在不同地区的本土品种，以及它们在农田里存在怎样的多样性，我们了解得太少。只有一个案例与众不同：1933 年，在塔吉克斯坦的穆格山城堡遗址进行的考古发掘发现了谷穗完整的黍和其他谷物，这让我们得以深入了解中世纪早期费尔干纳和泽拉夫尚一带的农作物品种。大麦呈有麦壳的长粒状，顶端生有长长的麦芒或刺毛，与今天中亚各地用作饲料的品种十分相似。穆格山城堡遗址出土的小麦也生有麦芒，似乎是更常用于烘烤面包而不是制作面条的小麦品种。此外，最初的现场报告称，它是一种红色的小麦，麦芒、稃（包裹麦粒的硬壳）和麦粒均呈红色。在历史上，红小麦在中亚南部多地和中国少部分地区均有种植。除黍的谷穗之外，现场还发现了稗的谷穗——这位粟米的野生近亲在亚洲各地的农田都是让人头疼的杂草。我在现代泽拉夫尚地区见过稗与黍混合生长、一同收获的情形。不过，有些学者指出，稗曾经在乌兹别克斯坦和塔吉克斯坦被人类栽植，它在当地的名字是库尔马克（Kurmak）（Danilevsky, Kokonov, and Neketen, 1940）。

6

大　麦

皮大麦与裸大麦：啤酒还是面包

　　与黍一样，欧亚大陆的农业生产者食用大麦已有数千年的历史，但大麦的烹饪方法和社会地位随着时间推移发生了翻天覆地的变化。在古希腊和古罗马，这种谷物具有宗教意义（主要是农业女神德墨忒尔／克瑞斯的象征）。在《荷马史诗·伊利亚特》中，神圣的大麦粉被撒在刚刚放净鲜血的动物祭祀品上；在《荷马史诗·奥德赛》中，洁白的大麦粉则被视为让亡灵安息的祭品。有些古代占卜仪式会用到大麦面包，例如面包占卜（一种找出犯罪者的方式[1]）。盎格鲁-撒克逊人的神明裁判中也有类似的"面包审"。

　　大麦耐受力强，能让农民在全世界海拔最高、最不宜耕作的

---

[1]　面包占卜，即"alphitomancy"，该词由希腊语"ἄλφιτον"（alphiton，意为"大麦"）和"μαντεία"（manteia，意为"占卜"）组合而成。如果几个人中有一人是犯罪者，审判者便让每人吃下一块面包，其中消化不良的那个人为罪犯。

山区填饱肚子，在小麦无法生长的土地上收获粮食。如今，大麦在全球范围内主要用于酿酒。欧洲和美洲酿造啤酒的传统工艺是用啤酒花促使麦芽发酵。大麦也用于蒸馏波本威士忌、苏格兰威士忌和爱尔兰威士忌。时至今日，欧美烹饪仍保留着用大麦熬制浓汤的传统（例如牛肉大麦浓汤），偶尔也用来烤制未充分发酵的面包。不过，随着农业逐渐工业化和面包的大批量生产，大麦在很大程度上已被小麦粉取而代之。

大麦在许多文化里曾是社会地位的标志。在史诗《吉尔伽美什》中，吉尔伽美什吃下大麦蛋糕，试图与农民群体拉近关系。柏拉图在《理想国》中写道，在理想化的城邦里，公民应当食用属于农民阶级的粗烤饼，而不是市民享用的松软烤饼。古希腊医师盖伦的著作中也能看到类似的两极分化。他写道，希腊军人以大麦粥为食，而罗马军人则将食用大麦视为一种惩罚。用来烤面包的小麦——尤其是为了烤面包而培育的麸质含量较高的品种——可用于制作更松软可口的面包；但是作为一种农作物，它需要的水量比大麦多，耐受性却不如大麦。另外，大麦种植需要的劳动力较少，而且更能适应寒冷的气候和纬度较高的北方。这些特性让大麦成为公元前五六千纪在欧洲开疆辟土的先驱和早期定居者最主要的食物来源。不过，直到出现耐霜冻且失去对光周期的敏感性（详见下文）的品种，大麦才真正在欧亚大陆牢牢扎下根来（Jones et al., 2008）。

与小麦类似，经过驯化的大麦可分为两大类：裸大麦和皮大麦。皮大麦（稃大麦）品种的每颗麦粒都包裹着坚硬的稃片或颖片。颖片需经加工（常见方法是打谷和扬场）才能去除。裸大麦因遗传基因改变而发生形态变化，颖片变得很薄且极易脱落。裸大麦在生长期间需要更多的水，但更容易加工成食物。皮大麦生长期间对劳动力的需求较少（往往不需要灌溉），但将其磨成面粉或碾碎去壳食用要耗费许多人力。因此，皮大麦通常用于制作发酵食品或饲料，这样不需要碾磨。

上述二者之间的差异有利于研究欧洲早期农业发展过程中烹饪和农业实践的持续变化。两位来自剑桥大学的考古学家——戴安娜·利斯特（Diane Lister）和马丁·琼斯（Martin Jones）翻阅大量来自欧洲各地的考古报告后得出的结论是，从公元前五千纪到前四千纪，高加索山脉和地中海一带种植的皮大麦逐渐被裸大麦取代，不过二者搭配种植的情况在东欧地区仍然十分普遍（Lister and Jones, 2013）。

裸大麦之所以更受青睐，或许是因为与小麦相比，人们更愿意种植易于管理的大麦。在欧洲的许多地区，大麦只需要极少的灌溉，甚至不需要灌溉便可取得喜人的收获。裸大麦虽然需要更多的水，但它的颖壳在收割之后很容易去除。因此，裸大麦在史前时期的欧洲更受欢迎，这一现象或许表明，当时的大麦已经是制作面粉的原料。

有意思的是，在公元前一千纪以及古罗马时代，对裸大麦的偏爱似乎发生了 180 度的逆转（Lister and Jones, 2013）。起初，这种压倒性的逆转似乎与当时社会政治的发展背道而驰，罗马帝国的扩张、公众工程项目（引水渠和灌溉系统等）的集中建设、农业轮作周期的引进以及新型收割和加工工具的发展，所有这一切都使人口明显增长。一种可能的解释是，灌溉系统让更多人有能力选择食用小麦面包，从而推动了用于烤面包的小麦的种植。随着这些小麦品种取代裸大麦，皮大麦再次成为用作饲料和制作发酵食品的主流农作物。随着灌溉能力的提高，公元前一千纪的中亚各地也出现了从裸大麦转向皮大麦的趋势。

大麦的起源

与黍相比，围绕大麦起源和传播的争论要复杂得多，所涉及的资料也庞杂得多。驯化大麦可以追溯到 1 万多年前的新月沃土，驯化型禾本科植物在那里似乎已有数千年的历史（Willcox,
2013）。驯化型大麦从一种穗轴易折断的野生二棱大麦演化而来（Harlan and Zohary, 1966）。不过，现有的大麦属植物遗传学数据浩如烟海，反而激发了大规模的争论。

许多研究人员都支持"大麦在两个地方分别被人类驯化"的观点。有些学者以遗传学数据为基础提出，大麦存在两个驯化中心，一个在新月沃土，另一个在更遥远的东方某地（Morrell,
Lundy, and Clegg, 2003; Morrell and Clegg, 2007）。这种观点得到了许多考古学家和历史学家的赞同；值得注意的是，西藏特色饮食高度依赖大麦，在西藏进行研究的学者以此为论据，主张大麦的驯化中心位于西藏。此外，戴维·哈里斯（David Harris）在其关于土库曼斯坦西部早期农民的著作中提出了一种假设，即大麦在中亚南部得到了孤立的驯化，具体地点可能就在哲通（Jeitum）古城或附近的某个关联聚居地（Harris, 2010; Anderson, 2014）。遗传学家试图利用考古学证据来解答这个疑问，他们指出，大麦驯化既有可能发生在哲通，也有可能发生在巴基斯坦境内——

118

119

图 9　在布哈拉的集市上，一位面包商人正在擦拭刚刚从乌兹别克式馕坑
烤好的新鲜扁面包，2017 年
　　摄影：本书作者

位于印度河以西的美赫尕尔（Mehrgarh）古城。他们强调，美
赫尕尔地处野生大麦生长区的东部边缘，是理想的驯化地点
（Morrell and Clegg, 2007; Harris, 2010）。

　　虽然上述理论都很有吸引力，但是没有任何考古资料足以
印证这些猜测。中亚南部最早的农业社区拥有发展完善的生产经
济。毫无疑问，在大约 8000 年前，哲通附近的大麦已经被人类

驯化，麦粒硕大而饱满，穗轴坚硬，偶尔还会出现脱壳（裸大麦）这一突变。在美赫尔尔和哲通种植的大麦或许对大麦驯化的整体演进和现代欧亚地区大麦的遗传构成有一定的贡献；尽管如此，在这些古城定居的第一批先民所播撒的种子，显然还是他们随身带来的、来自伊朗高原的、已经完全驯化的大麦。

支持"大麦属植物曾被驯化两次"的学者之所以做出这样的论断，一大重要论据是在欧洲和亚洲，现代和历史上的大麦居群可分为两个遗传学差异明显的演化支。之所以出现这样的差异，根源在于存在两个控制不易脱粒（使麦粒固定在麦穗上的小茎）的等位基因（Azguvel and Komatsuda, 2007; Takahashi, 1972）。当 Bt1 和 Bt2 这两个密切相关的基因中的某一个发生突变时，便会产生不易脱粒这一显性性状。遗传学家普遍认为，独特的基因突变或者控制特定驯化性状的等位基因的数量应当等同于该农作物发生独立驯化事件的数量（Zohary, 1999）。这种简化的经验法则对于某些谷类作物而言的确适用——这些农作物通常只有一个控制不易脱粒的等位基因，但这一法则也让人们对许多现代农作物的居群遗传学信息产生了错误的认识。就大麦而言，将一种农作物分为两个演化支是基于这样的推测：易折断穗轴的两次突变各自独立发生，是两个彼此孤立的事件；换句话说，已经发生其中一种突变的种群没有再发生另一种突变，也没有通过渐渗作用从野生种群中获得另一种突变。虽然目前尚不清楚这两次突变究竟有怎样的意义，但令人迷惑的是，很多大麦品种同时具备这两种突变。

有些遗传学家主张，大麦诞生于单一的驯化事件（Blattner

and Méndez, 2001; Leon, 2010; Li, Xu, and Zhang, 2004）。一支研究团队一反研究特定的靶向等位基因的做法，以细致的遗传学研究、全基因组调查和多基因位点系统为依据，提出了大麦属于单系群的观点（Badr et al., 2000）。大麦驯化是单一的驯化事件或者说是一个循序渐进的进化历程（据推测应发生在新月沃土），这更符合植物考古学得到的数据。不过，关于单一驯化中心还是双驯化中心的争论实际上只是冰山一角。在过去的 20 年里，大麦遗传学研究提出的疑问比给出的答案要多得多。遗传学家推断出的几处驯化中心彼此相隔甚远，从摩洛哥、埃塞俄比亚到地中海西部，甚至远至西藏（Molina-Cano et al., 1999; Molina-Cano et al., 2005; Xu, 1982）。有些学者因为注意到存在两个遗传学种群而声称，大麦进化史上存在两个或多个驯化事件，但他们并未具体指出驯化事件的发生地（Morrell, Lundy, and Clegg, 2003）。

　　由于大麦是西藏特色饮食的核心，有些学者试图在西藏找出一个独立的大麦驯化中心（Xu, 1982; Ma et al., 1987）。现代的西藏大麦（青稞）已经适应了当地生长季节短、霜冻严重、海拔高的环境。然而，眼下并没有证据表明，青稞的原始驯化基因，尤其是控制不易脱粒的驯化基因是在该地区独立进化出来的。不过，对通常被认为是青藏高原真正野生大麦种群的鉴定和分类结果支持"西藏青稞独立驯化"的观点。这些据称是野生大麦的青稞每一根穗轴上都围绕着六行麦粒，与许多驯化大麦的形态相同，而其他的野生形态品种都只有两行麦粒。因此我们不难理解为什么有学者质疑：这一品种可能是野化大麦而非野生大麦——曾经被人类驯化，却脱离人工栽植而回归野生状态的大麦

（Tanno and Takeda, 2004）。尽管如此，针对该问题的后续遗传学研究并不支持这些野生（或野化）大麦种群是驯化青稞的祖先的理论（Yang et al., 2008）。

一项更全面的遗传学研究涵盖了高海拔地区的野生和驯化大麦居群，这一研究提出了一种有趣且可能更接近事实的理论：拥有不易脱粒和大粒种子的驯化大麦从外界传播到青藏高原，而本地野生亲缘种的基因也通过渐渗杂交进入了驯化品种的基因库（Dai et al., 2012）。这一理论不支持"独立驯化中心说"，但它确实暗示了早期藏族农民在栽培品种的培育过程中发挥了意料之外的作用。直到今天，这一栽培品种已成为西藏先民的后裔赖以生存的口粮。

最后，长期流传的观点——大麦在 1 万年前的新月沃土被人类驯化——似乎站得住脚。栽培型大麦最古老的植物遗存有力地证明了大麦的驯化发生在新月沃土，而关于存在其他大麦驯化中心的所有主张均未得到数据支持。近期许多关于大麦的遗传学研究结果指向西南亚，排除了包括西藏在内的其他地点的可能。虽然数十年的争论和十数项遗传学研究提出了若干种可能的模型，但大植物研究的数据始终是最准确的。正如部分学者所指出的那样，有些模型看起来非常接近现实中的植物驯化过程，但其依据只是一系列方法论而已。根据某一种专业方法建立的模型——无论其依据是遗传学、微观植物学研究还是大植物研究分析——很少能经得起严谨的推敲（Langlie et al., 2014）。不过，用于鉴定驯化性状的最新大植物研究参数以及更细致的考古植物学数据分析显示，新月沃土一带大麦驯化的历史比我们过去所认为的要复杂得多（Snir and Weiss, 2014; Willcox, 2013）。

新月沃土是古代欧洲和亚洲各地种植的许多农作物的故乡。在 20 世纪 50 年代至 20 世纪 80 年代对这一带进行的研究让我们获得了许多关于该地区农业起源的知识。然而，新月沃土涵盖若干现代国家的不同部分，哪些地区应当研究、哪些研究团队能够获准进入考古遗址，这些问题长期受制于当地动荡的政治局势。因此，我们对新月沃土的农业只有碎片化的认知。其中有些地区（比如土耳其和以色列）得到了详细的探索，而另外一些地区（包括与伊朗接壤的东部区域）则是一片空白。

得益于与西南亚和中亚各国友好的政治关系，法国和德国的考古团队在这些地区的历史研究取得了不错的成果，至少比美国研究团队要好得多。在 2009 年和 2010 年，一支来自图宾根大学的考古学家团队与伊朗考古中心的研究人员合作，共同对恰高戈兰（Chogha Golan）遗址进行了发掘。该遗址海拔为 485 米，位于今伊朗伊拉姆省的扎格罗斯山麓，属于新月沃土的东部边缘。这片占地 3 公顷的古迹在公元前 12000 年至前 9800 年有人类居住。野生大麦是该遗址先民的重要食物，在当地有人居住的大部分时间里可能都由人类栽植或得到人类的照料。该遗址年代最早的文化层中发现了早期人类采集野生大麦属植物以及另一种野生祖先作物的植物考古学证据（Riehl, Zeidi, and Conard, 2013）。考古学家注意到，到该地古人类居住的后期，具备不易脱粒形态的小麦粒（野生小麦亲缘种）所占的百分比有所上升，说明大约 1 万年前的新月沃土最东端发生了植物的驯化。在基本同一时期，新月沃土的西端也出现了类似的驯化现象，在伊拉克和叙利亚的其他遗址所获得的相似数据证实了这一点（Weiss and Zohary, 2011）。遥相呼应的数据表明，基础作物的驯化在同一时期发生在新月沃土的不同地点。

继恰高戈兰的发现之后，植物考古学家又在新月沃土一带找到了 5 处多种基础作物一同被逐步驯化的聚集性遗址，一共确定出约 11 处能够为驯化过程提供线索的遗址（Willcox, 2013）。此外，研究人员发现，在这 5 处遗址集群中，每一处农民种植的农作物品种组合都不尽相同，而且每一种农作物的具体品种彼此也不同。这些证据似乎在提醒我们，这些基础作物的驯化在各自的驯化中心独立且平行进行，而不是集中在某一个地点或时间点一次性完成的。这种认为"新月沃土是多个驯化中心的集合地，不同驯化中心相互影响的同时，还维持着各自农作物截然不同的基因特征"的观点，为关于农业起源的大讨论带来了新的思路。学者渐渐摒弃了关于驯化中心和短期快速驯化事件的概念，转而去寻找当地农作物经历长期演化过程的地区——这样的地区可能发生过更加复杂的遗传事件（Langlie et al., 2014）。

受到这一新思路的启发，加上新月沃土地区关于大麦同时并行驯化的大植物研究证据日益增多，一种以遗传学为基础的全新模型横空出世，这种模型有力驳斥了此前发表的十数篇关于大麦驯化的遗传学研究结果。这种新的研究方法将欧洲的 3 个大麦种群各自独立出来，认为这些农作物可能在新月沃土拥有各自完全不同的起源（Jones et al., 2013）。科学家还提出，在公元前五千纪至前四千纪，一种更能适应较高纬度地区的大麦种群从西南亚扩散至欧洲，而当时已在欧洲东南部生长的大麦则可能是沿一条不同于另外两个大麦种群的路线传入这一地区的（Jones et al., 2013）。

如果接受"所有驯化大麦的谱系都能在西南亚的新月沃土找到源头"，那就可以将大麦的驯化过程划分为四大阶段。与小麦、豌豆、兵豆和其他几种我们熟悉的农作物一样，大麦的故事在西南亚迈出了第一步。在数千年的时光里，早期采集狩猎者沿着底格里斯河和幼发拉底河，或者在附近的扎格罗斯山脉的山麓地带采集野生大麦的种子。借助人与植物共同进化的关系，野生大麦进化出充分利用人类传播种子的机制。不易脱粒是驯化开始的第一个标志，这一性状出现在公元前 8000 年左右的大麦当中，表明古人类的收割活动到那时已对野生大麦种群施加了足够的人工选择压力，足以显著改变植物的生理学特点。

公元前 6500 年，大麦的驯化进入人工选择的第二大阶段。野生状态的大麦多为二棱穗；而现代的许多大麦地方品种则为六棱穗。大麦的六棱形态来源于 Vrs1 等位基因的突变。这种突变可能在不同时间、不同地点多次发生过（Komatsuda et al., 2007; Leon, 2010）。这种性状显然对农民有利，也对植物有间接的益处，尽管大量用于繁殖后代的种子成了人类的食物，但也让这种植物本身更受农民的青睐，从而有利于其广泛传播。这是植物"引诱"人类的最具吸引力也最基础的办法。一旦农作物被驯化，人们就会筛选并反复种植产量最大（可能是单株植物的产量更高，也可能是结出更硕大的果实）的植物种子。

大麦驯化的下一阶段是发育出薄且容易脱落的稃壳，逐渐进化为今天称之为裸大麦的形态。在野生环境中，大麦的种子包

裹在厚厚的稃壳或颖片中，以免遭昆虫啃食或失去水分。人类
在食用麦粒前必须先除去稃壳，这是一项困难且极耗体力的工
作。公元前6000年，独特的裸露（nud）基因位点突变造就了裸
大麦的显性性状。根据遗传学证据，科学家认为这是一种单源
突变（Taketa et al., 2008）。裸大麦迅速传播开来，因为在小麦
和粟米均无法生长的高海拔恶劣环境下，它是首选的食物来源
（Helbaek, 1959）。

　　大麦驯化的第四个也是最后一个阶段是光周期敏感性的丧
失。对光周期的敏感性是植物对生长季节、昼夜长短变化的自然
反应。对包括野生大麦和小麦在内的许多植物而言，夜晚的时长
逐渐缩短是春天到来、花期临近的信号（Takahashi et al., 1963;
Takahashi et al., 1968）。然而，早期农民所种植的大麦和小麦属
于在秋季播种的越冬植物。新月沃土位于半干旱地带，植物可利
用冬季降水生长，在初夏结实收获。人类必须先将控制植物对昼
夜变化做出反应的编码基因筛选出来并予以剔除，才能让植物在
更靠北的地区生长。不过，这或许并不是古代农民有意识的选
择。随着从事农业生产活动的先民沿着丝绸之路的前身将这些植
物带到纬度更高的地区，当地冬季较短的白昼和较长的夜晚使植
物对光周期的反应发生了变化（Jones et al., 2008; von Bothmer et
al., 2003）。北方的冬季不利于植物生长，因此，从事农业生产的
先民十分需要对光周期不敏感的大麦（以及小麦）新品种。

　　数千年之后，农业才沿着最终成为丝绸之路的路线传入北
欧。这一时间跨度之所以如此漫长，其中一种解释是，当时存在
的农作物品种都无法在纬度更高、海拔也更高的北方生存。根

125

据这一理论，农民经历了许多代才逐渐培育出一种对白昼长度变化毫无反应的耐寒型大麦。这一突变或许早就出现在野外的个别植物当中；随着古代农民将农作物带往更靠北或海拔更高的地区，农作物的产量有所降低。没有结出种子的植物无法将基因传给下一代。因此，古代农民起初或许经历过一段大幅减产的时期，但随着时间的流逝，通过缓慢的进化和筛选，田地里越来越多的植株对光周期的敏感性降低，产量也因此有所增加。这种具有全新性状的品种属于春播作物，在夏季生长，在秋季收获（Pourkheirandish and Komatsuda, 2007; von Bothmer et al., 2003; Takahashi et al., 1968; Takahashi et al., 1963）。这种特定的突变，加之其他某些性状，使大麦和小麦成为全世界最重要、传播最广泛的两种农作物（Jones et al., 2008; Jones et al., 2012; Lister et al., 2009; von Bothmer et al., 2003）。

这种突变阻止控制光周期反应的 Ppd-H1 等位基因产生反应。有一种理论认为，一个已发生这一突变的野生大麦种群在此之前便存在于伊朗山区，随着早期农民迁入此地，来自遥远东部新月沃土的驯化型大麦意外地与这一野生品系发生了杂交。而另一种理论则提出这样的假设：在新月沃土的东部边缘，大麦的二次驯化可能吸收了该基因库中的某些基因（Jones et al., 2008）。

这种二次单源驯化的大麦演化支中就包括春大麦，这种大麦向北传入中亚，最终扩散到喜马拉雅山脉、帕米尔高原和中国。不过我们知道，春大麦和春小麦是沿丝绸之路北线传播到中国的，而冬小麦则在今日的中国南部广泛种植。这些事实说明，在早期农民将这种农作物传播到中国北部之后，其中某些种群又恢复了对光周期敏感的性状；小麦和大麦也可能通过其他渠道传入中国，例如通过印度或南方的其他路线。

丝绸之路上的大麦

迄今为止，中亚发现的最早的农耕文化遗存出土于新石器时代晚期和红铜时代的哲通村。最早在卡拉库姆沙漠南部外围定居的移民从更南方的伊朗高原带来了不同品种的小麦和大麦，包括裸大麦和皮大麦。如前所述，裸大麦的基因突变是单源突变，因此可以推知，两种品系在不同的田地里生长和栽培：裸大麦与皮大麦分开种植，这样就不会发生杂交，也就不会产生混合二者性状的种子。有意思的是，最早迁徙到西欧的定居者也同时带来了裸大麦和皮大麦（Lister and Jones, 2013）。在年代从公元前六千纪至公元前三千纪不等的中亚南部还有其他早期村庄遗址里，植物考古学研究同样发现了皮大麦与裸大麦混同的情况，这些遗址包括土库曼斯坦的北安纳乌（Anau North）、阿富汗的苏尔图盖和塔吉克斯坦的萨拉子目（Harris, 2010; Willcox, 1991; Spengler Ⅲ and Willcox, 2013）。与之类似，伊朗高原各地都发现了可追溯到这一时期的裸大麦和皮大麦，其中包括伊朗戈丁特佩（Godin Tepe）遗址公元前四千纪的文化层（Miller, 1990）。

随着时间的流逝，大麦在中亚南部的历史变得越发复杂。目前掌握的资料显示出，欧洲逐渐偏爱裸大麦的趋势与中亚如出一辙（但进一步的研究或许会给出相反的观点）。不过，中亚向裸大麦过渡的历程并不像欧洲那么清晰；好几处出土谷物依然呈现出两种大麦混同的情况（Lister and Jones, 2013）。距离北安纳乌数百米的南安纳乌和位于土库曼斯坦南部克佩特山脉的纳马兹加V—VI期遗址（约前2500）都发现了保存完好的皮大麦和裸大麦的麦粒（Harrison, 1995）。公元前1600年左右，在诸如土库曼斯坦第1685和1681号遗址的村落或农庄，先民依然将两种形态的大麦不加区分地混种在一起（Spengler Ⅲ et al., 2014a）。然而，在公元前二千纪的哈萨克斯坦塔斯巴斯遗址，占主要地位的谷物成了裸大麦，再也没有样本显示出皮大麦的典型形态特征（Spengler Ⅲ, Doumani, and Frachetti, 2014）。公元前三千纪末、二千纪初古诺尔特佩遗址的情况与之类似，从发表的数十粒大麦的照片来看，裸大麦似乎更受青睐（Miller, 1999）。距离不远的地方，位于土库曼斯坦穆尔加布河三角洲的奥贾克里遗址同样如此（Spengler Ⅲ et al., 2014）。公元前五千纪至前二千纪，完整的中亚植物考古集群屈指可数，而这些遗址的证据都表明，裸大麦更受欢迎。

皮大麦在公元前一千纪再次在欧洲流行起来。同一时期，皮大麦在中亚屈指可数的几处植物考古发现中几乎完全占据主导地位。中亚地区里被研究得最透彻的是公元前一千纪的图祖塞古村（前410—前150，详见第5章）。大麦是图祖塞最常见的谷物，紧随其后的是粟米和易脱粒小麦。这里几乎所有的大麦都是大颗粒的皮大麦（Spengler Ⅲ, Chang, and Tortellotte, 2013）。此外，在乌兹别克斯坦南部苏尔汉河州的克孜勒捷帕村（前6世纪—前4世纪），植物考古学家发现了六棱皮大麦的麦粒和大麦的穗轴（Wu, Miller, and Crabtree, 2015）。虽然东亚考古遗址发现的遗存大多是裸大麦，但是在较晚的遗址里也发现了少量皮大麦的存在，比如在喜马拉雅高原南缘、靠近尼泊尔的琼隆银城遗址后期遗址（694—880）（Wu, Miller, and Crabtree, 2015; d'Alpoim Guedes et al., 2014），以及尼泊尔境内的米拜克和蒲赞林（前1000—100）（Knörzer, 2000）。

颗粒紧凑的密穗大麦

从公元前三千纪到前二千纪的中亚和东亚各地出土的大麦种子颗粒短，呈圆形。虽然科研人员尚未对这些麦粒的尺寸进行系统的详细分析，但不少植物考古学研究都注意到它们与众不同的形态特点。这些麦粒的外形之所以引起学者的关注，是因为亚洲各遗址出土的许多谷粒比同一时期旧世界其他地区发现的谷粒更加短小（Spengler III, 2015）。萨拉子目（Spengler III and Willcox, 2013）、奥贾克里（Spengler III et al., 2014a）、莫克兰的米里喀拉特（Miri Qalat）（Tengberg, 1999; Willcox, 1994）、巴基斯坦的几处遗址（比如美赫尔尔和瑙哈罗）（Costantini, 1987; Costantini, 1984）以及塔斯巴斯（Spengler III, Doumani, and Frachetti, 2014）都发现了这种颗粒紧凑、呈半球形的裸大麦麦粒。中国西部考古发现的早期裸大麦麦粒也大多呈同样的形状（Flad et al., 2010; Jia, Betts, and Wu, 2011; Fu, 2001）。内奥米·米勒则指出，安纳乌遗址出土的密穗型大麦麦粒比土耳其厄尔巴巴（Erbaba）发现的麦粒更加饱满（Miller, 2003, 130）。

目前，古代亚洲大麦呈现这种特殊形态的遗传学原理尚不明晰，也不清楚这究竟是单个基因突变还是平行进化导致的结果。与紧凑型麦粒相关联的一些性状对人类有利，或许这正是促使农民选择此种大麦的原因。在差不多同一时期的亚洲同一地区，还存在一种类似的密穗型小麦。下一章将介绍几种解释这些密穗小麦和大麦为何被人类所选择的理论。但是，如果这种密穗型大麦起源于单一的基因库，随后传遍整个亚洲，那便是支持大麦最初与密穗型小麦一起沿丝绸之路的某条雏形线路传入中国的观点。巴基斯坦和西南亚的部分地区发现的密穗型大麦麦粒年代可追溯至公元前四千纪，中亚南部发现的密穗型大麦年代在公元前三千纪，而中亚北部和中国西北发现的这种麦粒年代则在公元前二千纪左右。在解释农作物的传播历程时，虽然不能简单地将这些地点连接在一起，但为了便于讨论，我们可以适当地予以简化，设想出这样的场景：最早的大麦在后来成为丝绸之路一部分的谷地上栽植，它与最终征服东亚的大麦源于同一遗传种群。这一种群的大麦株型矮小紧凑、耐寒、耐霜冻，而且对光周期没有反应；它具备裸粒形态，是一种六棱大麦。这一设想与驯化型大麦二次传入中国南部的理论并不矛盾——该理论认为，第二批经过驯化的大麦与冬小麦一起，经由喜马拉雅山南麓（可能是通过帕米尔高原或斯瓦特河谷）传播到中国南部。事实上，上述基于形态学观察提出的设想反而为大麦和小麦二次传入中国南部的观点提供了支持：第二次传入中国的品种取代了早前形态紧凑的品种。

世界屋脊上的大麦

在欧洲，大麦或许不再是研磨面粉、烘烤面包的首选，但在喜马拉雅高原，大麦仍然是最主要的谷物。在殖民扩张时代以前，裸大麦在更广范围内的整个中亚高海拔地区都具有突出的地位。当英国探险家亚历山大·伯恩斯（Alexander Burnes）在1832年翻越帕米尔高原和兴都库什山脉时，曾记载当地居民"在群山之巅种植一种没有稃壳的大麦，看起来很像小麦，但的确是大麦"（Burnes, 1834, volume 2, 244）。在描述兴都库什的农业生产时，伯恩斯指出，河谷里栽植着许多种水果和坚果，除此之外，极少有其他农作物能在高海拔地区存活。

130

尽管丝绸之路几乎不经过喜马拉雅高原，但是最近，人们在西藏西部海拔极高的阿里地区发现了茶叶，有学者据此认为，早在公元200年，从长安运出的茶叶便经由青藏高原向外运输。（Lu et al., 2016）不过，高原上的居民在丝绸之路贸易和中亚美食的发展中发挥着重要的作用，尤其是在公元后的第一个千年里。另外，在西南亚农作物进入东亚以及东亚农作物进入南亚（尤其是印度河流域）的早期传播过程中，青藏高原南部的丘陵与河谷地带或许曾是重要的传输途径（Spengler III, 2015; Spengler III et al., 2014b; Spengler III et al., 2016）。

藏民的特色饮食，以及生活在现代中国西部、尼泊尔和印度北部，与藏族密切相关的其他民族的特色饮食，和亚洲其他地方、欧洲的饮食传统都相去甚远。大麦（青稞）差不多是每一餐的主角。藏族人的主食是用青稞粉、牦牛酥油、酸奶渣和糖制成的青稞饼"甲布惹"（gyabrag）。青稞也是祭祀地方神明、供奉藏教神佛的祭品。炒熟的青稞碾成粉，藏语称为"糌粑（*tsampa*）"，可以用来制作藏民的酥油茶和糌粑坨。

青稞凭借其耐霜冻、耐高海拔的特性，至今仍是藏区农业的核心元素之一。放牧牦牛的藏民在海拔高达 4500 米的土地上种植青稞，培育出一种专为藏区恶劣生态环境量身打造的六棱裸大麦品种。这种青稞在 4 月左右播种，在 8 月或 9 月收获，恰好赶在夜晚漫长的严冬降临之前。在高山边缘的狭窄地块上，在一年大多数时间是冻土的田野上，藏族人在看起来最不可能生长植物的地方栽植这种独一无二的农作物。

大麦（以及广义上的农业活动）在喜马拉雅高原的起源和传播一直是社会科学家非常感兴趣的课题。要想了解西藏文化的发展，首先需要理解藏民对大麦的依赖。另外，了解农业如何在自然环境最恶劣的地区之一发展起来，这有助于我们全面认识人类的适应能力。近年来，考古研究在青藏高原取得累累硕果，极大改变了对人类适应环境能力的认识（Flad, 2017; Lu, 2016）。生活在青藏高原的物种各显神通，从基因层面适应了寒冷低氧的环境。这是数百代物竞天择的结果（Quinn, Bista, and Childs, 2015; Simonson et al., 2010）。

早在 20000 年以前（有一种观点认为是在 80000 年前），或许已有狩猎部落偶然踏足过这片高海拔地带（Morgan et al., 2011），不过，第一批在高原落脚的农耕人口直到公元前 5000 年左右才从东方来到此地（Aldenderfer, 2006; Aldenderfer and Zhang, 2004）。这个过程耗费了数千年时光。大量婴儿在妊娠期间死亡，新生儿死亡率也奇高，由低温、低氧和其他恶劣环境引起的并发症想必夺去了许多先民的生命。

在更遥远的西方，旧石器时代的塔吉克斯坦一带生活着以采猎为生的聚落，他们为了追逐猎物而向帕米尔高原季节性迁移。

在帕米尔高原东部的奥什喀纳（Osh-khona），有一处海拔 4000 米的狩猎营地遗址，其年代可追溯至旧石器时代晚期。该营地有一个露天火堆，火堆中有木炭燃烧的痕迹，这表明历史上这一海拔高度的木材资源或许比现代充足。这处遗址发现的物品包括给皮革穿孔的锥子和钻木取火用的石片，证明当时的人类已能制作工具。大量尺寸各异的哺乳动物骨头以及一枚箭杆保存完好的箭镞则是狩猎活动的证据（Ranov and Bubnova, 1961）。

随着时间的推移，早期偶尔造访高海拔地区的外来先民逐渐适应了这种环境，他们在此培育适应高寒环境的农作物，繁育能够在世界屋脊生存的后代。他们的后代通过自然选择进化出 EGLN1 和 PPARA 基因单倍型，血红蛋白的表型因此发生了改变。血红蛋白是血液中负责将氧气输送到各个细胞的载体。在大多数人体内，输氧系统无法在含氧量较低的高海拔环境中正常运行。经过数千年的进化，现代藏族人拥有更强大的氧气传输系统（事实上，这与藏族人血液中血红蛋白的浓度较低有关），这种突变是藏族人对低氧环境的独特反应（Simonson et al., 2010; Barton, 2016）。

有意思的是，最初来到这片高海拔地区定居的农业生产者并不知大麦为何物。有些语言学家指出，藏缅语族（汉藏语系）最初发源于四川盆地或更偏北的某个地方，与以粟米为基础的农业传播路径一致（Bellwood, 2005）。虽然这一理论饱受诟病，但仍有许多学者赞同这种说法，认为这能解释定居耕种的农业人口是如何进入高海拔的青藏高原的（Van Driem, 1999; Van Driem, 2002; Bellwood, 2005）。

132

以粟米为基础的农业可能是公元前四千纪先民在文化和生理上因地制宜的结果，这使他们能够在喜马拉雅高原东部的山麓定居下来（Brantingham and Xing, 2006）。粟米是适应性极强的农作物，只需要很短一段无霜期便可生长，因此非常适合在海拔较高、无法种植水稻的地区栽植。然而，它最终还是被更适应高海拔和山地环境的大麦取而代之。随着农耕和牦牛放牧成为稳定的谋生手段，先民开始在海拔较高的地区建设全年定居的村落。一支学者团队提出了一个令人信服的观点，即牦牛可能是藏民成功在喜马拉雅高原定居的关键（不过有确凿证据证明，早在人类驯化牦牛之前至少1000年，古人在青藏高原定居的进程便已开始）（Rhode et al., 2007）。这一观点的立足点在于：藏族人并不将牦牛当作肉食或蛋白质的来源，而是将其视为燃料的提供者，在缺少林木的高原为其提供加热和烹饪所需的热量。牦牛粪饼燃烧缓慢，是理想的可再生燃料。

小麦、大麦、粟米以及绵羊和山羊的引进帮助藏族人跨越了最后一道生态壁垒。但是，至少有一位学者曾经提出，这些动植物的引进时间太晚，不足以成为古人在青藏高原成功定居的关键因素。值得注意的是，生活在喜马拉雅高原东部的先民至少在4500年前便已对各种种植作物有所了解，但直到大约3600年前，这一带才出现农业社区。更令人信服的看法是将人类在这一地区的定居视为一系列文化和生理层面因地制宜的结果，而不是仅仅将其归因于农业和畜牧业的发展。就形成可持续繁衍的高海拔人类群体而言，人体对低氧环境的适应似乎比农耕活动重要得多：倘若新生儿并发症频发，幼儿死亡率居高不下导致人口负增长，那种植粮食无疑是枉费功夫。农作物对高海拔的适应与人类自身的一系列适应性进化相辅相成，是文化和基因共同进化的一大典范（Barton, 2016）。

卡若文化遗址（见地图 3）通常被认为是中国西部高海拔地带最早形成的农耕定居聚落，至少是考古发掘工作进行得最系统的遗迹之一。它位于西藏自治区昌都市卡若区，坐落在澜沧江畔，海拔 3100 米（Aldenderfer and Zhang, 2004）。该遗址在 20世纪 70 年代首次发掘，2002 年得到二次开发（Li, 2007）。对该遗址有机物遗存进行的放射性碳年代测定一度存在疑问：所测得的年代在前 3966 年至前 2196 年之间，共分为三期，其中两期的顺序一度被颠倒了（不同考古文化层的沉积物混在一起）。但是，针对驯化谷粒进行的年代测定则将时间跨度缩小到了约公元前 2700 年至前 2300 年（d'Alpoim Guedes et al., 2014）。

最初在卡若遗址安家的先民似乎长住于此，他们生活在半地穴式的小屋里，不再迁徙（Aldenderfer and Zhang, 2004; Li, 2007）。他们靠打猎、捕鱼和采集野果为生，也会养猪和种植粟米，包括黍和粟（Li, 2007; d'Alpoim Guedes et al., 2014）。动物考古学研究证明，当地居住者狩猎的动物包括山羊、牛、猪、马、鹿、羚羊、野兔和猕猴；采食的野生植物则包括各种莓果。

根据卡若遗址的初步发现，一支国际学者团队最近发布了一份范围更大、内容更详尽的研究报告。这项研究覆盖了整个喜马拉雅高原 53 处考古遗址发现的植物考古学遗存，时间跨度从公元前 3200 年一直到公元前 300 年。研究结论支持"最初的西藏农业以两种粟米为基础"的观点。数据资料取自年代在公元前

134

3200 年至前 1600 年的 25 处考古遗址发现的植物考古学材料。所有这些遗址都发现了两种粟米的遗存，但这些遗址没有一处位于海拔 2527 米以上。在另外 29 个考古遗址（公元前 1600 年至前 300）当中，有 17 处海拔高于 2500 米（Chen et al., 2015）。这些发现说明，虽然粟米是该地区较早存在的农作物，但其种植范围仅限于土壤肥沃、环境优越的山谷和低地。直到培育出适应高海拔环境的特定大麦品种，古人才有能力在高原定居下来。

位于拉萨以西的贡嘎县昌果沟遗址（见地图 3）是一处海拔较高且年代较晚的定居聚落。昌果沟坐落在西藏南部的雅鲁藏布江（进入印度后称布拉马普特拉河）畔，海拔 3600 米。公元前 1400 年至前 800 年有人类在此定居，形成了一个功能完备的农牧业聚居区，以多种驯化作物以及绵羊和山羊为生。遗址中发现的植物包括粟米、裸大麦（青稞）、小麦、黑麦，还有某种燕麦（有可能是燕麦属植物），另外还发现了一粒豌豆（Fu, 2001）。黑麦和燕麦可能是同其他西南亚农作物一起传入该地区的，但是这些谷物都没有发布现场照片，因此也有可能只是变形的大麦麦粒，二者很容易混淆。从历史上看，该地区不同民族都有种植燕麦和黑麦的文献记载，尼泊尔高地的喀拉遗址（500—1500）曾发现保存完好的燕麦粒，为昌果沟的鉴定结果提供了支持（Asouti and Fuller, 2009）。经鉴定，昌果沟遗址还发现了少量古人采食的野生植物遗存，包括一枚松果壳和一节保存完好的蕨麻块根，这种藏语称为"卓玛（drolma）"的根茎至今仍是藏民的食物（Fu, 2001）。

在卡若遗址现场工作的国际考古学家和植物考古学家团队还

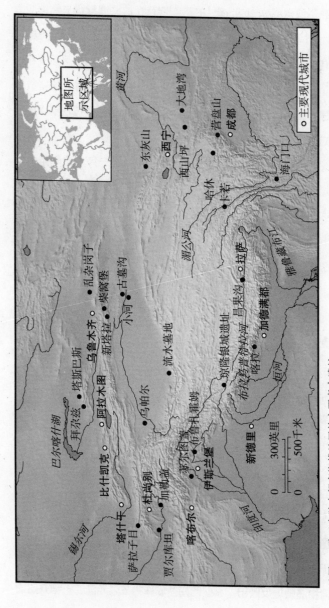

地图 3　欧亚大陆中部高海拔地区的主要考古遗址

研究了取自另外 29 处遗址的植物遗存，这些遗址均与昌果沟大致处于同一时期（Chen et al., 2015）。这些遗址中既有两种粟米，也有小麦和大麦。海拔更高的遗址以大麦为主，偶尔可见黍和小麦。海拔 3000 米以上的遗址常见绵羊和山羊的遗骨。这些数据清楚地表明，在这一历史时期里，荒无人烟的喜马拉雅高原逐步形成初具规模的高海拔农牧经济。

地处尼泊尔上木斯塘的宗河流域曾经是一片人迹罕至、与世隔绝的地区，对位于宗河河谷的米拜克（海拔 3500 米）和蒲赞林（海拔 3000 米）葬洞的发掘表明，这些遗址的年代从公元前 1000 年一直到现代（Knörzer, 2000）。1990 年至 1995 年，从这些葬洞采集的植物考古学材料直观反映出高海拔特色饮食的发展，以及西南亚农作物沿着喜马拉雅山脉南部边缘向东扩散的进程。研究这一项目的植物考古学家指出，当地人饲养牛群、种植荞麦，并且他还鉴定出当地发现的植物为甜荞、苦荞，还有裸大麦（青稞）和皮大麦，其年代均在公元前 1000 年至前 100 年之间（Knörzer, 2000）。这位植物考古学家还鉴定出另一种有趣的西南亚驯化植物：亚麻。研究还指出，公元前 400 年之后的发现中存在稻米、兵豆（*Lens culinaris*）、大麻、杏和蔷薇果（*Rosa*）。

西南亚农作物传入欧亚大陆中部高海拔地区以及喜马拉雅高原的历史错综复杂，我们对这一过程的了解还不够透彻。不过，考古学家已经发现，从公元前二千纪开始，生活在西藏、青海和新疆的人群建立起了密切的文化纽带。加勒盖（Ghalegay）遗址位于巴基斯坦的斯瓦特地区，早至公元前 1900 年的文化层出土的植物清楚地反映出，某些西南亚农作物在公元前二千纪开始便沿着喜马拉雅山脉的南麓逐渐传播。能够支持这一推论的是，在克什米尔的布鲁扎霍姆（Burzahom）、古复克拉（Gufkral）和桑姆珊（约前2800—前2300）均发现了小麦、大麦、豌豆和兵豆（Lone, Khan, and Buth, 1993; Sharma, 2000）。显而易见，大约公元前2500年，从克佩特山脉到克什米尔，整个欧亚大陆的山麓丘陵地带都在经历相似的经济活动、种植相似的农作物组合。对昆仑山流水墓地遗址（前1108—前893）随葬品的物质文化分析还发现，从公元前二千纪开始，生活在喜马拉雅高原与中亚大草原的部族在风格上存在诸多相似之处（Wagner et al., 2011）。

在西藏，向以青稞为中心的农业的过渡似乎发生在公元前一千纪的后半段。琼隆银城遗址（220—334，694—880）坐落在海拔4250米的石山上，此地曾经存在一处大规模农牧业社区。这处遗址出土的植物考古学遗存包括大量大麦粒和少量小麦粒（以及两种农作物的穗轴）（d'Alpoim Guedes et al., 2014）。西藏其他地点的最新植物考古学研究也为类似的农业生产过渡提供了证据。例如，在西藏东南部的怒江峡谷，7处全新世晚期遗址出土的证据表明，以采猎为生的先民在公元前5800年之前便生活在高原东南边缘的高山河谷中，但是以种植粟米为生的农业生产者直到公元前2200年左右才在这一带定居（Liu et al., 2016）。

公元一千纪中期，大麦已成为青藏高原民族文化和身份认同的核心，中国历朝历代的文献资料以及考古发现的陪葬谷物都足以证明这一点（Aldenderfer, 2013）。而吐蕃王朝（618—842）的崛起更能体现这种以大麦为基础的农耕体系所取得的成功。粮食的富余使这些农耕部族在世界之巅日渐发展壮大，甚至有能力在

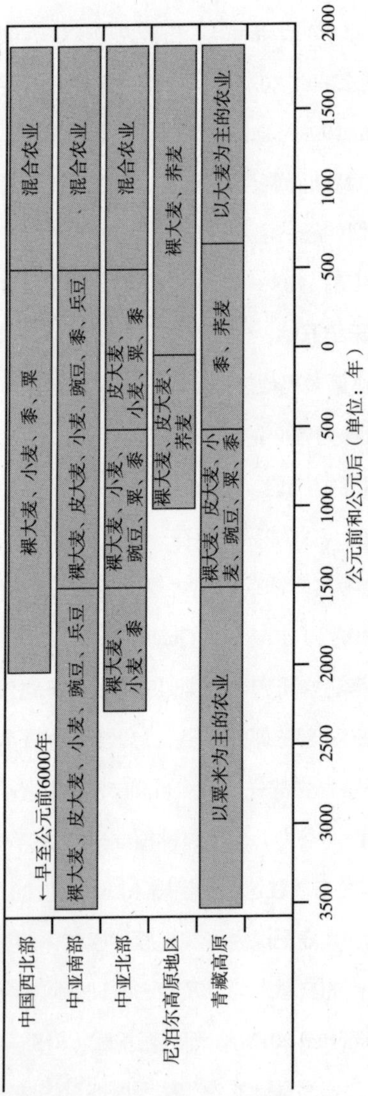

图 10　中亚各主要地区的农业发展进程

数据来源：d'Alpoim Guedes et al. (2014); Knörzer (2000); and Spengler, Frachetti, et al. (2014).

公元 763 年击破唐都长安的城门，控制塔里木盆地南部和至关重要的贸易路线。唐王朝费尽全力才保住其对外国商品来源以及塔里木盆地北部通道的控制，这条线路是进口异域商品的渠道。大致在 600 年到 866 年，吐蕃人在重要的丝绸之路上不时占据着统治地位，也时常与突厥人、大食人和唐朝人发生冲突（Beckwith，1993）。哪个帝国控制了贸易路线，就拥有对整个亚洲指点江山的权力，而控制丝绸之路的关键则在于有充足的粮食储备来喂饱数十万骑兵和他们的马匹。吐蕃和唐王朝为控制这些贸易路线而进行的斗争，体现了二者所拥有的资源和粮食生产的此消彼长。

小结

人类与不起眼的禾本科大麦属植物共同进化的故事始于一万多年前西南亚的新月沃土。采食野果的女性先民在野麦大片成熟的季节采收它们的种子——那是一种穗轴脆弱易断、麦粒外包裹稃壳的野生二棱大麦。这种植物与古人类的互动促使其不断进化，演变出对人类更具吸引力的形态。公元前 6500 年，第一批从事农耕的先民到达西欧；公元前 6000 年，以农业为生的移民抵达中亚南部。所有这些早期移民都随身携带着大麦的种子，此时这些种子已经与野麦的种子大有不同。这些大麦粒呈现出两种形态，分别为皮大麦和裸大麦；它们拥有强韧的穗轴，麦穗为六棱，麦粒饱满而硕大。在数千年的时光里，欧洲各地的农民都更喜欢对劳动力需求较低的大麦；公元前二千纪，裸大麦在整个欧洲乃至中亚地区都占据着主要地位，裸大麦能够大大降低粮食加工的工作量，使谷物更容易加工成面包。

　　公元前一千纪，随着国家管理的粮食储备和灌溉工程的出现，农民开始逐步淘汰裸大麦，转而青睐易脱粒小麦。这种形态的小麦制作出的面包更洁白、更蓬松，是极受欧洲富裕阶层欢迎的食物。大麦成了穷人的农作物：它的社会地位和在饮食中的角色都发生了转变，不再用于制作面包，而是用来酿造啤酒，从备受珍惜到被弃如敝屣。不过，在西藏，一种适应高寒山地的裸大麦品种——青稞——仍是当地饮食和文化的主角。而在世界的其他地方，作为酿造啤酒和威士忌的主要原料，今天的大麦依然发挥着至关重要的作用。

7

小　麦

　　西亚、欧洲和北美烘焙面包的饮食习惯与小麦密不可分。而
在中国，它同样是重要的农作物。如今在中国，小麦已成为仅次
于水稻的第二大粮食作物。早在 2000 年前，小麦便开始以面条、
饺子和馒头等形式在东亚特色饮食中崭露头角。在历史上，小麦
的重要性引发了中国北方农作物种植体系的一系列显著改变。

　　中文"麦"一词兼指小麦和大麦，也用于称呼其他发源于
中国西部地区的大粒谷物。早在 12 世纪，也可能在更久之前，
中国大部分地区便将冬小麦与夏季水稻搭配轮作，尤其是介于
粟米种植区和南方二季稻种植区之间的地带。历史学家认为，
从某种程度上说，长江流域因轮作制而催生出的密集农业与北
宋（960—1126）的覆灭息息相关——北宋的灭亡使大批难民涌
向南方，随之传播了种植小麦的知识。17 世纪，中国北方地区一
半的收成以冬小麦为主（Bray，1984）。本章将重现小麦在中国农
业发展中逐渐占据突出地位的历程。

　　粟米让地中海农民能够在水浇地上种植夏季农作物，与之类

似，冬小麦也让中国农民能够在放干田水的稻田或北方的粟米田里种植一轮冬季农作物。与欧洲的粟米一样，轮作制使粮食产量锐增，为人口迅速增长、人们投身于农业之外的经济活动起到了推动作用，不仅推动了手工业的专业化和接受良好教育的学者阶层的兴起，更是促进了军事力量的扩张，因而也加剧了冲突。

然而，水田稻作农业与麦子的种植并非生来相得益彰。在播种冬小麦之前，稻田必须在秋季彻底排干田水。在多数情况下，农民会垒起土堆或筑起田垄用于栽种小麦；有时，他们甚至需要挖掘次级排水系统。尽管轮作能够极大地提升产量，但这也意味着投入的人力成本十分高昂，整个冬天农民都要在田里辛勤劳作，直至来年夏天。

古代的小麦品种

在所有的驯化植物中，禾本科小麦属植物与人类的共同进化纽带最为盘根错节、难解难分。以采猎为生的纳图夫人（Natufian）早在公元前 9500 年便开始驯化小麦。同样是这一批以采猎为生的人，至少是同属于一个文化群体的人，成功驯化了大麦。于是，与许多今天我们餐桌上司空见惯的食物一样，小麦的故事也源起于新月沃土（Tanno and Willcox, 2012; Fuller et al., 2014; Riehl, Zeidi, and Conard, 2013）。公元前 8500 年，驯化型小麦在人工栽培植物中已占据了大多数。然而，小麦逐渐被驯化的过程绝非线性的，相反，很可能同时存在若干条彼此融合或分裂的驯化路径，有些还走进了死胡同。

大多数人印象中的"小麦"实际上是多个物种的集合，其中每个物种都有自己的一段历史。所有这些物种通称为小麦，因而掩藏了其中的复杂性。与之形成鲜明对比的是，我们讨论豆类时就不会将其泛称为"豆子"。我们会仔细辨别，对棉豆、菜豆、鹰嘴豆或家山黧豆（*Lathyrus sativus*）加以区分。而小麦虽然都是小麦属家族的成员，但它们是彼此存在生殖隔离的 5 个不同物种。

小麦在欧美家庭的厨房中举足轻重，因此，在所有旧世界的农作物中，小麦最受植物考古学和植物遗传学的关注。即便如此，小麦最初驯化与传播的故事仍没有定论。这个故事引人入胜且错综复杂，涉及多层次杂交（多倍体的表达、整个基因组的复制）、数万年的隔离以及随后物种间的杂交，还有几千年来无数代农民的奋斗（Zohary, Hopf, and Weiss, 2012）。本章只能为读者提供这个漫长故事的梗概。

要想理解古生物学家如何抽丝剥茧，追溯小麦在"丝绸之路"沿线的旅程，就必须对这些物种独特的遗传结构略知一二。首先，让我们从杂交与多倍体的概念开始。两个亲缘关系较远的物种交配并产生后代，这一过程即是杂交，由此产生的后代可能具备与双亲一方或双方相似的特征。在某些情况下，尤其当父体和母体的亲缘关系非常远时，杂交后代则可能是与双亲完全不相像的生物体。如果两个亲本的差异大到二者的染色体在繁殖过程中无法配对，那么染色体就会完全自我复制，由此一来，后代将从每个亲本里获得一整套染色体，而不是获得一半染色体。这种现象被称为多倍体，在植物中非常常见，但在动物界极其罕见。多倍体后代的外观基本上与亲本相差甚远，而且不能再与亲本种群繁育后代，因此，它便会构成一个全新的物种。在小麦被驯化的过程中，这种现象曾数次发生，由此带来的结果是某些物种拥有两组、四组或六组染色体，分别称为二倍体、四倍体和六倍体。

在遗传形式各不相同的 5 种小麦中，有两种是二倍体：一粒小麦（*Triticum monococcum*）和乌拉尔图小麦（*T. urartu*）。一粒小麦的野生形态与其驯化型近亲非常相似。乌拉尔图小麦从未被人类驯化，尽管外形与其野生的二倍体近亲十分相像，但在遗传学上存在生殖隔离。一粒小麦是西南亚古人类将野生形态的一粒小麦亚种驯化而来的结果，驯化时间约在公元前九千纪晚期。所有的单粒亚种之间都存在密切的亲缘关系，人们很难从形态学和遗传学上加以区分。现在我们知道的是，乌拉尔图小麦贡献出自己的染色体，为四倍体和六倍体小麦等多倍体复合体的诞生创造了条件。而这发生在人类干预小麦属植物很久以前，并且通过自然的基因流动而实现。

六倍体小麦包括现代世界易脱粒普通小麦。六倍体小麦的谷蛋白（麸质）含量较高，这种蛋白使面团富有弹性，经过烘烤后，面包会变得轻盈而蓬松。而谷蛋白含量较低的四倍体小麦则被称为硬粒小麦或硬质小麦。它们在欧洲饮食中扮演着至关重要的角色，是制作不加水的面食和硬面包的主要原料。硬面包提供了一种不易变质且易于储存的碳水化合物来源，但众所周知，它的口感比新鲜面包差远了。

四倍体小麦有两种：圆锥小麦（*T. turgidum*）和提莫非维小麦（*T. timopheevi*）。分子学和细胞遗传学研究表明，这两种四倍体小麦都有一个基因组来源于类似于乌拉尔图小麦的祖先（Dvořák et al., 1993; Dvořák et al., 1998）。提莫非维小麦是一种地方性驯化作物，也就是说，它至今仍主要分布在其原产地——高加索山脉在格鲁吉亚境内的一小片地区，因此与本书主题无关。圆锥小麦（又称二粒小麦）则与之不同，它广泛分布在欧亚大陆全境。在位于中亚边缘的土库曼斯坦，对该国西南部哲通遗址的考古发掘鉴定出了圆锥小麦的遗存（Harris, 2010）。圆锥小麦在公元前九千纪从野生四倍体二粒小麦驯化而来，大约在同一时期，一粒小麦和皮大麦也在西南亚被人类驯化。

与皮大麦类似，最初的驯化小麦和所有野生小麦亲缘种都有在麦粒发育和传播过程中起到保护作用的颖壳或稃壳。人类必须先脱去这些麦壳才能食用麦粒。早期农民发现驯化小麦有时会出现"无须脱粒"的突变，薄如纸张的麦壳很容易脱落。于是，他们开始主动筛选这样的突变植株。而小麦驯化的故事之所以复杂，是因为同时存在易脱粒四倍体和六倍体小麦，硬粒小麦就是易脱粒四倍体小麦中最具代表性的品种（Zohary, Hopf, and Weiss, 2012）。

研究易脱粒四倍体小麦进入中亚的传播途径十分重要，因为今天整个伊斯兰世界南部种植的小麦大多数是硬质小麦。一位历史学家认为，这些小麦随着阿拉伯人的开疆拓土和伊斯兰教的扩散而传播开来。这一理论与现有的一部分数据不谋而合（Watson, 1983）。除了典型的硬粒小麦以外，中亚南部、伊朗高原和美索不达米亚平原的农业生产者也种植呼罗珊小麦（*T. turgidum ssp. turanicum*），这是一种与伊朗北部存在历史渊源的品种；还有波斯小麦（*T. turgidum ssp. carthlicum*），这是一种知名度相对较低的品种，曾在西南亚各地种植。四倍体小麦在古代从新月沃土向东传播到了多远的地域，尚不完全清楚。目前关于中亚地区农作物的唯一确凿证据出自公元前六千纪至公元前五千纪的哲通遗址文化层。在中亚的心脏地带没有发现任何圆锥小麦遗存，说明这种小麦有可能在公元前四千纪便被六倍体小麦取而代之。迄今为止，中国植物考古学发现的所有小麦遗存在形态上都较为接近易脱粒六倍体普通小麦（Crawford, 2006; Flad et al., 2010; Spengler Ⅲ, 2015）。在东亚开展工作的植物考古学家已达成共识：中国早期的小麦（前2600—前1500）以及韩国（约前1000年）和日本（一千纪初）后来发现的小麦均为六倍体（Crawford and Lee, 2003）。综合对新疆罗布泊古墓小麦籽粒的遗传学研究以及对早期干燥标本和历史资料的研究，可以发现中国年代最早的所有小麦遗存均源于易脱粒六倍体小麦（Li, Lister, and Li, 2011）。

叙利亚的古村落年代可追溯到伊斯兰时代初期，这里发现了两种不同形态的易脱粒小麦，其中一种麦粒较小、麦穗紧凑（密穗型小麦），另一种麦粒较长、麦穗也较长（散穗型小麦）。这些古村遗址内还保存了少量易脱粒四倍体小麦穗轴，然而，这些遗址发现的麦粒遗存均为无须脱粒的六倍体小麦。这些穗轴是该地存在四倍体小麦的唯一证据（Samuel, 2001）。到目前为止，中亚唯一的硬粒小麦证据来自乌兹别克斯坦高海拔地带的中世纪小镇塔什布拉克（见第2章）。我曾在塔什布拉克发掘现场找到了几根明显具有易脱粒四倍体小麦形态学特征的穗轴

（Spengler Ⅲ et al., 2018）。

在欧洲，在引入易脱粒六倍体小麦后的数千年里，二倍体一粒小麦和四倍体二粒小麦始终是重要的农作物（Stevens et al., 2016; Zohary, Hopf, and Weiss, 2012; Kirleis and Fischer, 2014）。有意思的是，虽然东亚和中亚没有这种小麦的存在，但是在印度，易脱粒四倍体小麦与二粒小麦的地位日渐重要（Salunkhe et al., 2012; Stevens et al., 2016; Fuller, 2002）。在各种农作物从印度向北传入克什米尔、从伊朗高原向东北传入中亚的过程中，生有颖壳的小麦逐渐被人类淘汰（克什米尔地区发现了公元前三千纪的易脱粒四倍体二粒小麦）（Stevens et al., 2016）。在这一时期的克什米尔，来自西南亚的农作物（包括二粒小麦、豌豆和兵豆）与黑吉豆和绿豆等在印度驯化的农作物和谐共存（Saraswat and Pokharia, 2003; Saraswat and Pokharia, 2004）。后面这几种农作物在公元前 2500 年南下进入印度和上旁遮普平原（Fuller, 2006; Saraswat, 1986; Saraswat and Pokharia, 2003; Saraswat and Pokharia, 2004; Stevens et al., 2016），但有壳小麦或易脱粒小麦的传播途径与之不同。

小麦属家族的第 5 种小麦是六倍体小麦——普通小麦。这一品种在人工栽培的环境下从四倍体圆锥小麦（包含前述乌拉尔图小麦的基因组）和野生远亲禾本科山羊草属节节麦（*Aegilops tauschii*）形成的多倍体杂交品种进化而来，产生了全新的基因组。六倍体小麦包括若干个品种，可分为两类：带皮（颖片）的小麦和易脱粒小麦。带皮的六倍体小麦包括斯佩耳特小麦（*T. aestivum ssp. spelta*）和格鲁吉亚的地方品种莫迦小麦（*T.*

146

aestivum ssp. macha）（Zohary, Hopf, and Weiss, 2012）。易脱粒六倍体小麦（普通小麦）在收割后更便于加工，因此在公元前四千纪或三千纪，普通小麦在欧亚大陆的许多地区取代了二粒小麦或硬粒小麦，成为古人偏爱的农作物。

小麦之路

小麦如何、从何地、在何时传入中国并最终成为中餐和中国农业的核心组成部分，这一课题在过去 10 年里让学者绞尽脑汁（Flad et al., 2010; Frachetti et al., 2010; Li et al., 2007; Zhao, 2009）。最近，随着中国社会科学院学者赵志军将公元前三千纪小麦传入中国的山地走廊称为"小麦之路"（Zhao, 2009; see also Spengler Ⅲ, 2015），学界对这一课题的兴趣与日俱增（Barton and An, 2014; Betts, Jia, and Dodson, 2013; Dodson et al., 2013; Liu et al., 2016; Spengler Ⅲ, 2015; Spengler Ⅲ, Doumani, and Frachetti, 2014; Spengler Ⅲ et al., 2014b; Spengler, 2013）。

在中国若干个早至公元前三千纪末的遗址中，学者已检测出少量小麦遗存，此外还有年代更早但尚存疑的发现。与粟米和稻米遗存相比，早期小麦的发现寥寥无几。根据后人的解读，商代（前 1600—约前 1046）甲骨文中已出现代表小麦和大麦的汉字雏形，表明当时中国已存在这两种农作物（Ho, 1975）。这一时期的文献资料和甲骨文中都极少出现小麦的身影，但是关于粟米的记载多达数百处（Anderson, 2014）。成书于公元前 11 世纪至前 7 世纪之间的诗歌总集《诗经》中提到了小麦和大麦（Anderson, 1988）。可见，小麦在公元前二千纪的中国北方农业区相对罕见，很可能直到汉代（前206—220）才被普及耕种（Simoons，1990）。小麦之所以在汉代突然崛起，有一部分原因或许是将冬小麦纳入了轮作周期——冬小麦品种在夏季农作物收获之后播种，在整个冬季生长，即使被大雪覆盖也无妨，待来年春末或初夏便可收获。

植物考古学发现的小麦遗存呈现出零散且稀少的特点，因此很难拼凑出小麦跨越亚洲传播的全貌。随着中国考古研究的发展，在城市建设进程中进行的抢救性发掘日益增多，出土的小麦遗存数量也有所增长。这些发现有助于探究小麦引入中国的途径，也有利于研究小麦融入已存在本土粮食作物的农业系统所引发的相关社会变革。

与本书中讨论的诸多农作物一样，当前的资料表明，小麦沿中亚山地的山麓地带传播到中国境内的路线，与粟米从中国向外传播的基本上是同一条相向而行的路。山地降雨和冰川融水汇成的河流保障了土壤的肥沃，农业生产者可以在这里进行农业试验，直到最终培育出适应当地条件的小麦（和其他农作物）品种。与大麦一样，这种谷物向北方高纬度地区传播需要对日光不敏感且耐霜冻的品种，或许正是这种需求阻滞了其传播的进程。

在中亚帕米尔高原以北，测定最早的易脱粒驯化型小麦遗存出自哈萨克斯坦的塔斯巴斯，我本人也参与了这个考古项目。塔斯巴斯是一处小规模人类居住点，也许是一处可追溯至约公元前2600年的季节性游牧营地（Doumani et al., 2015; Spengler Ⅲ, 2014）。我还从附近的拜尔兹遗址（约前2200年）检测出了类似的易脱粒小麦遗存，与之一同出土的还有一些黍粒和一粒大麦

148 （Frachetti et al., 2010）。拜尔兹最初也有可能是一处小型季节性游牧营地。在这两处遗址，最早的1a期文化层都有保存完好的碳化谷粒，该文化期的特征是有用一排排石板搭成的墓室（cist），据说其用途是保存尸身火化后的遗骸（Doumani et al., 2015; Frachetti et al., 2010）。谷物作为陪葬品被埋入墓穴中，但这些发现只能说明它们在祭礼中的作用，而不足以解释它们在日常生活中所扮演的角色。植物考古学家仍在寻找中亚东部同一时期的早期炉灶或烹饪区。从公元前三千纪一直到公元前一千纪末期，用石板营造的墓室在中亚十分常见（Hudaikov et al., 2013）。在亚洲各地的墓葬中还出土了其他谷物祭品，尤其是在中国新疆和蒙古高原一带（Jiang et al., 2009; Koroluyk and Polosmak, 2010）。

公元前二千纪中期，易脱粒六倍体小麦已成为中国中原地区农耕系统的有机组成部分（Li et al., 2007）。一些公开发表的关于中国更早期小麦粒的报告受到了质疑（Flad et al., 2010; Stevens et al., 2016）。山东省两城镇的龙山文化遗址（前2600—前1800）曾发现碳化小麦粒（Crawford et al., 2005）。然而，随后便有研究人员指出，该遗址出土的两粒谷物并未接受直接测年，陕西赵家来和河南八里岗等其他龙山文化遗址出土的谷物也是如此（Flad et al., 2010）。如果这些小麦出现在中原的早期证据遭到否定，那么，小麦通过甘肃河西走廊进入中国的理论就显得更具说服力（Spengler Ⅲ, 2015; Spengler Ⅲ et al., 2014b）。在克什米尔和喜马拉雅山脉南路发现的早期小麦也表明，小麦和大麦种植更有可能像波浪一样在整个中亚山地扩散开来，而不是仅仅沿着一条走廊传播。在对紧凑型小麦扩散过程进行的综合研究中，最有价值的尝试是还原其传遍整个亚洲的时间线。这条时间线显示，麦粒的尺寸随着小麦的东传而逐渐变小（Liu et al., 2016）。出现这一现象的原因仍是学界争论的话题，有些学者认为这与筛选出适应特定恶劣生长条件（例如高海拔）的品种存在关联。

149

古墓沟、小河和山普拉等古墓地（公元前二千纪晚期至前一千纪初）发现的干燥麦粒为"易脱粒六倍体小麦从西北地区传入中国"的观点提供了支持（Jiang et al., 2009; Wang, 1983），同样位于新疆的乱杂岗子遗址也有佐证这一观点的发现（Jia, Betts, and Wu, 2011）。甘肃西山坪发现的早期小麦遗存更令人感兴趣。参与现场考察的考古学家称，在该遗址公元前 2700 年至前 2350 年的植物考古学样本中，不仅提取出了小麦，而且还有大麦，甚至可能还有燕麦（Li et al., 2007）。与大多数早期中欧小麦不同，西山坪小麦属于麦穗松散的类型。不过，也有学者对该遗址的断代提出了质疑（Flad et al., 2010）。中国西北地区发现的许多其他谷物都得到了可靠的年代测定，多保存在墓葬中。内亚各地的古代墓葬中都时常发现谷物，有的装在容器中，有的则撒在死者身上。在小河墓地（前 2011—前 1464）的陪葬品中，人们发现了小麦粒（Li, Lister, and Li, 2011），而新疆其他遗址的沉积物中也有小麦粒的踪迹，尤以四道沟遗址（前 1493—前 1129）、新塔拉遗址（前 2006—前 1622）和乌帕尔遗址（前 1189—前 418 BC）为代表（Dodson et al., 2013）。考古学家对属于四坝文化的东灰山遗址发现的易脱粒小麦和裸大麦谷粒直接进行了放射性碳年代测定，测年数据表明其年代在公元前 1550 年至前 1450 年之间（Flad et al., 2010）。考古学家同样对属于同一文化的火石梁（约前2135—前1895）和缸缸洼（Ganggangwa，约前2026—前1759）遗址出土的小麦粒直接进行了放射性碳年代测定，测得数据则比东灰山遗址麦粒的年代略早（Dodson et al., 2013）。

年代在公元前二千纪后期一直到唐代之间的新疆古墓中都发现了撒在墓穴地上的大麦和小麦粒（Li et al., 2013）。新疆吐鲁番地区的沙漠中发现了大量古代墓葬，其保存完好的程度令人吃惊。洋海墓地是其中最古老的墓葬之一，可追溯到大约公元前1000年，这片墓葬群中有许多坟墓有小麦、大麦和黍。这些随葬品通常置于棺内，棺材用木板或树枝编成的类似木板的材料制成——很可能是因为整块板材在沙漠绿洲中极度稀缺。棺材里往往还有陶器和其他陪葬品，例如皮革制品、羊毛织物、青铜工具，还有羊肉或马肉，尤其是羊头肉或羊肩肉。附近的胜金店墓地（前200—前50）也出土了许多同类陪葬品，还有铁器和石制工艺品（比如玛瑙珠和玻璃珠）。

年代更近的墓葬更令学者们兴趣盎然。在内容丰富的阿斯塔那古墓群，中国考古学家在唐代墓葬中出土了青铜和铁制工具、绘画、木制工艺品、黄金、丝绸织物和各种食物。其中一件壶型器皿中装有已经风干的小麦面饺子，与当地现有的饺子十分相似。距离不远的苏贝希古墓则发现了保存完好的由小麦粉制成的面条（Li et al., 2013）。中国学者认为，在阿斯塔那遗址发现的圆形硬面饼中含有大麦粉和粟米粉，这种面食可能是过去2000年里丝绸之路沿线常见食物的典型代表。

在喜马拉雅高原上的昌果沟遗址（前1500）中发现的遗

存包括青稞和易脱粒小麦，可能还有燕麦，甚至还有一粒豌豆
（见第 8 章）（Fu, 2001）。中国西部山区的这些发现可能代表
西南亚谷物向中国的第二次扩散，这一次的传播路线更靠南。
南方发现的此类谷物年代更晚，而且，可能的情况是：公元前
二千纪或更早以前，这些谷物已经广泛分布在整个内亚山地，
因此考古学家根本无法追溯某一条单一的传播路线。

　　昌果沟的小麦似乎属于密穗型，而位于昌果沟东南方向的滇
西海门口遗址（前 1600—前 1400）已经有学者准确无误地鉴定出
高度紧凑型小麦的存在（Xue, 2010）。再向西一些，位于尼泊尔
境内喜马拉雅山南缘的喀拉遗址（500—1500）发现了高度紧凑
型小麦（Asouti and Fuller, 2009）。克什米尔的布鲁扎霍姆、古复
克拉和桑姆珊（约前 2800—前 2300 年）也发现了相同形态的小
麦（Lone, Khan, and Buth, 1993; Sharma, 2000），同时还有其他来
自西南亚的驯化农作物。根据斯瓦特加勒盖遗址的考古资料，这
些农作物很可能早在公元前二千纪初便进入巴基斯坦的斯瓦特
河谷，可能是在从印度河流域传入中亚的过程中直接来到此地
（Costantini, 1987）。

高度紧凑型小麦

丝绸之路上的密穗型小麦

　　现如今，世界范围内种植的普通小麦有许多亚种和变种，
其中两种格外引人关注的是密穗小麦和印度矮秆小麦。六倍体
小麦的麦粒往往比硬粒小麦更加饱满，但二者的穗轴完全不同
（Jacomet, 2006）。密穗小麦和印度矮秆小麦的颗粒尤其丰满，后

151

者几乎呈球形。这些古老且失落的小麦品种在内亚各地的考古遗址中均有出现，显然是古代丝绸之路经济的重要组成部分。但是，关于它们的起源、生长要求，以及它们与某些现代小麦品种存在怎样的关系，我们都知之甚少。古代品种可能比现代小麦更耐旱，它们可能是人类适应沙漠乃至更高海拔地区的关键之一。在中亚和东亚发现的早期易脱粒小麦粒通常较小，呈半球形，我将这种形态类型称为高度紧凑型小麦（Miller, 1999; Spengler Ⅲ, 2015; Spengler Ⅲ et al., 2014a; Spengler Ⅲ, Doumani, and Frachetti, 2014; Spengler Ⅲ et al., 2014b）。从旧世界遗址中发现的类似小麦有许多不同的分类学名称，包括 *T. aestivum ssp. sphaerococcum*、*T. sphaerococcum*、*T. aestivum ssp. compactum*、*T. parvicoccum* 和 *T. antiquorum* 等。拜尔兹遗址墓穴中随葬的古代谷物和塔斯巴斯 1a 期出土的小麦粒都具备这一形态学特征（Spengler, 2013）。中亚北部和南部遗址的植物考古学报告均表示发现了高度紧凑型小麦粒，年代在公元前三千纪末至一千纪初。而中亚南部公元前 2000 年的南安纳乌和古诺尔特佩遗址也发现了这种小麦（Moore et al., 1994; Miller, 1999; Miller, 2003）。直到公元前一千纪初，古诺尔特佩依然存在这种易脱粒高度紧凑型小麦（Moore et al., 1994）。吉尔吉斯斯坦中部纳伦河流域的艾吉尔扎尔 -2（Airgyrzhal-2）遗址（约前 2000—前 1500）也出土了类似的谷物（Motuzaite-Matuzeviciute et al., 2016）。在 20 世纪 80 年代对印度河流域美赫尔尔的发掘中，报告记载了无须脱粒、粒型紧凑呈圆形的小麦。尽管这些小麦没有接受直接测年，但它们的年代可能早至公元前五千纪中期，因此是该类样本

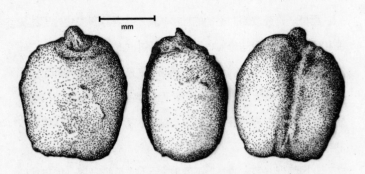

图 11 高度紧凑型小麦粒的三面视图。其年代在公元前二千纪中期，出土于哈萨克斯坦的塔斯巴斯

中最古老的实物（Costantini, 1984）。其他高度紧凑型小麦的例子则见于公元前 2600 年至前 1300 年的哈拉帕遗址（Weber, 1991; Vishnu-Mittre, 1972; Shaw, 1943）、中世纪中亚的萨帕利特佩遗址、公元 9 世纪左右中亚南部的阿迪汀特佩（Adylyntepe）遗址（Lunina, 1984）。

高度紧凑型小麦的植株外观如何，对生长条件有何需求，究竟源自何处，这些谜题在过去极少有人关注，直到最近几年才有所改观（Liu et al., 2016; Spengler III, 2015）。一部分原因可能是中亚整体缺乏足够的资料，另一部分原因则是在亚种层面鉴定小麦存在一定的困难。考古发现中缺乏穗轴，因而很难将考古样本与史籍记载的、具备高度紧凑形态特征的地方小麦品种进行比对（Fuller, 2001; Liu et al., 2016）。另外，我们对可能导致谷物形态变化的若干种人工干预方式只有粗略的了解。例如，在干旱地区灌溉农作物会影响谷粒的饱满程度，尤其是在生长条件在干旱和湿润之间急剧转变的情况下。

153

　　另外，研究表明对谷物的加热和冷却会导致其发生显著的膨胀和变形，从而使同一批小麦呈现各不相同的尺寸和形态（Kim, 2013; Braadbaart, 2008）。这些研究依据的是对长宽比率的定性观察，没有进行统计学方面的分析。但是学者们普遍认为，在考古现场发现的短粒圆形谷物形态过于独特，不可能仅仅是碳化导致的结果（Kim, 2013）。

　　让局面越发复杂的是，不同地方品种之间以及同一地方品种内部的特性相差甚远。现代的杂交农作物往往整齐划一，有些杂交品种经克隆产生，因而几乎不会出现任何遗传性变异。与之相反，一小片田野内的地方品种就可能表现出巨大的差异。

　　乔治·威尔科克斯（George Willcox）在探讨阿富汗苏尔图盖遗址（前2200—前1500）时指出："从今天在该地区发现的品种涵盖范围来看，由于存在若干兼具不同品种形态特征的中间型，惯常的形态分类法已不再适用。"不过他也指出，有些样本的麦粒相对细长，而其他样本的麦粒则更圆润。他的看法是，这些差异形态意味着它们属于遗传学上彼此区别的不同品种，而不是灌溉密度等环境因素导致的结果。威尔科克斯还指出，其中两个样本提供的证据"表明这些农作物是分开种植的；也许其中一个品种适合旱作农业，另一种更适宜灌溉农业"（Willcox, 1991）。他根据麦粒的长宽比鉴定出两个不同的品种，一种是密穗型，一种是散穗型。散穗型小麦的麦粒比密穗型更狭长。在欧洲考察的植物考古学家主张将麦粒长宽比小于或等于1.5∶1者定义为密穗型小麦，也就是说，判断的依据并不仅仅是麦粒的绝对长度（Jacomet, 2006）。然而威尔科克斯也表示，苏尔图盖出土的小麦

154

图 12　四粒易脱粒小麦种子，均出土于土库曼斯坦南部的 1211 遗址 FS7 号坑，是同一环境下形态差异明显的代表

无法进行明确的形态学分类。这种差异是大多数地方农作物品种都具备的特点。

有一个性状特点或许能帮助我们重建历史上地方品种和考古实例之间的联系，那就是麦粒颖果腹面的浅纵沟。我在塔斯巴斯以及在土库曼斯坦南部 1211 遗址（约前 1500—前 1200）发现的古代小麦粒腹沟较浅，类似于原生于印度的矮秆小麦的植株标本和基因库样本（Spengler Ⅲ, Doumani, and Frachetti, 2014; Spengler Ⅲ et al., 2014a）。根据到目前为止所进行的各种分类尝试，在公元前三千纪晚期至前二千纪，有一类大致可归于一个品种的小麦广泛存在于亚洲大部分地区。

"高度紧凑型"小麦并不是对某一类别的明确定义，这种类型的小麦与其他密穗小麦之间有很多重复的品种。1211 号遗址出土了若干陶器，里面盛有混在一起的碳化谷粒和豆类。一个陶盆内装满了碳化的小麦粒，不过其中也夹杂着大麦粒和少量其他谷物。这件容器内有近 1 万粒小麦，为研究中亚小麦的多样性提供了难得的大量样本。这件器皿内盛装的易脱粒小麦粒形态各异，有的接近球形且直径不到 2 毫米（很容易被误认为粟米），有的则呈细长状，长达 5 毫米（Spengler Ⅲ et al., 2014b）。图 12 直观展现了这种极端的多变性。因此，基于形态学对中亚小麦进行的所有分类，其可靠性都有待进一步研究。

印度矮秆小麦和日本半矮秆小麦

上述高度紧凑型的小麦考古植物标本具有怎样的重大意义，亚洲各地的样本是否存在遗传学上的联系，这些问题依然都是值得深入发掘的课题。在进一步研究印度北部和巴基斯坦地区以及日本山区农村的高度紧凑型小麦植株标本和现存地方品种时，局面则变得越发错综复杂。

纵观整个亚洲，有少数几个与世隔绝的农业社区曾种植高度紧凑型小麦的地方品种。有些学者已经指出，仅根据形态学特点而将这些小麦种群彼此联系起来，这种判断是存在疑问的（Spengler Ⅲ , 2015; Fuller, 2001）。不过，在中亚发现的高度紧凑型小麦与一度在巴基斯坦和印度北部种植的小麦形态之间至少有可能存在遗传连锁关系，尤其是印度矮秆小麦——这种小麦被认为是在绿色革命前当地种植的地方品种的祖先（Peterson, 1965）。据史料记载，印度矮秆小麦属于耐旱品种，这一性状可能是推动其在巴基斯坦、阿富汗和印度北部被人类种植的因素。印度矮秆小麦的主要特点是株型低矮。但除此之外，它还具有一系列与众不同的性状特征，比如茎秆粗壮紧实、叶片挺立、麦穗紧凑、麦芒（麦粒末端伸出的须刺）短、麦粒外有起到保护作用的颖片或麦壳、麦粒呈半球形等。另外，印度矮秆小麦的分蘖（侧枝）较多，倒伏（植株因麦穗重量而歪斜，甚至伏倒在地的现象）率较低。印度矮秆小麦这一系列独特的形态学性状被概括为矮秆圆粒综合征（sphaerococcoid syndrome）（Percival, 1921; Singh, 1946; Peterson, 1965; Rao, 1977）。

在印度西北部的哈拉帕文化遗址以及更晚的地层中，考古学家发现了易脱粒高度紧凑型小麦遗存，经鉴定属于印度矮秆小麦（Burt, 1941; Lone, Khan, and Buth, 1993; Stapf, 1931; Shaw, 1943; VishnuMittre, 1972）。如果物种鉴定和年代测定均正确无误，则目前已鉴定的最古老的印度矮秆小麦遗存出自美赫尕尔遗址Ⅲ期沉积层（约前5500）（Costantini, 1984）。

在中亚南部占据主要地位的小麦品种随历史发展而有所变化。最早的品种是有颖壳的小麦，后来则被易脱粒品种所取代，这是因为易脱粒小麦在红铜时代更便于制作面包。莫朱克里特佩遗址（Monjukli Depe）发现的组合便证明了这一点。这处古村落遗址位于土库曼斯坦境内的克佩特山脉和卡拉库姆沙漠交界处（Miller, 2011），距今约有6000年的历史，为考古学家一窥中亚南部人类早期生活提供了难得的机会。从公元前四千纪开始，易脱粒小麦便成为中亚农业生产者主要种植的小麦品种；公元前三千纪中期，易脱粒小麦穗型似乎变得比任何一种早期小麦都更加紧凑。

内奥米·米勒提出，哲通新石器时代遗址没有高度紧凑型小麦，安纳乌红铜时代遗址存在这种小麦，二者之间存在时间上的断层（Miller, 1999）。她认为，安纳乌、贾尔库坦和古诺尔特佩（主要在青铜时代文化层）发现的高度紧凑型小麦可能与印度矮秆小麦存在关联，而这几处遗址与哲通之间的时间断层或许表明，高度紧凑型小麦是在较晚时期从东部（美赫尔尔或皮腊克）传播至中亚南部的。年代在公元前四千纪的塔吉克斯坦萨拉子目遗址（Sarazm）缺乏此种形态的小麦，为米勒的观点提供了支持（Spengler III and Willcox, 2013）。

印度矮秆小麦与中亚各地延续至今的小麦拥有共同的祖先，这一观点似乎颇具说服力，但是，形态的相似也可能是平行进化的结果。早在公元前三千纪和公元前二千纪，中亚南部和印度河流域便存在互联互通的路线（Casal, 1961; Hiebert, 2003; Hiebert, 1994; Kuzmina, 2008）。然而，在东亚也发现了相似形态的小麦，这让追踪不同品种小麦从印度河流域向中亚的传播途径变得十分复杂。在韩国，数个年代约在公元前1000年的考古遗址中都发现了易脱粒高度紧凑型小麦品种，与之一同被发现的还有大麦。距今2000多年的日本遗址中也存在高度紧凑型的小麦籽粒（Crawford and Lee, 2003）。一些历史悠久的韩国地方品种和不少古老的日本品种都能结出高度紧凑型的麦穗（Kim, 2013）。这些地方种进入韩国和日本的时间可以追溯到韩国的无文土器时代（约前1500），它们与中国发现的公元前二千纪的小粒小麦遗存之间存在一定的关联。古代先民从今天的中国大陆出发，漂洋过海，将全新的栽培农作物和驯化牲畜带到了附近的岛屿。将遍布亚洲的零散考古发现联系起来，从而推断出亚洲各地先民之间存在某种联结，这种推测看起来似乎很有吸引力，但是遗传学数据告诉我们，事实比推测要复杂得多。

乍一看，考古数据似乎为密穗型小麦的传播画出了一条显而易见的路线图：从印度穿过中亚，在接下来的 3000 年里径直传入中国北方，再传向日本。但是，在对这番推理下定论之前，我们还需要了解已发现的小麦籽粒之所以呈现这一形态特征的遗传学根据，从而确定这究竟是出自一个广泛的基因库，还是在相似的人为选择压力作用下平行进化（或趋同进化）的结果。有些研究试图揭示使小麦产生矮秆圆粒综合征这一系列性状的遗传学根据（Josekutty, 2008, unpublished）。

遗传学家现已绘制出了六倍体小麦中的圆粒矮秆基因图谱，重点对具有 ss 基因型的小麦品系进行了鉴定和描述（Koba and Tsunewaki, 1978）。引起这一显性性状的突变有可能是 DNA 重组过程中基因复制的结果，也就是说，植物在杂交过程中意外地复制了某一性状，结果使整株植物出现了肉眼可见的改变（Salina et al., 2000）。在小麦的驯化进程中，这一突变发生的时间可能相对较晚（因而可能对美赫尔尔公元前六千纪中叶的发现提出质疑）。遗传学家认为，在小麦驯化的早期，人类在筛选时会避免出现矮秆圆粒综合征这样剧烈的突变，因为伴随这种突变出现的次要性状并不是先民想要的。但可能晚至公元前四千纪后期的人类会主动选择这样的突变（Gegas et al., 2010）。随后的研究表明，控制籽粒长度和宽度的 ss 突变体发源于印度或巴基斯坦（Asakura et al., 2011）。

在今天种植的大多数六倍体小麦中，半矮秆性状是多个经过筛选的 Rht 等位基因共同决定的结果。这意味着小麦的半矮秆性状或许存在不同的遗传路径。目前已鉴定出 20 个 Rht 基因座和 25 个等位基因，其中 11 个为自然发生的等位基因（通过实验室诱导突变获得了 14 个等位基因）（Chen et al., 2012）。这些基因有重要的农学意义，因为它们能够影响株高、减少倒伏、增加茎秆（麦秆）强度，还能增加分蘖；但是，与圆粒矮秆突变体不同，这些基因还可以提高产量。在二战后的数十年里，诺曼·博洛格（Norman Borlaug）在墨西哥国际玉米小麦改良中心（CIMMYT）指导的育种工作被视为传奇，对印度和中国的影响尤甚。在这两个国度，绿色革命创新成果对农业产量的提升最为立竿见影，也最令人瞩目。博洛格的成就建立在纳扎雷诺·斯特兰佩利（Nazareno Strampelli）的开创性成果之上，这位意大利生物学家成功从另一种日本地方品种——日本赤小麦中分离出了 Rht8 基因和 Ppd-D1 单倍型。这两个等位基因是小麦半矮秆形态的标志，对博洛格致力于提高农作物产量的研究起到了至关重要的作用。早在 1900 年，斯特兰佩利首次将孟德尔的遗传学理论应用到小麦种植当中，将两个地方品种（"瑞梯"和"诺埃"）杂交——这两个地方品种分别具备抗锈病和抗倒伏的性状特点（Salvi, 2013）。最终，这项研究成功在小麦中培育出了 Rht-B1 和 Rht-D1 等位基因（Reynolds and Borlaug, 2006）。这两个等位基因来自被命名为"农林 10 号"的日本地方小麦品种，而日本多个地方品种中的 Rht8 基因又源自韩国的一个地方品种——Anjeun baengyi mil（Kim, 2013）。现如今，这种遗传材料已成功结合到全球超过 90% 的种植小麦当中（Chen et al., 2012; Borojevic and Borojevic, 2005）。目前中国各地种植的小麦的半矮秆性状与数个不同的 Rht 基因座存在关联。在国家支持的粮农计划框架内，Rht-D1b 基因在整个小麦种植区得到了推广。在中国北方夏季种植小麦的地区，表现出这一基因的小麦占比高达 63.6%，而在全国范围内仅为 43.5%。

来自中亚和东亚、易脱粒多种半球形小麦之间的关联性虽然看起来显而易见，但是 ss 型突变与 Rht 基因之间却并没有明确的联系。更有甚者，一项关于印度矮秆小麦幼苗发育的研究得出了这样的结论：其株型矮小的外观并不是某一 Rht 基因的结果（Josekutty, 2008, unpublished）。这些发现说明，中亚和东亚各种高度紧凑型小麦品种之所以表现出相似的形态特征，是平行进化的结果，而不是因为拥有共同的祖先。

从 20 世纪中叶以来，绿色革命将 Rht 基因引入各个小麦品种中，为地方农业带来了天翻地覆的变革。20 世纪早期美国和意大利育种学家所使用的 Rht 基因来自日本，但目前尚不清楚日本早期的半矮秆小麦与印度矮秆小麦之间是否存在关联（Josekutty, 2008, unpublished）。据此断言这种小麦形态在全亚洲广泛传播是缺乏扎实根据的（Kim, 2013）。的确，将植物考古学发现的植物遗存简单地连成一条线，这很容易；但是，在得出"印度哈拉帕文明之前的农业生产者已经培育出了绿色革命以之为基础的基因型"这一结论之前，我们还需要进行更深入的遗传学研究。

高度紧凑的基因型可能不是唯一从中亚向外传播的小麦遗传学性状。斯特兰佩利最初在 1900 年进行的杂交实验中，使用了一种鲜为人知的地方品种"瑞梯"（Reiti），它具有抗锈病的 Lr34 基因。这一基因随后被培育到世界各地的许多栽培小麦品系当中。但是，中国和中亚历史上的地方品种同样被鉴定出了这种基

因。据此，一位意大利遗传学家认为，具有抗锈基因的小麦可能
是在中世纪时期经由黑海地区传入意大利的（Salvi, 2013; Salvi,
2014）。这一理论得到了下述事实的支持：瑞梯小麦和亚洲数个
地方小麦品种中均发现了 Ne1w 和 Bot（Tp4A）-B5c 等若干基因，
但其他欧洲地方品种中却没有。因此，1000 年前将普通小麦从亚
洲一路带到欧洲的先民，或许正是让今天全球大多数小麦具备抗
锈病性状的功臣。丝绸之路是经过基因改良的农作物品系传播的
渠道，而正是这些农作物不断推进旧世界农业的发展。

亚洲小麦：总结

易脱粒普通小麦在中国是仅次于水稻的主要农作物：小麦
和水稻经常在同一片土地上轮作种植，冬季种植小麦，夏季种植
水稻。虽然大多数人认为小麦是一种欧洲农作物，但是，倘若
没有小麦粉制作的饺子和面条，我们很难想象中国饮食将是什么
模样。不过，虽然小麦对中国经济举足轻重，但小麦在中国的
起源、传入时间和传播途径至今仍是学界争论不休的课题。我们
知道，大约 1 万年前，小麦在新月沃土被人类驯化；早至公元前
6000 年，几种不同形式的小麦便传播到了遥远的土库曼斯坦；而
在古代最终进入中国的，似乎只有易脱粒普通小麦。

近年来，基于一系列在中亚地区和中国展开的新的考古调
研，有观点认为小麦可能在公元前三千纪晚期进入中国。最令人
信服的传播路线是经由最终成为丝绸之路组成部分的高山隘口
（Spengler III, 2015; Spengler III et al., 2014b），哈萨克斯坦东部的
小型农牧生产者将小麦输送给了与之关系密切的新疆各民族；最

终，小麦从新疆经甘肃河西走廊传入中原。

早期的小麦大多为高度紧凑型，表现出与众不同的形态。这种小麦或许起源于巴基斯坦或印度北部，随后从那里传播至中亚各地。尽管在东亚的考古遗址中发现了类似的密穗小麦遗存，但目前尚不清楚它们与中亚的密穗小麦存在怎样的关联。其他形式的小麦，例如穗型松散且具有夏季生长习性的小麦，或许是在公元前一千纪或公元前二千纪沿丝绸之路南线（比如喜马拉雅山脉南缘）传入东亚地区的。小麦基因和不同小麦品种的传播彻底改变了亚洲农业生产和饮食传统的面貌，这是中亚交流路线的一大特征，也为旧世界的经济结构带来了变革。

8

豆科植物

除了大豆和菜豆（豆角）之外，当今欧美厨房内大多我们所熟悉的豆类都源自西南亚。欧洲和美洲饮食局限于豆科植物中的一小部分群体，包括豌豆、兵豆、鹰嘴豆和蚕豆，这说明农业生产活动最早是从西南亚传播到欧洲的，与之一同传入的是在新月沃土被人类驯化的各种农作物。中国栽植的豆科植物范围之广（大豆类、豌豆类、野豌豆类等）、不同品种间的差异之大令人瞠目。东亚驯化的豆科植物品种繁多，还在古代从其他地方引进了若干品种。东亚有很多人几乎不食用肉类和奶制品，豆类是其摄取蛋白质和钙质的重要来源。

在中国，许多豆类农作物的地位具有区域性特点，或者相对次要，种植范围局限在某些地区，种植规模也相对有限。这类豆科农作物包括赤豆（*Vigna angularis*）和刺毛黧豆（*Mucuna pruriens*），二者都很可能是在中国本地驯化的，今天也仅在中国少数地区种植。大豆的野生祖先是野大豆，中国东部有好几处驯化期之前的农业遗址中都鉴定出了野大豆的痕迹。

163

中国有许多其他豆科植物来自遥远的地方。绿豆、刀豆（*Canavalia gladiata*）、乌头叶豇豆（*Phaseolus aconitifolius*）以及又称饭豆的赤小豆都被认为最早是在南亚的某个地方实现人工种植的。扁豆（又称沿篱豆或蛾眉豆）和又称黑眼豆的豇豆最早可能是在北非被人类所种植。欧洲人踏足新世界后不久，新世界的各种豆类也被引入中国。豆薯（*Pachyrhizus erosus*）是另一种引进物种，它原产于中美洲，今天却时常被冠以"中国马铃薯"[1]（Chinese potato）之名。

在中国，豆类地方品种的多样性令人吃惊。举例来说，绿豆通常为绿色，但也有黄色或棕色的品种，赤豆的颜色从深红色到棕色、黄色和黑色不等。大豆的地方品种则多达数千种，根据种子的颜色可分为三大类：黄豆、青豆和黑豆。

与东亚厨房里的大多数食材一样，豆科植物的种子和豆荚的烹饪及食用方式丰富多彩。赤豆是好几道可口的中国菜肴的原料，比如用作点心馅料的红豆沙，还有广式甜布丁。豇豆尚未成熟的豆荚经常被当作绿色蔬菜食用，类似于美洲四季豆，可以用来烹饪中国菜"干煸豆角"。虽然东亚地区的豆科植物种类丰富，此外还有其他东亚农作物沿着丝绸之路传播，但几乎没有证据能表明在殖民时代之前，豆科农作物已向西传入中亚。

1　豆薯，豆科一年生或多年生藤本植物，在中国某些地区称番葛（闽南语）、凉薯、洋地瓜（实际上与俗称"地瓜"的旋花科植物红薯无关）、沙葛（粤语）、芒光（闽南语从马来语借词）等。——译注

西南亚的豆类

西南亚的豆类是大约 1 万年前人类建立起来的混合农业系统的一部分，有些考古学家将其称为基础作物组合（founder crop complex）。这一耕作系统的基础是谷物和豆类农作物（分别来自禾本科和豆科）的混种。在新世界，混合作物系统由玉米、豆类和南瓜"三姐妹"组成。在东亚，大豆和水稻经常互为补充。而在北美中西部的工业化农业体系当中，大豆和玉米往往成对出现。

综观整个人类史，农业生产者常常将谷物与豆科农作物配对种植主要有两大原因。其一，谷物与豆类在人类饮食结构中为互补关系：豆类提供蛋白质，谷物提供容易消化分解为糖分的碳水化合物贮藏。其二，它们在农田里也具有互补性：豆科农作物拥有菌根或能与根部共生并固氮的细菌（根瘤菌），能够将谷物生长过程中消耗的养分重新补充到土壤中。

尽管这种混合农业系统拥有不少适应性优势，但是出于某种原因，第一批进入中亚的农民抛弃了豆类。豌豆在公元前二千纪传入中亚；兵豆和鹰嘴豆在公元一千纪末期才到达乌兹别克斯坦，不久之后，兵豆才传入哈萨克斯坦（Spengler Ⅲ et al., 2018; Spengler Ⅲ et al., 2017a）。最早进入中亚的农作物以谷物为主（Lightfoot, Liu, and Jones, 2013）。现有的考古记录数量有限，但豆科农作物的缺席不禁让人疑惑，为什么豆科农作物在欧亚大陆没有像在旧世界的其他地区那样，与谷物一同传播。最显而易见的答案是，在奶食和肉食建立起的饮食结构中，人们并不需要豆类提供的蛋白质。不过，全面的解答可能更加复杂，尤其要考虑到一点：豆科农作物生长需要的水分比谷物多得多。

世界上有很多豆科农作物起源于西南亚，其中许多是西南亚基础作物组合的一部分，比如豌豆、鹰嘴豆、家山黧豆、苦野豌豆（Vicia ervilia）、蚕豆和兵豆等。叙利亚北部的植物考古学遗存在伊斯兰语境下可证明有豇豆的存在：古夫坦丘的垃圾堆里出土了一根完整的豇豆（还有两片破碎的子叶），遗址年代在公元12世纪末或13世纪初；公元9世纪阿拔斯文化层的沙赫勒丘 I 期（Tell Shheil I）遗址的一处炉灶内也发现了3块碎片（Samuel, 2001）。虽然豇豆在当地特色饮食中显然并非主角，但年代较晚的伊斯兰时期的美索不达米亚地区也出现了它们的身影。不过，作为一种对霜冻十分敏感的夏季作物，它们很可能不太适合在中亚地区种植。

尽管上述这些豆科农作物的驯化轨迹略有差异，但它们当中的大多数（除了豇豆）都是在公元前9500年左右于新月沃土与野生小麦属和大麦属植物一同开始驯化进程的（Fuller et al., 2014; Riehl, Zeidi, and Conard, 2013; Tanno and Willcox, 2012）。西南亚豆科植物的驯化进程或许比谷物更快（Tanno and Willcox, 2006a）。豆类驯化的最初迹象应该是消除了种子休眠的习性。大多数豆科植物的种子在发芽之前都有持续休眠一年或更长时间的习性。休眠是植物适应环境的一种手段，以确保有一部分后代能在干旱或其他恶劣条件中生存下来。在环境不好的年头，已萌芽的植物可能会全军覆没，但是在土壤中休眠的种子能等到第二年再生根发芽。野生豆科植物种子的休眠习性使其出芽率较低，因

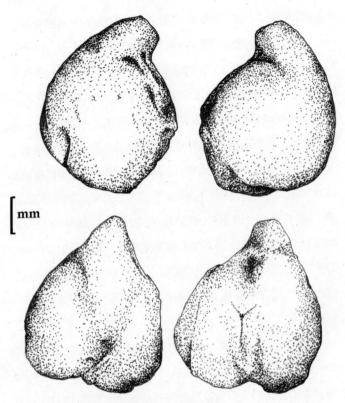

图 13　乌兹别克斯坦山麓地带的塔什布拉克遗址（900—1200）发现的一粒鹰嘴豆的四面视图

而在单季内往往会歉收。此外，很多野生豆科植物通过一种叫作"裂荚"的方式散播种子：成熟的豆荚爆裂开来，将种子弹射出去。显而易见，这给收集种子的早期农业生产者制造了难题（Abbo et al., 2011）。由于人类在耕种活动中主动选择不利于休眠的种植方式，外种皮即豆荚变得越来越薄。不仅如此，种子的大小和每荚的种子数量有所增加；某些品种发育出更硬、更挺拔的茎秆。在个别情况下，种子内的毒素经人工育种而消失了。有些豆类（比如大豆）的毒素从未完全从种子中清除，因此必须通过发酵或蒸煮来去除毒素。

在探寻古代丝绸之路的传奇历程中，奥莱尔·斯坦因在一座小仓库里发现了一小把古代谷物和豆类，他在旅行日记中将其中最主要的豆类称为"塔里夫"（tarigh）。正如斯坦因在《沙埋和阗废墟记》（*Sand-Buried Ruins of Khrotan*）中记述的那样，他和他的团队在克里雅河沿岸的喀拉墩沙漠废墟中挖出这些豆类，这处废墟地处于阗与塔里木盆地诸城之间的丝绸之路沿线，位于现代中国西北部的新疆地区中部。他们对这些古代豆类进行了烹煮加工，发现得到的豆泥只能用来做粘信封的糨糊（Mirsky, 1977）。

兵豆是全世界大受欢迎的豆类之一。在西南亚、地中海和非洲东北部的特色饮食中，兵豆都是必不可少的食材。现代兵豆的野生祖先广泛分布在包括新月沃土在内的整个西南亚和中亚南部。兵豆通常和谷物一样种植在灌溉地上，不过也可以在菜园里小批量种植。人类的驯化使之分化为两个不同形态的演化支：小粒亚种和大粒亚种。小粒亚种的种子直径为3毫米至6毫米，大粒亚种的种子直径则为6毫米至9毫米。约3000年前，大粒亚种兵豆才第一次出现在考古记录中（Zohary, Hopf, and Weiss, 2012）。

豌豆是另一种风靡全球的豆类，具体包括荷兰豆、甜脆豌豆、青豌豆和做汤用的去皮干豌豆。豌豆从厚荚形态的一年生豌豆野生种（*P. sativum ssp. fulvum*）驯化而来。与兵豆一样，豌豆的历史可以一直追溯到 1 万多年前，它是新月沃土一带的纳图夫农业生产者早期驯化的植物之一。现如今，世界上有成千上万种不裂荚的豌豆地方品种，植株高度从 1 英尺到几英尺不等，有的茎秆密生，有的株型松散，花朵呈蓝色、紫色、白色等多种色彩，种子的大小、光滑程度和颜色（有绿色、黄色、橙色和棕褐色等）都各不相同。正是其性状的多样性促使格雷戈尔·孟德尔选择豌豆作为遗传学研究的对象，最终为世界范围内的农业带来了颠覆性的变革。在考古植物学发现的早期豌豆遗存中，驯化的形态性状不如其他农作物那样清晰可辨：研究结果表明，豌豆种子呈现出尺寸逐渐增加、种皮逐渐变光滑的趋势（Zohary, Hopf, and Weiss 2012）。后一特征或许与豌豆休眠习性的丧失有关。

在欧美饮食中，鹰嘴豆最常见的食用方法是做成鹰嘴豆泥或直接拌沙拉，但在世界上的其他许多地区——从印度和埃塞俄比亚到地中海沿岸——鹰嘴豆在厨房里所扮演的角色要重要得多。驯化的鹰嘴豆是自花授粉植物，每个豆荚内有一两粒种子。鹰嘴豆的野生祖先很可能是网脉鹰嘴豆（*C. arietinum ssp. reticulatum*）。与豌豆和兵豆一样，鹰嘴豆大约在 1 万年前的新月沃土被人类驯化。

虽然早期历史遗迹中并未发现蚕豆大量存在的痕迹，但蚕豆也很可能是基础作物中的一员（Tanno and Willcox, 2006b）。由于我们不知道蚕豆的野生祖先是什么物种，很难确定西南亚发现的古代植物遗存是否为驯化型蚕豆样本。以色列的伊夫塔艾勒遗址（Yiftah'el，又译耶太，前 8100—前 7700 年）出土了一批 2600 粒碳化蚕豆（Kislev, 1985）。蚕豆有好几个变种，比较著名的有种子长度在 6 毫米至 13 毫米之间的小粒蚕豆以及种子长度在 15 毫米至 20 毫米之间的大粒蚕豆。小粒蚕豆在印度北部、巴基斯坦和阿富汗更为常见，大粒蚕豆或许是相对较晚时期培育出的新种。

泽拉夫尚北部地区的穆格山 [1] 是一座粟特古堡，坐落在俯瞰费尔干纳盆地的高山脚下，这处遗址有古代蚕豆的痕迹。20 世纪 30 年代的考古发掘者在报告中称，他们发现了 24 粒豆类样本，经鉴定为蚕豆（Danilevsky, Kokonov, and Neketen, 1940）。发现这些豆类的古堡可追溯到公元 7 世纪至 8 世纪（Yakubov, 1979）。但是，鉴于原始报告中提到这些豆子拥有不同寻常的棱角，且长度和宽度几乎相等，所以它们其实可能是家山黧豆（见下文）。研究人员还提到，有些样本为黑色，有些则颜色发灰，长度为 8 毫米至 9 毫米，宽度为 7.5 毫米至 8.5 毫米，厚度为 6 毫米至 7 毫米（Danilevsky, Kokonov, and Neketen, 1940）。

还有两种豆科农作物原产于新石器时代的西南亚，但它们经常被忽略：苦野豌豆（*Vicia ervilia*）和家山黧豆（*Lathyrus sativus*）。苦野豌豆的生物碱含量很高，具有一定的毒性，除非经过长时间的浸泡、蒸煮，或是在水坑或溪水中进行过滤处理。这种农作物在罗马时代的欧洲曾被用作牲畜饲料。老普林尼则记载过它的药用价值（Zohary, Hopf, and Weiss, 2012）。与苦野豌豆

1　穆格山（Mugh）粟特古堡位于泽拉夫尚河上游，在今撒马尔罕城东 200 公里处，属于粟特城邦米国领地。穆格山城堡出土了许多粟特语文书，写在废弃的唐代汉文文书纸、木片或皮革上，属于米国统治者的档案，年代在 717—719 年。穆格山古堡还出土了联珠花卉纹织锦，类似的织锦在吐鲁番阿斯塔纳墓地亦有发现，为研究公元 8 世纪粟特丝绸纺织工艺提供了重要标本。——译注

169 类似，未经加工处理的家山黧豆也是有毒的：如果食用大量的生家山黧豆，那么其中的神经细胞毒性物质可引发中毒，主要表现为严重的瘫痪。这种毒性让我们对人类最初学会处理这种豆子毒性的过程感到非常困惑。与苦野豌豆一样，家山黧豆在罗马时代的欧洲十分普及。

古代中亚的豆科农作物

驯化的豆科农作物在公元前 2500 年左右从伊朗高原进入中亚。中亚南部纳马兹加文化遗址出土的植物考古学组合包括鹰嘴豆、兵豆和青豌豆（Miller, 1999; Moore et al., 1994）。古诺尔特佩出土的组合包括几种可能为山黧豆属的豆子（Moore et al., 1994）。苏尔图盖遗址则发现了豌豆（Willcox, 1991）。在土库曼斯坦的1211 遗址（前 1400—前 1200），发现了一处较大的窖穴，里面有超过 1 万粒豆子，直径从 3 毫米到 7 毫米不等，全部呈种皮光滑的形态。窖穴中还有兵豆（Spengler Ⅲ et al., 2014b）。如前文所述，位于哈萨克斯坦东部准噶尔山地的塔斯巴斯遗址还发现了年代在公元前 2000 年中期的保存完好的豌豆（Spengler Ⅲ, Doumani, and Frachetti, 2014）。它们是唯一一个在中亚北部考古遗址中发现的、中世纪以前的西南亚豆类农作物。再向西一些，坐落在花剌子模绿洲中的卡拉特佩（Kara Tepe）遗址也发现了保存完好的家山黧豆（Weber, 1991）。豆类在南亚各地的考古遗址中都很常见，包括印度和巴基斯坦地区（Brite and Marston, 2013）。

在土库曼斯坦南部的穆尔加布地区，从阿吉库伊（Adji Kui）遗址中发现的豆科农作物种类是整个中亚考古遗址中最丰富的，对该遗址最初的发掘是在意大利—土库曼联合考古项目框架内进行的（Spengler Ⅲ et al., 2017b）。这座古城的年代可追溯到公元前四千纪。然而，我在 2013 年对该地植物遗存进行植物考古学分析时发现，植物遗存可追溯至公元前 1900 年左右。虽然该处遗址的大多数浮选样品中几乎没有驯化作物遗存，但是，其中一份样品出现了密集的小麦、大麦、黍和豆类遗存。豆类遗存包括 1 粒苦野豌豆、1 粒蚕豆、1 粒兵豆，还有 2 粒家山黧豆和几粒保存完好的豌豆。兵豆的直径为 3 毫米；将种子侧立还可以看到种脐和种孔（种子萌发时根茎伸出的部位）。这粒保存完好的兵豆外形呈明显的透镜状，也就是中间比外侧厚的扁圆形。考虑到它的体积很小，因此不能排除它是野生兵豆的可能性，尽管如此，它与驯化的谷物和豆类的共同出现表明它是人类耕种的农作物。出土的 2 粒家山黧豆残片来自不同的植株，一片完整子叶的长度（也可能是宽度，因为子叶大致呈方形）为 3.8 毫米（见图 14e）。苦野豌豆的单粒样本尺寸为 2.8 毫米 ×2.5 毫米，横截面呈与众不同的三角形（见图 14a）。这些特征在这份考古植物学样本上清晰可见。单粒蚕豆样本的尺寸为 4.1 毫米 ×3.2 毫米（见图 14c）（Spengler Ⅲ et al., 2017b）。

在中国古代文献中，豌豆和蚕豆都俗称为"胡豆"（胡人种的豆子）（Laufer, 1919）。"胡人"是对来自伊朗（古称波斯）和中亚南部的各民族的泛称。因此，胡豆这一名称说明，中国古人很清楚这些豆类来自中亚。"胡豆"一词在公元前 7 世纪已为古人所用，但其根源可能更早。而隋唐时期，中国已在种植豌豆（Laufer, 1919）。在今天的中国，蚕豆和豌豆均有广泛

170

图 14　从土库曼斯坦南部的阿吉库伊遗址（FS 5.2）出土的驯化豆类，其年代可上溯至公元前一千纪初：a. 苦野豌豆；b. 豌豆；c. 蚕豆；d. 兵豆；e. 家山黧豆。我在 2015 年对该遗址的植物考古学遗存进行了分析，发现该遗址中的豆科农作物比中亚同时期的任何其他遗址都要多

种植。

　　蚕豆因豆荚形似老蚕而得名，也称为南豆、弯豆。一位专家称："蚕豆可能是较晚引入的物种，大概是沿着连通中国与西方的早期商贸路线——丝绸之路向东传播的。"（Simoons, 1990）中国的早期文献中完全没有关于蚕豆的记载，可能直到元代（1271—1368）蚕豆才被引入中国（Laufer, 1919）。而到了明代（1368—1644），蚕豆在中国已广为人知并广泛种植，种植规模有时还相当可观（Simoons, 1990; Laufer, 1919）。这种坚韧的豆类很适合作为大豆的替代品，在中国多山多雨的地区种植。

　　在欧亚大陆较为温暖的地区，豌豆和兵豆通常作为冬季作物种植；而在其他地区则作为第二茬作物在秋季种植。抗霜冻和生长迅速的特性使它们成为冬季轮作农作物的理想选择。这些特点或许可以解释在公元前二千纪中国西部的喜马拉雅高原和准噶尔山地为什么会出现豌豆（Fu, 2001; Spengler Ⅲ, Doumani, and Frachetti, 2014）。9 世纪至 10 世纪的居万特佩和卡拉斯潘特佩遗址出土的遗存证明豌豆和兵豆是最早向北传入中亚的两种栽培豆类，这两座古代要塞坐落在哈萨克斯坦南部锡尔河一条支流的沿岸。居万特佩发现的 41 粒豌豆和 4 粒兵豆的年代在 9 世纪至 10 世纪。卡拉斯潘特佩出土的 8 粒碳化豌豆样本则可追溯到 4 世纪至 5 世纪（Bashtannik, 2008）。

还有一种豆科农作物值得一提，尽管中亚的植物考古学对其几乎一无所知（至少对其驯化型一无所知）。许多学者认为紫苜蓿的原产地在里海附近的东欧大草原。这种植物的野生亲缘种遍布整个东欧大草原，东欧和西亚也有它的踪影。一位历史学家指出，豆科农作物的原产地"包括内亚的一部分草原，游牧民不断从这些草原出发，踏上劫掠和征服的冒险之路。的确，在西亚，驯化型苜蓿是一种提供牧草的农作物（第一种被作为牧草种植的植物），而且可能是由于马匹的重要性逐渐提高而被驯化的。"（Simoons, 1990）

我们对这种农作物的起源和驯化知之甚少。一个可能是苜蓿的植物考古学发现出自咸海以南花剌子模绿洲的卡拉特佩遗址，年代在 4 世纪至 5 世纪（Brite and Marston, 2013）。一些希腊文本中有关于苜蓿的记载，而在中国史籍的记载中，苜蓿与葡萄是汉武帝遣使出使西域带回的两种农作物（Zeven and de Wet,

1982; Laufer, 1919）。到唐代时，紫苜蓿在中国已作为供人食用
的蔬菜种植。

19世纪，阿方斯·德·康多尔从语言学的角度来研究这种农
作物的传播。他指出，英语中"苜蓿"（alfalfa）一词从阿拉伯语
衍生而来（de Candolle, 1884）。但他也引用了一位来自西班牙南
部的马拉加城、生活在13世纪的阿拉伯医师的记载，他对紫苜
蓿的称呼是从波斯语单词"isfist"衍生而来。苜蓿的拉丁文名称
"medica"可能是它长期被认为是中亚农作物的原因之一，拉丁文
"medica"与希腊文"medicai（Μηδικός）"都是指与中亚南部的米
底王国（Media）有关系的事物。有意思的是，斯特拉波和老普林
尼都称这种农作物在波斯战争（Persian wars）期间从米底王国传入
欧洲，而且紫苜蓿最初在米底王国是作为喂马的饲草被人类驯化
的（Strabo, 1924; Pliny the Elder, 1855）。虽然没有科学证据证实
这一观点，但苜蓿在古典时代的欧洲的确广为人知：瓦罗、科鲁
迈拉和维吉尔都提到过它（de Candolle, 1884）。

小结

豌豆早在公元前二千纪便北上向中亚地区传播，不过直到之
后的历史时期才成为中亚的主要农作物。时至今日，豌豆、兵豆
和鹰嘴豆都在中亚特色饮食中扮演着重要的角色。手抓饭里有鹰
嘴豆，兵豆常用于制作豆泥，与土耳其或阿拉伯特色饮食中食用
豆类的方法相类似。塔斯巴斯遗址出土的豆子可能是公元前二千
纪农业活动沿山地走廊传播的最有力证据。在南亚以及中亚南部
都发现了豌豆，但在中国大部分地区、东亚以及中亚其他地区没

有它们的踪影。

在上述地区里，唯——处鉴定出豌豆遗存的遗址是西藏昌果沟（Fu, 2001）。塔斯巴斯和昌果沟分别位于山地走廊两大主线的两端：昌果沟位于喜马拉雅高原，塔斯巴斯则位于准噶尔山地。山地走廊还有第 3 条主线——从帕米尔高原延伸至克佩特山脉，再向前抵达伊朗高原的边缘。这条主线尽头的奥贾克里 1211 遗址同样发现了豌豆。三处遗址大致处于同一时期，但在物质文化上几乎没有相似之处，彼此远隔数千公里却都发现了豌豆的踪迹。基于这一事实，我和我的同事提出了这种农作物在公元前三千纪晚期和公元前二千纪沿山地走廊传播的观点（Spengler Ⅲ et al., 2014b）。

9

葡萄与苹果

　　富有象征意义的丰饶之角（*cornu copiae*）是许多餐厅桌上的核心装饰品，在欧洲的静物画里尤其多见。它是象征着祥瑞、丰收与富饶的神圣羊角，起源于古罗马。丰饶之角往往与大地女神盖亚（古希腊）和特拉（古罗马）联系在一起，也可代表大江大河等自然元素，还与掌管丰收的农业女神德墨忒尔息息相关。关于丰饶之角的由来，有一种说法是它来源于宙斯。传说当宙斯还是个婴儿时，为了躲避吞噬儿女的父亲克洛诺斯，被藏在克里特岛上的岩洞里，由外形为山羊的哺育女神阿玛耳忒亚照料。婴儿宙斯在喝奶时不小心折断了乳母的羊角。而在另一个版本的神话中，希腊最大的河流——阿刻罗俄斯河的河神头上生有羊角，被宙斯之子赫拉克勒斯折断后便化为丰饶之角。

　　河神经常被描绘为手持丰饶之角的形象，角中盛满秋季的果实，以示人类对河流滋养土地、孕育丰盛果实和谷物的感恩之情。在罗马的卡比托利欧山（今卡比托利欧博物馆所在地），伫立着两尊大型白色大理石雕塑，两位肌肉健美的男性各擎一只丰饶之角。其中一人斜倚在狮身人面像上，另一人则斜靠着正在为双胞胎婴儿哺乳的母狼（见图15）。这两尊雕像是尼罗河与台伯河的象征。起初，台伯河的河神斜靠在一只象征底格里斯河的老虎身上。公元2世纪，埃留斯·阿里斯提得斯（Aelius Aristides）发表了一句名言："从五湖四海、天涯海角，四季物产皆运往罗马，希腊人和野蛮人的艺术也尽数汇聚于此。若有人想纵览天下奇物，那只能环游世界，或者来到罗马。"（Behr, 1981）富有神话色彩的古罗马境内有3000条河流，它们滋养着三大洲上的水果和谷物，绵延至已知世界的尽头。丰饶之角时常出现在雕塑和壁画中，角中盛有桃、苹果以及其他各色水果，比如经由丝绸之路来到罗马的葡萄和石榴。

175

图15　公元2世纪的雕塑照片。分别为尼罗河（左）与台伯河（右）的化身，两位河神手中都擎着丰饶之角，现存于罗马的卡比托利欧山
　　摄影：本书作者

葡萄

　　丰饶之角中最重要的果实是葡萄，它与古典文化密不可分，是希腊酒神狄俄尼索斯（以及罗马酒神巴克斯）的象征。葡萄

酒令人昏昏欲睡，又让人飘飘欲仙的效果在整个古代世界都广受
推崇。赞美葡萄酒的文字在古代中国、波斯或阿拉伯国家比比
皆是。斯特拉波写道，葡萄酒在波斯的地位极其重要，并且进一
步指出葡萄酒的产地位于中亚南部的马瑞安纳（Mariana）。希
罗多德也提到过葡萄酒对于波斯人和斯基泰人的重要意义。两位
作者都记载了波斯人习惯在酩酊大醉时讨论重大商务和政治问题
的风俗：如果第二天早上他们仍然接受当时的决定，便会言出必
行。这两位古代历史学家都因夸大其词而著称，但他们的这一观
察得到了 10 世纪波斯诗人菲尔多西的印证，后者的《列王纪》
（*Shahnamah*）中也有类似的记载。

古希腊和古罗马文献中反复出现的一个观点是：波斯人和古
代世界的其他民族之所以冥顽不化、文明程度低，是因为他们只
喝醇正的葡萄酒，而希腊人和罗马人则会在葡萄酒中掺水以减弱
酒力。他们还提到，波斯人会举办敬奉酒神狄俄尼索斯的活动，
打扮成斯基泰人的模样，载歌载舞，开怀痛饮。有趣的是，在公
元一千纪晚期中国西部的粟特古墓中，壁画上同样有描绘酒神节
欢庆场面的内容。这表明在葡萄沿丝绸之路传播的同时，酿造和
饮用葡萄酒的文化也随之传播开来（Wertmann, 2015）。与葡萄
一同传播的还有对葡萄酒之神的崇拜，以及在饮酒时纵情起舞、
抛开社会习俗约束的习惯。不仅如此，狄俄尼索斯的葡萄酒在基
督教、犹太教和伊斯兰教中同样具有举足轻重的意义。葡萄酒既
是酒鬼的酒，也是国王的酒。

用于酿造葡萄酒乃至西欧大多数白兰地的黑皮诺、霞多丽、
赤霞珠、梅洛等葡萄，它们的祖先都是原产于欧洲南部和西南亚

西部边缘的野生葡萄。如今，富有的消费者愿意为了购买特定风土的葡萄酒一掷千金：几年前，3 瓶拉菲酒庄的 1869 年葡萄酒在拍卖会上以每瓶近 25 万美元的价格成交。然而，在波尔多、勃艮第、里奥哈和基安蒂等旧世界产区种植的葡萄，与在加利福尼亚、俄勒冈、智利、巴西和新西兰种植的葡萄，本质上并没有什么不同。

识酒之味：粟特商人

粟特人是丝绸之路上最著名的商旅文化群体。粟特民族起源于中亚，在公元一千纪时期足迹遍布全中国。在历史文献和艺术作品中，粟特商人常与葡萄酒联系在一起。此时，葡萄种植已成为中亚东部和中国西北地区重要的经济和文化产业。今天包括中国新疆和青海北部在内的地区，在过去被称为西域。这片区域由 36 个王国（或城邦国家）组成，后分裂为超过 50 个拥有常住人口、农业活动密集的聚居地。这些边地城池中的一部分最终成为伟大丝绸之路上的绿洲中心城镇，让一队队商旅得以在塔克拉玛干沙漠中找到一站站落脚地，从而穿越浩瀚的沙海。新疆出产的葡萄声名远扬，今天这些绿洲中仍有许多以盛产葡萄而闻名。虽然中国北方的其他省份（比如宁夏）现已成为全球市场上的优质葡萄酒产地，但是，中国葡萄酒产业的历史发轫于新疆的绿洲之中。

今天，中国西部的偏远地区依然能见到传统的维吾尔族酿酒技艺，尤其是在喀什一带。这种葡萄酒常被称为"幕萨莱思"（museles），在阿拉伯语中是"三角形"的意思，酒里添加了多

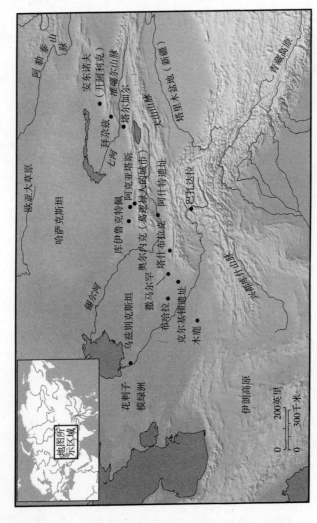

地图 4：发现植物考古学遗存的中世纪考古遗址，多为村庄或城市中心。这些遗址中大多出土了古代水果和坚果的遗存，反映了公元二千纪水果贸易的重要地位

种中亚和东亚出产的水果和香料以增添风味。新疆的绿洲上至今仍在种植许多丝绸之路上的关键水果和谷物，包括高粱（在很大程度上取代了粟米）、大麦、棉花、瓜、枣、杏和石榴。

吐鲁番是古代丝绸之路上的大型绿洲城市，它一度是连接古代中国与中亚的纽带。吐鲁番盆地是一片可耕地，为穿越沙漠的商旅提供新鲜的水和食物。今天，吐鲁番的葡萄酒酿造工艺在很大程度上已经被欧洲同化，不过，当地传统的酿酒技艺早在公元前一千纪中期便在丝绸之路沿线孕育而生。在 1900 年至 1931 年对丝绸之路进行的 4 次考察中，奥莱尔·斯坦因和他的团队在塔里木盆地的现代城市民丰县以北发现了一处名为尼雅的古村落，在该处遗址发掘出了完整的葡萄园遗迹和保存完好的古葡萄藤（Stein, 1932）。尼雅遗址还出土了其他手工制品，包括古罗马钱币和饰有古典纹样的纺织品，让人们得以确定遗址以及其中的葡萄园的年代——据此推断，该遗址可追溯至公元前一千纪末期。有些学者将葡萄最早传入新疆的时间确定在大约公元前 3 世纪或 4 世纪。支持这一判断的证据有山普拉古墓群 01 号墓 01 号墓室中出土的挂毯，挂毯上的花纹似乎是一串葡萄（见图 16）。对墓室内材料的放射性碳年代测定表明，其年代接近公元 1 年。虽然山普拉没有发现葡萄籽，但是古墓群中的其他墓葬出土了其他沿丝绸之路传播的关键农作物，包括薏米、桃、杏、胡桃、沙枣、黍和青稞（Jiang et al., 2009）。

同样在吐鲁番盆地，距离山普拉不远的洋海古墓出土的证据显示，新疆种植葡萄的历史其实更加悠久。洋海古墓的墓葬沿绿洲边缘分布。墓群中出土了一根长 116 厘米的葡萄藤，对这根

179

图 16 新疆山普拉古墓群（约公元前 1 世纪）
出土织物上的图案临摹，艺术史学家认为这
是一串葡萄
　　根据 Jiang et al, 2009. 调整后绘制

葡萄藤进行的微观形态学研究表明，新疆早在公元前 390 年至前
210 年便已有葡萄种植。洋海古墓群还发现了其他数种丝绸之路
沿线的关键农作物，包括大麻酚浓度很高的大麻、用于装饰的野
生小花紫草（*Lithospermum offcinale*）的种子、据推测应为野生
种的刺山柑（*Capparis spinosa*）（Jiang et al., 2009）。仅 2003 年
一年，洋海古墓群就发现了近 500 座坟墓。

　　据《史记》记载，是汉使张骞在公元前 128 年的凿空之旅将
葡萄从费尔干纳（大宛）引入了中国（Qian, 1993）。当张骞历尽
艰辛从西域返回汉朝的疆土之后，据说他曾提到葡萄酒的酿造，
还称中亚"富人藏酒至万馀石"（约 38000 升）。据张骞所述，这
种酒"久者数十岁不败"，因此成为其他农作物无法媲美的、能

180

够作为财产长期积累的产品。

显而易见，在张骞出使西域之前的数百年里，中国的西域一带早已对葡萄酒有所了解。张骞从西域带回的可能是某个产自大宛（今乌兹别克斯坦境内的费尔干纳地区）的特定葡萄品种，又或许是张骞在大汉帝国的核心——长安一带使葡萄种植得到了普及。关于东亚早期消费的酒的品种，历史文献记载很不明晰，主要是因为汉语"酒"一词有各种不同的翻译。《神农本草经》中提到葡萄可用于酿酒，这部著作应当成书于公元 1 世纪至 2 世纪，但大多数历史学家认为，这本书主要是对年代更早的某部典籍的辑录（Huang, 2000; Huang et al., 2008）。同样，在三国时期（220—280）魏文帝曹丕（字子桓）保存至今的一份诏书中，也提到了葡萄酒的甘美，将其与粮食酿造的酒相提并论（Huang, 2000）。汉使前往西域并未实现与中亚游牧民族大月氏联手对敌的使命，无论葡萄酒传入长安究竟是不是凿空之旅的功劳，古代亚洲真正的葡萄酒酿造者和贸易商——四海为家的粟特人——还要等待好几个世纪才能登上历史的舞台。

许多历史记载和艺术文献都充分体现出葡萄酒在公元后一千纪里对粟特（中亚古国）和新疆诸城邦的重要性。塔吉克斯坦北部穆格山城堡（7—8 世纪）出土的粟特文献证实，当地葡萄酒消费金额和销售数量都很庞大（Yakubov, 1979）。从这些文献来看，葡萄酒常常作为礼物赠送给宾客，或者用于付款，同时也是敬献给政要的礼品。在穆格山城堡遗址出土的各种水果遗存中，人们发现了葡萄的种子（Danilevsky, Kokonov, and Neketen, 1940）。新朝（9—23）编年史中则有记载称，大宛生产葡萄和葡萄酒，粟特人喜爱葡萄酒和舞蹈（Laufer, 1919）。综合中国古代早期的历史文献，历史学家注意到，许多记载都提到葡萄酒是大宛的主要饮品。历史文献还提到，粟特人在罗布泊（蒲昌海）建立了一个名为"葡萄城"的聚居地，据说城池中心便是一座葡萄园[1]（Yakubov, 1979）。一部据说是梁元帝（552—555 年在位）所写的典籍中记载，月氏善酿酒[2]，不过这可能只是借用了《史记》中的描述（Laufer, 1919）。范晔（398—446）编纂的《后汉书》中记载，新疆小镇哈密种植葡萄、稻米、两种粟米、小麦、豆类、桑和大麻[3]。此外，在提及栗弋国（当代大多数学者认为"栗弋"即为"粟特"）的篇章中，作者提到马、牛、羊，以及葡萄等各种水果和葡萄酒都是当地的物产[4]（Hill, 2009）。

　　直到唐代以前，葡萄酒对中原地区而言始终是异域商品。在公元 5 世纪，葡萄和葡萄酒仍需从西域进口（Schafer, 1963）。不过，葡萄酒很早便在政坛和精英阶层中扮演起了重要的角色。公元前一千纪中期的几则故事便提到，官员收受米酒或葡萄酒贿赂，葡萄酒被作为献礼，甚至成了毒杀政敌或者在谈判期间灌醉对手的手段。《后汉书》中便有这样一则故事：扶风孟佗向政府官员行贿，以一斛（约 20 升）葡萄酒谋得凉州（今甘肃和宁

1　敦煌五代写本《寿昌县地境》记载：葡萄城，康艳典筑。在石城北四里。种葡萄于城中，甚美，因号葡萄城也。（见《敦煌地理文书汇辑校注》）——译注

2　梁元帝萧绎《金楼子》：大月氏国善为葡萄花叶酒，或以根及汁酝之，其花似杏而绿心碧须，九春之时，万顷竞发，如鸾凤翼，八月中风至，吹叶上伤裂，有似绫纨，故风为葡萄风，亦名裂叶风也。——译注

3　《后汉书·西域列传》：伊吾地宜五谷、桑麻、蒲萄。——译注

4　《后汉书·西域列传》：栗弋国，属康居。出名马、牛、羊、蒲萄众果，其土水美，故蒲萄酒特有名焉。——译注

夏一带）刺史之位。在酒中下毒谋杀的故事更是常见（Sterckx, 2011）。据说，许多帝王或重要的政治人物大部分时间都酩酊大醉。

反映中原王朝有规律地从中亚进口葡萄酒的线索之一是，公元3世纪至8世纪中叶的中国考古遗址中出土了大量装饰华丽的金银酒器。这些酒杯和酒碗饰有中亚风格的图案，有些甚至有古希腊罗马的特色纹样，比如莨苕叶（Watt et al., 2004）。这些酒碗在唐代风行一时，因为中原的军事力量进入中亚，控制了丝绸之路的大部分地区。粟特或中亚风格饮器最精彩的典范出自唐都长安城外的何家村。整个中国西北的古墓和佛教壁画艺术中都出现了对类似饮器的描绘，而且与古希腊的艺术风格存在千丝万缕的联系（见图17）。奥莱尔·斯坦因在1900年2月发掘米兰（Miran，又译密阮）古城的佛教遗迹时，对佛塔回廊外壁上的壁画进行了描述，壁画的年代在公元4世纪左右。壁画中绘有古希腊—古罗马式的天使、欢度节日的盛大场面，还有推杯换盏的年轻人（Mirsky, 1977）。

到了唐代，葡萄酒在整个帝国范围内流行起来，逐渐走入工匠和诗人当中。提到葡萄酒（或者广义上的酒）和借酒解忧的中国古诗数不胜数。传奇诗人李白（701—762）淋漓尽致地歌咏葡萄酒的好处，其中最重要的一点便是浇愁。《春日醉起言志》是他最负盛名的诗篇之一。李白是因为爱酒而被称为"饮中八仙"的长安唐代诗人之一。在这一历史时期，葡萄迅速受到唐朝人的欢迎，这或许与大唐帝国的繁荣以及对异域特产的需求增长有一定的关系。

182

图 17 甘肃天水一座公元 6 世纪或 7 世纪的粟特墓葬中出土的石棺床陪葬石刻。艺术史学家认为，这幅图像描绘的是敬奉酒神狄奥尼索斯的庆典，酒从喷泉中倾泻而出，人们拿着大酒壶开怀痛饮。石刻现存于天水市博物馆

摄影：魏骏骁（Patrick Wertmann）

还有一个推动葡萄和葡萄酒普及的事件可能是大唐帝国在 641 年征服了吐鲁番附近的高昌国，这巩固了大唐帝国对丝绸之路的控制，可能使一种富有传奇色彩的地方葡萄品种——马奶子葡萄——从中亚传入中国。这种葡萄在山西太原广泛种植，许多唐诗歌颂了它。647 年的一份史料记载，这种葡萄可结出长达 2 英尺的葡萄串（Laufer, 1919）。[1]《唐书》（第200 章）称，马奶子葡萄是与酿酒技艺一同直接敬献给唐太宗（598—649）的贡品；太宗皇帝随后将这种葡萄和酿酒的知识传授给了唐朝子民[2]。新疆和中亚仍被誉为最上乘的葡萄酒的产地，甘肃凉州出产的葡萄酒也饱受赞誉，有些歌咏凉州葡萄酒的诗篇流传至今（Huang, 2000）。

184

唐朝的发展兼容并蓄、气象万千，最能体现其世界性的便是以葡萄酒、中亚音乐和舞者为特色的宴会——胡人舞者因其异域风情而在大唐都城广受赞誉。唐都长安内有许多酒肆，特别是在围墙环绕的西市内，长宽各 1 公里的礼泉坊尤以酒肆而闻名（Wertmann, 2015）。在西市的波斯聚居区（波斯邸），粟特人开设的酒铺酒坊极具吸引力，胡姬的表演是其一大亮点。这些商铺是文化交流和商贸谈判最密集的核心场所。

通过加强在今日新疆一带的军事力量，唐朝进一步巩固了对丝绸之路西部地区的控制。当异域商品大量涌入大唐时，葡萄酒

---

1 《唐书》：太宗时，叶护献马乳蒲萄，一房长二丈馀，子亦稍大，其色紫。——译注

2 《唐书》：蒲萄酒，西域有之，前跟或有贡献，人皆不识。及破高昌，收马乳蒲萄实，於苑中种之，并得其法酒。太宗自损益造酒，为凡有八色，芳辛酷烈，味兼醍盎。既颁赐群臣，京师始识其味。——译注

不再只属于精英阶层，就连士兵和平民也可以享用中亚的葡萄酒。8世纪唐代诗人王翰便在诗中构想出一名士兵的经历（Liu, 2010）。

> 葡萄美酒夜光杯，欲饮琵琶马上催。
>
> 醉卧沙场君莫笑，古来征战几人回？

在中国境内的数座粟特墓葬出土的随葬物品中，饰有绘画或雕刻图案的石棺床（石榻）引起了学者的注意。甘肃天水发现的一座石棺床年代可追溯至公元6世纪或7世纪，其特点是石屏上的彩绘和浮雕描绘了敬奉酒神狄奥尼索斯和酿造葡萄酒的场景，场景取材于年代较晚的古罗马神话（见图18和图19）。艺术史学家将中国本土的古典形象与丝绸之路上的各种题材联系在一起，甘肃敦煌发现的一份保存完好的古代文献《安城祆咏》便是其中一例（Wertmann, 2015）。在天水石屏上，两个形似欧洲石像鬼的喷泉喷出葡萄酒倒入瓮中，旁边是祆教神庙的火坛。片吉肯特的壁画中出现了极为相似的场景，同样体现了古典主义和祆教传统的融合。公元一千纪晚期，这一类图像艺术和文学作品在中国屡见不鲜，中亚乐手、胡旋舞者、用酒樽和酒杯享用葡萄酒的题材层出不穷。

葡萄酒与醋：一段历史

中国有36种葡萄属植物，大部分仅在南方生长（Wu, Ravens, and Missouri Botanical Gardens, 2006）。这些葡萄属植物中唯一具有经济价值的是山葡萄。这种抗霜冻能力出色的葡萄在俄罗斯和中国北方种植，不久前与欧洲葡萄杂交出了更强

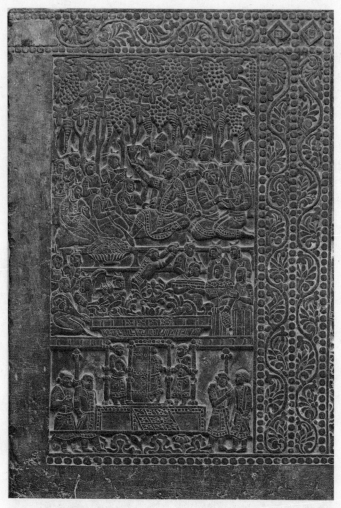

图 18 安阳粟特墓出土的石屏，创作年代可能是北齐（550—577）。画面中，葡萄架下正在举行庆祝活动，一串串葡萄沉甸甸地挂在枝头，一位身穿中亚风格盛装的男性坐在正中间，手举华美的角杯饮酒

图片来源：波士顿美术博物馆

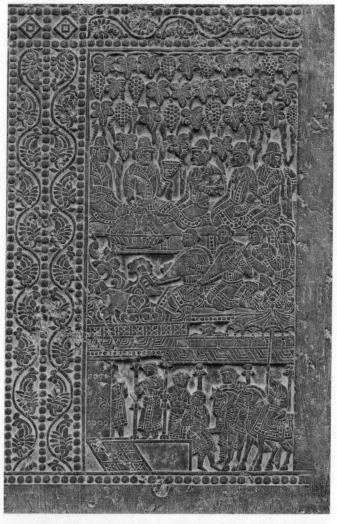

图 19　安阳墓石棺床的另一面石屏。画面上半部分表现的是在葡萄架下饮酒聚会的场面。下半部分，粟特乐师在演奏各种典型的中亚乐器。葡萄酒想必是社交和政治场合不可或缺的组成部分

　　图片来源：波士顿美术博物馆

壮的品种。这种葡萄很有可能在过去100年里才引种到中国东北部。中国南部多地的植物考古学发现则清楚地表明，在欧洲葡萄引进之前，中国先民采集本土野生种葡萄已有上千年历史（Jiang et al., 2009）。

欧洲的鲜食葡萄是所有欧洲葡萄酒的源头，而它的祖先则是生长在欧洲南部和西南亚的野生葡萄。现代欧洲的鲜食葡萄多为无性繁殖的无核品种，这给遗传学和植物考古学研究带来了困难。驯化型鲜食葡萄为雌雄同株，但其野生祖先是雌雄异株（雄花和雌花开在不同的植株上）。不同鲜食葡萄的形状、颜色和甜度都差异巨大。

鉴于其在文化和经济方面的重要地位，欧洲葡萄得到了考古学家、历史学家和遗传学家的极大关注。2010年，学界对葡萄的植物标本和基因库样本进行了大规模的遗传研究，试图探寻栽培型和野生型葡萄种群的全基因组模式以及遗传变异。这项研究为葡萄最早在西南亚种植的观点提供了佐证，同时也发现葡萄在向欧洲传播的过程中与多个野生品系发生了大量杂交。遗传学家还认为，葡萄的驯化瓶颈效应[1]较弱——这意味着野生种群和人工栽植的种群之间存在密切的关系；上千年的无性繁殖让栽培品种的葡萄各自保持独立。用长远的眼光来看，无性繁殖是一把双刃剑，一方面可以固定优势栽培品种的理想性状，另一方面却让植物的遗传基因停止了发展的脚步，破坏了基因的多样性，使植物

188

1　驯化瓶颈（domestication bottleneck）：指在驯化过程中，野生群体只有一部分个体被用于人工养殖和驯化，从而使驯化群体的种群数量相较于野生群体急剧减少，基因组的多样性大大降低。——译注

更易受到病虫害的侵袭，导致现代葡萄酒产业每隔一段时间便会遭受灭顶之灾（Myles et al., 2010）。

内奥米·米勒在《比葡萄酒更甜美》（*Sweeter than wine*）——这篇颇具影响力的论文中论述道，人类最初种植葡萄并不是为了酿造令人飘飘欲仙的饮品，而是因为葡萄滋味甜美，在尚未出现蔗糖的世界里相当珍贵（Miller, 2008）。在公元前六千纪西南亚地区的大陶缸中检测出酒石酸的残留，而酒石酸是葡萄酒存在的标志，这表明当时的人类已会用陶缸储存葡萄酒。不过，米勒认为这种葡萄酒很可能是用野生葡萄酿造的，并且葡萄种植在此之后的3000年里都未得到普及（McGovern et al., 1996; Miller, 2008）。位于伊朗西北部乌鲁米耶湖流域的哈吉费鲁兹遗址（Hajji Firuz）出土的一件容器中同样检测出了酒石酸残留，这是关于人类酿造葡萄酒的最早证据（在遥远的格鲁吉亚，考古发掘也获得了同一时期的证据）（McGovern et al., 1996）。这件容器曾经装有9升液体，而附近一处遗址出土的另一件容器容量则高达50升。考虑到这些容器的体量，有学者提出争议，认为它们盛装的是葡萄酒而不是醋，因为一个家庭可以消耗50升酒，却用不完50升醋。伊朗戈丁特佩遗址发现的公元前四千纪的陶器中也检测出了酒石酸残留。戈丁特佩已不在野生葡萄自然生长的范围之内，因此，这或许是早期人工栽植葡萄的证据（McGovern, 2003）。

植物考古学在西南亚和伊朗高原发现的葡萄籽遗存可以一直追溯到更新世。早在第一批原始人迁居到地中海一带时，葡萄便吸引了人类的注意力。毫无疑问，早在驯化葡萄之前，人类便会从野生葡萄藤上采集这种果实。不过，确定人类最早栽种葡萄的时间是一个极为复杂的难题，因为我们无法从植物考古学发现的证据中检测出植物驯化的形态学标志（比如甜度提高、果肉含量提高、植株雌雄同体以及一串葡萄上的果实数量提高等）。葡萄籽往往能够完好地保存下来，但我们无法通过葡萄籽的形态对野生葡萄和早期栽培型葡萄予以区分。

在对土库曼斯坦南安纳乌的纳马兹加 V—VI 期遗址（约前2500）进行的发掘中，我们发现了欧亚大陆中部最古老的葡萄遗存物证（Harrison, 1995）。而中亚南部的其他纳马兹加 V 期遗址（约公元前 2000 年）——例如古诺尔特佩和贾尔库坦——也都发现了葡萄籽，这说明公元前三千纪晚期中亚南部已有人工栽植葡萄的活动（Moore et al., 1994）。在巴基斯坦，公元前 2000 年的美赫尕尔哈拉帕文化遗址也发现了人类栽种葡萄的痕迹，主要证据是葡萄藤的存在（Miller, 2008）。植物考古学家还在克什米尔的布鲁扎霍姆发现了一根年代在公元前 1700 年至前 1000 年的葡萄藤（Lone, Khan, and Buth, 1993）。在乌兹别克斯坦南部苏尔汉河州，公元前 6 世纪至公元前 4 世纪的阿契美尼德王朝古城克孜勒捷帕发现了葡萄籽的碎片（Wu, Miller, and Crabtree, 2015）。此外，在吉尔吉斯斯坦奥什州地区的几处 5 世纪至 7 世纪遗址——库尤克特佩（Kuyuk Tepe）、蒙恰特佩，5a 定居点和图代卡郎（Tudai Kalon）的泥砖碎片中均发现了葡萄籽碎片（Gorbunova, 1986）。在丝绸之路沿线的乌兹别克斯坦小镇塔什布拉克（年代在一千纪晚期），人们在镇中心一处窖穴的浮选样品中发现了 39 份葡萄籽和葡萄梗（支撑果实的短茎），甚至还有一粒完整的碳化葡萄果实（见图 20 和图 21）（Spengler III et al., 2018）。

在中亚更靠北的地区，位于哈萨克斯坦的图祖塞遗址在数次发掘中出土了大量葡萄籽，这表明公元前 4 世纪的丝绸之路北线已有葡萄栽植。葡萄籽数量之多说明葡萄是在当地种植的（Spengler Ⅲ, Chang, and Tortellotte, 2013）。另外，图祖塞遗址附近便是塔尔加尔河冲积平原，今天这片冲积平原上还分布着许多葡萄园。如果中亚北部在青铜时代向铁器时代的过渡期便已存在葡萄种植活动，那不仅意味着当地人对植物种植投入了巨大的成本，还说明该区域的土地利用情况与大多数学者所认为的完全不同。葡萄属于次要农作物，一般情况下，只有在主要粮食作物得到保障之后，葡萄才会成为经济体系中的组成部分（Fall, Falconer, and Lines, 2002; Sherratt, 1981; Sherratt 1983）。

苏联学者认为他们在考察中发现了数座公元一千纪时期的酿酒厂，其中某些酿酒厂还发现了保存完好的葡萄籽。吉尔吉斯斯坦奥什州克尔基顿聚落的 5a 定居点便是最好的例子。一位参与该项目的考古学家根据 19 世纪后期对撒马尔罕酿酒厂的民族历史学记载，重现了这座酿酒厂的原貌（Gorbunova, 1986）。据他所述，酿酒厂内有两根平行的木梁作为支撑，上面堆放着柳枝或骆驼刺属（Alhagi sp.）植物的枝条，等待压榨的葡萄就平摊在枝条上。工人用脚踩压葡萄，葡萄汁沿管道流入大桶中进行沉淀。克尔基顿古代酿酒厂有两个用于沉淀葡萄汁的大桶（每个容量约 400 升），两条砖砌管渠通向这两个埋在地里的沉淀桶，用于砌造管渠的砖块经过烧制处理。在这些所谓的酿酒厂中，最古老的一座位于中亚南部，年代可能早至贵霜帝国时代。

中亚地区其他酿酒厂的年代可以追溯到中世纪：其中一座酿

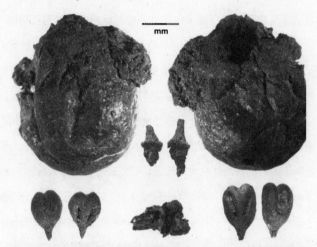

图 20 一颗保存完好的葡萄的正视图和后视图，以及两根葡萄梗和一粒破碎的、附有一些果肉的葡萄籽（底部中央）。另有两粒葡萄籽的背面观和腹面观（左下和右下）。均出土于乌兹别克斯坦的塔什布拉克（900—1200）

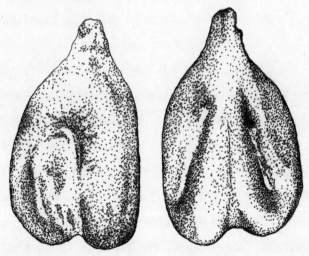

图 21 保存完好的碳化葡萄籽粒的两面植物科学画，出土于乌兹别克斯坦的塔什布拉克（900—1200），FS25

192 酒厂坐落在塔吉克斯坦泽拉夫尚河谷的丝路古都片吉肯特城外，
一座酿酒厂位于七河地区的卢格瓦伊 B（Lugovoye B）聚居点，
还有一座在哈萨克斯坦天山山脉楚河河谷的撒日格（Saryg）城
外（Gorbunova, 1986）。片吉肯特古城的居民区年代在公元 7 世
纪至 8 世纪，苏联对这一区域的考古发掘发现了许多配备压榨设
施和大型陶制酒缸的酿酒厂（Yakubov, 1979）。除此之外，土库
曼斯坦南部的好几处古代城市遗址都发现了故意埋入地下的大桶
（280 升—300 升）；保存最好的出自今天阿什哈巴德附近的尼萨
（Nisa）遗址，在乌鲁特佩（Ulug Depe）也十分常见（Lippolis
and Manassero, 2015）。这些发现与中世纪波斯伟大的思想家莪
默·伽亚谟（Omar Khayyam，卒于 1131 年）所描述的酿酒过程
相吻合。莪默·伽亚谟提到，葡萄经过压榨后，汁液流入大桶；
他还写道，葡萄酒会像锅中的沸水一样起泡，但并没有放在火
上加热——这就是发酵的过程（Yakubov, 1979）。

　　这些容器有许多发现于房屋结构内部，其中有一些可能是
用来储存淡水的。但是，一些容器中散落着刻有文字的碎陶片
（ostraca，又称贝骨书），陶片上的文字表明这些容器或许是用
来储存葡萄酒的。尼萨遗址的刻字碎陶片出自公元前 3 世纪中叶
至公元 3 世纪中叶，文字中有一系列关于葡萄酒的记载，涉及
酒的质量和年份，以及酒是否已变成醋（Lippolis and Manassero,
2015）。有些文字甚至提到葡萄酒呈白色或玫瑰色，还有一些刻
字陶片提到了葡萄干、面粉、油、亚麻籽、芝麻籽、小麦和大麦
（Lippolis and Manassero, 2015）。

　　在七河地区，多处遗址发现了被称为"胡姆"（khum）的粟

特葡萄酒容器，其边缘多刻有关于饮酒的铭文。这些铭文中有许多可以追溯到 8 世纪或 9 世纪。其中，1988 年出土于红列奇卡（Krasnaya Rechka）的一件容器上刻有如下铭文："若不知失去了什么，又怎知自己财富几何。所以，想喝就喝！"（Livshits, 2015）而在 1941 年，红列奇卡以西约 20 公里的新波克罗夫卡（Novopokrovka）附近出土的酒器铭文则写道："愿此美酒供良辰。"（Livshits, 2015）除此之外，片吉肯特与穆格山等中亚其他遗址发现的粟特铭文中，对葡萄酒、谷物或面包的出售均有提及。

由阿尔沙克一世（约前 250—前 211）建立的尼萨古城一度是帕提亚王国的政治中心。尼萨古城遗址坐落在土库曼斯坦南部和伊朗的交界处，距阿什哈巴德约 18 公里。在罗马时期，这座城池想必是丝绸之路上至关重要的一站。其丰富的艺术、建筑等物质遗存呈现出强烈的受希腊文化影响的色彩，具有鲜明的亚历山大大帝遗风。在 20 世纪 50 年代至 70 年代，苏联对该遗址进行了大规模考古发掘，出土了类型广泛得令人吃惊的精美物品（Pilipko, 2001）。比如大量用象牙制成的来通杯（角状酒器），其边缘和底部的金银雕饰极为细腻（见图 18），其工艺之精湛说明它们是仅限精英阶层使用的具有礼仪性质的酒器。来通杯上饰有奥林匹亚众神、神话传说中的动物和其他希腊人物的形象，反映出希腊文化对中亚有着强烈而持久的影响，也体现出酒神的狂欢与中亚饮酒传统之间有着密切的文化联系，这种联系在阿拉伯人征服中亚之后依然持续了很久（Pilipko, 2001）。

在丝绸之路沿线，其他反映葡萄栽培活动的饰物证据还包括片吉肯特城堡发现的一座门框，门框的灰泥上印有一串葡萄的图案（Lyre, 2012）。中世纪的片吉肯特一带曾是繁忙的交通要道，尤其是在喀喇汗王朝时期——当时的帝国分裂为两部分，分别定都于撒马尔罕和喀什噶尔[1]。在出土于片吉肯特的异域商品之中，有阿拉伯语文书证明商贸往来的存在，还有来自中国和中亚各地的钱币（Lyre, 2012）。中世纪古城布哈拉出土了一座同样饰有葡萄藤纹样的门框，现存于布哈拉市的雅克要塞博物馆（Ark Fortress museum）。

在阿拉伯人征服西南亚并贯彻禁酒的伊斯兰教习俗之后，葡萄依然是西南亚特色饮食中不可或缺的组成部分。许多古代地理学家提到了葡萄的种植。据10世纪地理学家伊本·哈卡尔记载，幼发拉底河上游地区广泛分布着葡萄园，穆卡达西也提到了这一点。伊本·阿瓦姆探讨了种植葡萄的正确方法。这些记载中有许多提到葡萄园需要灌溉，而在收获前短暂停止灌溉的做法能够提高果实的品质。从西南亚到新疆，葡萄藤都搭在高高的棚架上，这样不仅能在炎热的夏季为人们遮阴，还能为柔弱的果实遮挡烈日。人们常常在荫凉的葡萄架下欢歌宴饮。在中世纪的亚洲，葡萄被加工成葡萄干或称为迪卜斯（dibs）的葡萄糖浆；除此之外，葡萄也可作为鲜果食用，或者用来酿造葡萄酒（与后来的伊斯兰习俗相反）（Ibn Hawqal, 1964; Miquel, 1980）。

---

[1] 约1041年，喀喇汗王朝正式分裂为两部分，西汗为阿里后裔，通称阿里系，领有河中地区及费尔干纳西部，以撒马尔罕、布哈拉为都城；东汗为哈仑·卜格拉汗后裔，通称哈仑或哈散系，领有怛罗斯、白水城、石城、费尔干纳东部、七河流域和喀什噶尔，以八剌沙衮为政治、军事都城，以喀什噶尔为宗教、文化中心。——译注

早在公元前三千纪晚期，中亚南部便确立了葡萄种植的习惯。而在中亚北部，葡萄种植又过了两千多年才得到普及。尽管如此，葡萄最终还是成为丝绸之路上备受赞誉的水果，在内亚的沙漠绿洲和山麓丘陵地带广泛种植。葡萄酒也随之成为古代世界重要的商品之一，它可以储存数十年不坏，是将农产品转化为财富的一个重要手段。得益于丝绸之路，商旅用皮袋装着葡萄酒，用大桶装满葡萄干，带着无比珍贵的葡萄品种种子，沿着中亚的贸易路线穿梭往来。现如今，葡萄酒已成为欧洲和亚洲传统烹饪中必不可少的元素。

苹果

禁果的故事

关于人最初违反天神命令

偷尝禁树的果子，把死亡和其他

各种各色的灾祸带来人间，并失去

伊甸乐园，直等到一个更伟大的人来，

才为我们恢复乐土的事。

请歌咏吧，天庭的诗神缪斯呀……[1]

——约翰·弥尔顿，《失乐园》

约翰·弥尔顿和《创世记》的作者都不曾明确提到伊甸园里的禁果就是苹果。然而，欧洲传统神话中充斥着对苹果的威力和

196

---

1 中文选自朱维之译《失乐园》，人民文学出版社，2019 年 5 月。——译注

图 22 2018 年，一名年轻女孩在布哈拉集市上卖葡萄。她正在展示的是撒马尔罕当地的一个小葡萄品种。今天的中亚拥有数百个地方葡萄品种。每个农产品市场都有许多特色品种，每一种葡萄都有自己独特的风味和质地

威胁的叙述。后来，在《失乐园》中，弥尔顿的确提到了苹果，他利用"苹果"的拉丁文属名"malus"与英文中的"恶意"一词"malicious"玩了一个文字游戏。对特洛伊的帕里斯王子来说，苹果是性魅力的标志。而在《白雪公主》中，心怀嫉恨的继母却用毒苹果对白雪公主施下了诅咒。

到了近代，欧美流行文化终于为苹果正名。苹果的传播是美国西部拓荒传奇的组成部分，这在某种程度上要归功于"苹果籽约翰尼"（约翰尼·查普曼）（Pollan, 2001）。发酵苹果酒或高酒精度的苹果酒在北欧和英国一直很受欢迎，也因此成了北美早期殖民地经济中的重要组成部分，每一名欧洲殖民者都会在北美种下一棵或几棵苹果树用来酿造苹果酒。大多数苹果酒含有较高浓度的酒精，在美国禁酒令时期（1920—1933）失去了市场。最终，闪闪发亮的红苹果在美国文化中得到了净化，不再是酒精饮料的标志，转而赢得了有益健康的好名声。苹果成了送给教师的传统礼物，据说其有益健康的功效可以让人远离医生。在一本研究苹果历史的通俗科学作品中，索尔·汉森（Thor Hanson）指出，这种水果从"在哈萨克斯坦山区驯化的单一物种发展出数以千计的品种——除了南极洲以外，人类在每座大陆上都种植了苹果"（Hanson, 2015; Juniper and Mabberley, 2006）。

亨利·戴维·梭罗在其著名的随笔《野果》中指出："苹果树的历史与人类的历史如此紧密交缠，这真是不同寻常。"（Thoreau, 1862）的确，苹果与人类的关系密切且复杂，跨越了至少5000年的岁月。苹果的故事从丝绸之路开始。美国苹果派、苹果汁、苹果酒、苹果烤奶酥、苹果油饼、苹果酱和苹果蜜饯，这一切都起源于天山山脉的几条河谷。近年来，遗传学研究使关于苹果的诸多争议有了定论。尽管如此，苹果的祖先谱系依然极其复杂。物种之间的无性繁殖、同系近亲繁殖和自我复制形成了一份比蛛网还要错综复杂的进化树图谱。对于种植者而言，苹果的美并不在于其玫瑰色（绿色或黄色）的外皮，而在于它的遗传基因富有多样性和可塑性，在于它拥有与其他苹果属物种、与其他苹果远亲品系杂交的能力，也在于它可以轻松嫁接到不同砧木上进行无性繁殖的便利性。

　　你的苹果派里的苹果很可能只是得到商业推广的数十种苹果中的一种，嫁接在大约十种广泛使用的砧木中的一种上。而苹果属植物（包括野生型和驯化型）无论在过去还是现代都拥有庞大的遗传多样性。今天我们熟悉的硕大、甜美又高产的品种原产于丝绸之路。现代苹果的真正祖先是新疆野苹果，迈克尔·波伦在《植物的欲望》中对这一物种进行了富有浪漫色彩的描述（Harris, Robinson, and Juniper, 2002; Cornille et al., 2012; Cornille et al., 2014; Pollan, 2001）。今天哈萨克斯坦的东南部还有幸存的野生苹果树种群，结出的果实呈现出明显的表型变异：果实直径约 8 厘米（勉强超过 3 英寸），颜色有绿有红，口味有甜有酸。为绘制苹果的基因组图谱以及探究其驯化状态而进行过大规模研究的遗传学家称，古人带着最初驯化的苹果种子"沿着被称为丝绸之路的伟大贸易路线一路西行，沿途又遇到了其他野生苹果，比如西伯利亚地区的山荆子 [*Malus baccata*（*L.*）*Borkh*]、高加索山脉的东方苹果（*Malus orientalis Uglitz*)、欧洲的欧洲野苹果（*Malus sylvestris Mill*）"（Cornille et al., 2014, 59）。随着这些亲缘关系较远的遗传品系之间发生杂交，人类将不同苹果品种运往"丝绸之路"沿线乃至全球各地而产生遗传瓶颈效应（从较大的群体中分离出一小部分群体），人类不断由此筛选出自身想要的性状，鲍德温、布瑞本、凯米欧、科特兰、翠果、帝国（又称恩派）、幸运、富士、嘎啦、金元帅/黄香蕉（又称黄元帅）、金尊、蜜脆、泽西美、红玉、乔纳金、红旭、梅孔、麦金托什红苹果、红元帅（又称蛇果）、罗马和红宝石夫人等品种应运而生——而这只是目前全球数千个地方品种中的九牛一毛。嫁接使树木更加强韧，可以承载更沉重的果实；利用扦插进行无性繁殖可以固定品种的基因，保留所需要的性状。

苹果野生亲缘种（我们常称之为林檎）对苹果遗传基因的贡献不可小觑。欧洲野苹果在沿丝绸之路向西传播的过程中，对现代苹果品种的贡献尤为突出（Cornille et al., 2014）。苹果拥有自交不亲和的特性（单独一棵苹果树无法进行自花授粉，换言之，至少需要两棵苹果树才能结出果实），随着苹果树传遍欧洲和亚洲，这种自交不亲和性很可能促进了野生种与栽培种之间的基因流动。最终，人类与林檎（约 5000 年前生活在中亚的史前人类与新疆野苹果的某一种群）达成了"契约"，当今全球经济效益最高、分布最广的果树之一应运而生。

深入剖析这一共同进化历程的细节难度很高，很大程度上是因为证据稀缺。虽然遗传学、语言学和历史研究均有证据表明苹果曾在丝绸之路沿线广泛分布，但植物考古学实际发现的古代苹果遗存寥寥无几。不仅如此，学界几乎没有对古代碳化苹果籽进行过区分野生亲缘种和栽培种苹果的研究。另外，苹果还有两个近亲也在欧亚大陆中部被人类所驯化，同样也沿着丝绸之路得到传播，这一事实令局面变得越发复杂。这两种近亲分别是榅桲和几种梨属植物，它们的种子在形态上与苹果非常相似。尽管我们知道唐代丝绸之路上已有梨的身影，但是关于它们的历史记载极为稀少。新疆吐鲁番地区的阿斯塔那古墓群中发现了完整的脱水果实（Li et al., 2013）。中国种植了好几种梨属树种，唐代时梨已是常见的水果。梨在古典时期的地中海地区也很常见：庞贝古城的壁画上出现了梨的形象，《荷马史诗》以及泰奥弗拉斯托斯和迪奥斯科里德斯的著作里也提到了梨，他们用"apios"（ἄπιος）或相关的衍生词来称呼这种水果；老普林尼则用拉丁文称其为"pyrus"。还有一种古代种群更为广泛的蔷薇科植物欧楂（*Mespilus germanica*），这种植物的分布范围也有可能延伸到了西亚，但是我们对它的起源几乎一无所知，这种植物今天也仅在德国境内存在野生种。

199　　　欧洲多地的古代遗址都出土了林檎的植物考古学遗存，包括完整的果实和对半切开待晾干的果实（Zohary, Hopf, and Weiss, 2012）。虽然这些遗存与今日欧洲的野生品种极其相似，但是人们已无法分辨这些遗存具体属于哪些品种。某些野生形态的欧洲野苹果拥有硕大的果实，但是驯化种和野生种之间的大量基因流动为研究这些据推测出自野生种群的果实增加了难度。此外，这些考古发现与现代苹果的故事并不必然存在关联，因为许多保存至今的林檎果实和种子来自真正的野生种，其中有某些品种传入欧洲的年代早于苹果。在接触真正的苹果之前，古欧洲人食用林檎已有数千年的历史。人类食用林檎的习惯或许为欧洲野苹果和驯化品系之间的杂交提供了便利。

在幼发拉底河河口的乌尔古城附近（今巴士拉附近）的古代墓地（约前2200—前2100），普阿比王后墓中的碗碟上放有一串对半切开、脱水干燥的苹果，这一植物考古学发现意义重大。这些果实可能为野生林檎，也有可能是人工栽植却尚未驯化的苹果（Ellison et al., 1978）。脱水果实的直径为11毫米至18毫米不等（Renfrew, 1987）。生活在古都乌尔的苏美尔人已经懂得种植葡萄，甚至掌握了树木栽培的技术，苹果或许也是他们栽培的水果之一。美索不达米亚的早期楔形文字也提到了成串的苹果干，不过，鉴于指代水果的词语往往十分宽泛，推定文献所指就是苹果的做法不免有些武断。举例来说，有些学者就认为古希腊神话中赫斯帕里得斯[1]花园里的"金苹果"有可能是某种香橼果。

无论乌尔城的苹果采自野生树木还是栽培树木，美索不达米亚起码在公元前一千纪初期便有种植苹果的活动，卡叠什—巴尼亚（Kadesh Barne'a）古村出土的保存完好的小型苹果遗存足以证明这一点；但是目前仍不清楚这些小苹果属于哪个物种。卡叠什—巴尼亚遗址位于西奈半岛和以色列内盖夫沙漠的交界处。该遗址还发现了一批与之相似的对半切开、脱水干燥的苹果，年代

1 赫斯帕里得斯（Hesperides）：希腊神话中看守极西方赫拉金苹果花园的仙女三姐妹。——译注

可追溯到公元前10世纪，而且很可能出自某一栽培品种（Zohary, Hopf, and Weiss, 2012）。

　　罗马帝国时代，苹果在丝绸之路的两端都赢得了人们的喜爱。中世纪以前中亚苹果的考古学证据包括：在土库曼斯坦穆尔加布河三角洲的古诺尔特佩（前2500—前1700）发现的一颗可能是苹果籽的种子（Miller, 1999），以及我在公元前一千纪晚期的图祖塞遗址发现的一颗苹果籽（见图23）（Spengler Ⅲ et al., 2018）。这些遗址坐落在一大片野苹果林里，虽然缺乏足够的证据，但这一带的先民很可能就是最初驯化苹果的人。在乌兹别克斯坦帕米尔高原的高山丝路矿业小镇塔什布拉克发现的大粒种子（见图24）则证明，苹果是丝绸之路沿线的交易商品

图23　左：植物考古学发现的古代苹果籽的两面。右：现代苹果种子。2010年，我在天山南麓的图祖塞遗址发现了古代苹果籽。这颗苹果籽的年代约为公元前400年，是到目前为止该地区出土的最古老的苹果属/梨属植物种子，而这一地区正是学界公认的现代苹果的驯化起源地。从形态上看，它与今天该地区真正的野苹果的种子十分相似

（Spengler Ⅲ et al., 2018）。塔什布拉克聚居点位于海拔约 2200
米的高山，暮春的霜冻使该地区不太可能种植苹果。不过，从
塔什布拉克步行几小时，便可到达土质和海拔都更适合种植果
树的地方。

图 24 两颗苹果籽的侧视图。上：我家后院种
植的科特兰苹果的种子。下：乌兹别克斯坦塔什
布拉克古遗址出土的碳化种子

10

其他水果和坚果

李属水果

　　蔷薇科李属植物——包括李、桃、杏、樱桃和扁桃——随着丝绸之路沿线人员往来增长而蓬勃发展。该属的大多数核果（无论是野生种还是人工栽培种）都甜美可口，容易干燥，便于储存和运输。人工栽植的李属植物与古老丝绸之路的渊源可追溯到公元前一千纪之前：从史前时代以来，杏干和樱桃干便是中亚集市上的商品，也是篷车商队运输的货物。我在乌兹别克斯坦的塔什布拉克遗址发现了桃、樱桃和杏的种子（见图 25），这几种水果的种子在中亚多座中世纪城市遗址（尤其是 20 世纪 60 年代至 70 年代发掘的遗址）的考古报告中都占有突出的地位（Spengler Ⅲ et al., 2018）。桃在整个内亚广泛种植；在中亚西部的花剌子模绿洲，人们从公元前 4 世纪或公元前 3 世纪的考古文化层中发掘出桃的遗迹（Andrianov, 2016）。丝绸之路使亲缘关系遥远的人工栽培品种与这些水果的野生种群有机会接触，从而培育出形形色色的杂交品种。

mm

图 25　碳化的杏核，附有一些保存下来的果肉。出土于乌兹别克斯坦塔什布拉克（900—1200）。

李

欧洲李（*Prunus domestica*）可细分为 3 个演化支或亚种：欧洲李（*P. domestica ssp. domestica*）、大马士革李（*P. domestica ssp. insititia*）和青李 / 意大利李（*P. domestica ssp. italica*）。这 3 个亚种彼此可杂交，形态也高度相似。第 4 个李属亲缘种有时也称樱桃李（*P. cerasifera*），在今天的亚洲西南部和地中海东部生长。这些物种最早传入亚洲各地的时间尚不明确。在伊斯兰时代早期，叙利亚至少种植过 1 种李树（Samuel, 2001）。位于叙利亚的 10 世纪古村沙赫勒丘 I 期遗址出土了 1 枚李核，上面仍附有一些保存完好的碳化果肉遗存，表明这枚果核在碳化之前便已脱水（Samuel, 2001）。今天叙利亚种植的是中国李（*Prunus salicina*），这或许是从中国引进的；而欧洲李则有可能是从地中海地区引进的。

撒马尔罕的金桃

桃的古拉丁文名称是"*malum Persicum*"，意即"波斯苹果"，

204

与其现代分类学命名"*Prunus persica*"和俗称"波斯李"相差无几。这种命名法表明桃这种水果在古代波斯世界有着悠久的栽培历史。证据显示，桃起源于中国，后沿丝绸之路经由西南亚传入欧洲。人们常常将桃传入欧洲归功于征服波斯帝国的亚历山大大帝，然而这很可能是臆想出来的故事：亚历山大大帝被认为是将许多农作物介绍到欧洲的功臣，但事实上这些很可能并非他的功劳（Laufer, 1919）。不过，就桃而言，其传入欧洲的时间距离亚历山大大帝在位期间或许并不算太久：桃很有可能是在公元前一千纪中期从西南亚传入地中海地带的。与之类似的是，欧洲可信的最早关于桃的记载出自泰奥弗拉斯托斯之手，他说桃来源于波斯。或许他在跟随亚历山大大帝征战时见过这种水果（Theophrastus, 1916）。古典神话和艺术作品中也出现了桃的身影，比如赫库兰尼姆古城有一幅著名的壁画，画面中描绘了几个桃子和一罐水。据推测，这幅壁画创作于公元 50 年左右，随后在公元 79 年的维苏威火山爆发时被埋葬。同样提到桃的老普林尼也遭遇了与壁画相同的命运。从他的描述来看，桃似乎是不久前才被引入罗马的。桃从未在印度或南亚其他地区兴盛起来，这可能是由于当地温暖的气候，桃树每年都要经历一段低温休眠期才能丰收。

不久前，中国云南昆明附近因山体滑坡而暴露出一片地层，人们从中发现了 8 枚桃核。这一发现不同寻常，因为其年代可以追溯到上新世晚期（大约 260 万年前）（Su et al., 2015）。从形态学角度来看，这批桃核与今天中国部分地区人工栽植的地方桃品种颇为相似。古生物学家将这些桃核化石命名为昆明桃，他们认为，在人类开始栽植桃树很久之前，桃树就已经能结出硕大的果实。这些硕果内有壳厚且硬的核，非常适合通过大型哺乳动物传播，比如亚洲早期灵长类或更新世的巨型动物。早期原始人也可能在这种上新世水果的传播过程中发挥了一定作用。

桃属植物在中国各地的演化支非常多样化，尤其是在从蒙古高原到喜马拉雅山脉南麓的地理弧线一带。今天，从甘肃、新疆至乌兹别克斯坦的费尔干纳盆地，遍布野化或野生桃和杏。天山和帕米尔高原生长着一个野生亲缘种——大宛桃（Faust and Timon, 1995）。西藏东部的林芝一带，地方品种数量尤其多，有些现存的野生西藏桃树（*Prunus mira*）已有超过 10000 年的历史（Wang and Zhuang, 2001）。

很多学者主张，现代桃的驯化地和最初的人工栽植地位于中国北部和西部的辽阔区域，具体可能在西藏和云南山区（Li, 1970; Harlan, 1971; Simoons, 1990; Zeven and de Wet, 1982）。中国古代传说将桃的起源地描述为西部的昆仑山脉（Wang and Zhuang, 2001）。然而，近期植物考古学研究表明，桃可能起源于长江下游的浙江一带，为这一问题提供了新的思路（Zheng, Crawford, and Chen, 2014）。

在中国东部长江下游的河姆渡遗址（前 4900—前 4600），用于储物的窖坑中发现了桃核，说明当时的河姆渡人不仅会从野生桃树上采摘果实，而且会将桃核保留下来，以食用内部的桃仁（Fuller, Harvey, and Qin, 2007）。河姆渡人已开始尝试种植水稻，但主要还是通过采猎获取食物。位于河姆渡遗址附近，与之同期的田螺山遗址出土的古植物组合表明，当地先民也有水平较低的水稻种植活动，同时也采摘野生桃（Fuller et al., 2009）。同样在浙江省，距离两处遗址不远但年代稍早的跨湖桥遗址（前6000—前5000）也发现了桃核（Fuller, Harvey, and Qin, 2007）。在河南省龙山文化遗址和仰韶文化遗址（前5000—前3000），从事水稻种植的先民聚落遗迹中也发现了桃核——尤以杨村、石羊关、吴湾、油坊头、下毋、冀寨以及二里头文化石道乡遗址（前1900—前1500）为代表（Fuller and Zhang, 2007）。冀寨古植物组合中还有杏核遗存。

　　近期，一支中国考古学家团队编纂了一份名录，其中辑录了24处发现桃遗存的考古遗址，这些遗址大多位于长江下游，年代在公元前6000年至公元前200年。他们还注意到，同一时间跨度内的日本绳纹文化遗址也发现了两枚桃核。团队重点对跨湖桥、田螺山（前5000—前4500）、茅山（前2900—前2600）、卞家山（前2500—前2400）和钱山漾（前2200—前1900）出土的桃核进行了形态学研究，这些遗址全部位于浙江省内。研究人员注意到，良渚文化时期（前3300—前2300）的桃核变得更大，更接近现代地方品种。他们认为，公元前5500年，长江下游地区的先民已经与桃建立起了密切的共同进化关系（Zheng, Crawford, and Chen, 2014）。

　　桃是中国古代诗文中反复出现的意象。早在成书于公元前1000年至公元前500年的《诗经》中便有关于桃的诗篇（Huang et al., 2008）。在丝绸之路上的绿洲重镇敦煌出土的文献对桃和杏均有提及。新疆山普拉古墓（前400—前100）陪葬品中发现了桃核和杏核，这一发现非常有意思（Jiang et al., 2009）。而在帕米尔高原上，丝绸之路沿线城市塔什布拉克（900—1200）的遗址中也出土了桃核，这一发现体现了当塔什布拉克处于商贸全盛时期时桃在中亚的重要地位（见图 26）（Spengler Ⅲ et al., 2018）。桃和杏都传播到了印度河流域的巴基斯坦北部地区，并于哈拉帕文化晚期（前 2000 年后）抵达克什米尔（Lone, Khan, and Buth, 1993; Fuller and Madella, 2001; Stevens et al., 2016）。

mm

图 26　乌兹别克斯坦塔什布拉克遗址（900—1200）出土的半颗桃核

与苹果类似，桃在神话传说中也屡见不鲜。在中国，尤其是在道教传统观念里，桃是永生的象征。桃在中国古代备受尊崇，历史学家薛爱华甚至用这一意象来命名其关于唐代舶来品的研究专著——《撒马尔罕的金桃》（Schafer, 1963）。关于这一标题，他说中亚曾经生长着一种果实呈金色的桃树，那是公元一千纪晚期沿丝绸之路传播的最物以稀为贵的异域商品。他具体写道，康国人（来自撒马尔罕的粟特人）向唐太宗（约 629—649 年在位）献桃，桃色如金，大如鹅卵。根据大唐的法令，金桃的桃核被栽种在皇家园林里。今天，中国桃的地方品种五花八门，色泽从黄褐色、黄色到红色不等，体型从拳头大小到扁圆如甜甜圈（如蟠桃）各异。

桃树因果实甘甜、花朵娇艳、枝叶秀美而为人称颂，是东亚艺术中常被描绘的植物之一（Simoons, 1990）。中国的水墨山水画是一项至少有 2000 年历史的传统艺术，桃花盛开的桃树是水墨画里时常出现的意象。重要人物的肖像常被描绘为手捧一颗寿桃的形象。根据传说，寿桃出自西王母仙宫瑶池的蟠桃园，那棵桃树每 3000 年才结一次果。这则神话凸显了中国古人认为"桃来自西域昆仑"的观念。而吴承恩于 16 世纪创作的《西游记》则演绎了另一个传说：美猴王孙悟空偷吃了使人长生不老的仙桃。中国艺术家也常常描绘猴子捧桃的形象。

中国古代歌咏桃的诗文数不胜数。陶渊明（365—427）的许多诗篇都以桃为主题，其中最著名的便是写于 421 年的《桃花源记》。而在另一首诗中，作者则用桃树隐喻年轻的新娘。

桃之夭夭，灼灼其华。之子于归，宜其室家。

桃之夭夭，有蕡其实。之子于归，宜其家室。

桃之夭夭，其叶蓁蓁。之子于归，宜其家人。

（《诗经·周南·桃夭》）

中国古代还有用桃木刻成小雕像和其他符咒的习俗，这是因为有桃木可以辟邪的说法（Simoons, 1990）。雕有精巧图案的桃核和橄榄核可作为护身符佩戴。观赏桃树在中国各地广泛种植，人们只为欣赏桃花，而不为采收果实。

桃也是中亚和波斯世界古代文献中反复出现的主题。《巴布尔回忆录》中屡次提到桃（Bābur, 1922）。阿卜杜勒·法兹勒（Abdul Fazal）在 16 世纪创作的《阿克巴则例》（*Ain-i-Akbari*）中记述了莫卧儿皇帝阿克巴的统治概况，也提到了桃和其他几种中亚果品，包括苹果、开心果、石榴、扁桃仁和榅桲（Fazl, 1873–1907）。桃不仅在文献中频繁出现，考古学发现的证据也证实了桃作为种植水果的重要性。在叙利亚北部的迪班 5 号（Diban 5）遗址，从 8 世纪中叶至 9 世纪的文化层中出土了一枚桃核（Samuel, 2001）。而在同样位于叙利亚的梅达村遗址，一座 12 世纪的炉灶里也发现了 1 枚桃核（Samuel, 2001）。在伊朗西北部赞詹省的切拉巴德盐矿，考古学家发现了伊朗高原迄今为止保存最为完好的古代植物遗存。1994 年，在矿井里劳作的矿工无意中发现了后来被命名为"盐人 1 号"（Salt Man 1）的人类遗骸，其年代距今有 1700 年。洞穴中的盐度很高，一系列惊人的古代遗物因而得以留存至今，且保存状态极佳，其中包括谷物、水果和坚果。水果中便有可追溯到阿契美尼德时期（前 550—前 330）的桃核和杏核（Chehrābād Salt Mine Project, 2014），还有阿契美尼德时期的西瓜子遗存——这是这种非洲驯化植物在西南亚存在的最早证据。此外还有萨珊王朝时期（224—651）的沙枣核、无花果籽、葡萄籽和葡萄梗、胡桃壳以及橡子的遗存（Chehrābād Salt Mine Project, 2014）。水果的多样性进一步证明，在公元前一千纪至近现代的漫长历史中，西南亚地区的果园和葡萄园里的水果品种十分丰富。

210

黄杏

如今，全球人工栽植的杏大多数都是李属植物杏家族的成员，但是，来自亚欧大陆中部的另外几个杏的亲缘种早在数千年前便与人类建立起了密切的关系，比如高山杏、东北杏、红梅和西伯利亚杏等。我们知道，现代驯化型杏在亚美尼亚有着广泛而悠久的种植历史，而从其拉丁文学名（*P. armeniaca*）来看，人们早就认定它起源于亚美尼亚。尽管这种观点广为流传，但 20 世纪初的植物学家尼古拉·伊万诺维奇·瓦维洛夫将中国视为杏的驯化中心（Watkins, 1976）。其他学者也各自提出了包括印度在内的不同驯化起源地。现有最早的可信证据表明，杏与桃一同发源于中国；尽管如此，其他学者的观点在某种程度上可能都是正确的，因为整个亚洲内可能存在若干个野生杏种群。任何遇到杏果的人类都难免会被其甜蜜的果肉所吸引，因此，杏树或许曾在不同的地区数次为人类所驯化，分别实现人工栽植。

与桃和其他诸多水果一样，据说杏也是由亚历山大大帝引入马其顿的，然而这则传说几乎没有任何真凭实据。杏在中国传统医学中十分重要，在中国，优秀的医学工作者常被誉为"杏林圣手"，这一称谓出自一个颇有儒学色彩的典故。有几位历史学家提出，杏树在公元前 2 世纪或公元前 1 世纪进入伊朗，不久之后传入希腊（Laufer, 1919）。人们之所以普遍认为杏树原产于高加索，可能是因为迪奥斯科里德斯和其他古典时期作家用 "*Mailon armeniacon*" 这个拉丁文名来称呼杏树。土耳其有一句古老的谚语，说大马士革的杏是天下至美之物。老普林尼记录了一种花期较早的桃树品种，他称其为 "*praecocium*"。

中国关于核果的记载或许能上溯到夏禹时代（前 2205—前 2198）。曾有学者提出，商朝（约前 1558—前 1046）甲骨上出现了表示"杏"的甲骨文，而且在公元前 406 年至前 250 年的文献中便已提到了杏林（Faust, Surányi, and Nyujtö, 1998）。其他文献和史料也支持杏发源于中国东部的观点（de Candolle, 1884）。李属植物在中国十分常见，与杏高度相似的李和红梅尤为多见，这给杏的植物考古学鉴定带来了困难。在中国的古代遗址中，杏远不如桃常见，但河南冀寨的植物考古学调查的确发现了杏（Fuller and Zhang, 2007）。新疆山普拉古墓群（前 400—前 100）的随葬品中也有杏的身影（Jiang et al., 2009）。

在今天的上泽拉夫尚地区，杏是当地的主要农作物，有超过 30 个历史文献中记载过这个当地品种（Yakubov, 1979）。史料还指出，泽拉夫尚各地均有杏园，有的甚至坐落在海拔 2000 米的高地。在塔吉克斯坦北部的穆格山城堡遗址，人们发现了 7 世纪和 8 世纪的杏核以及多种其他水果的遗存，说明在当地历史上这些水果曾经具有突出的地位（Danilevsky, Kokonov, and Neketen, 1940）。同一时期在该地区发现的其他杏核遗存的年代与之大致相同（Gorbunova, 1986; Spengler III et al., 2018）。

今天，大多数人工栽植的杏树都嫁接在较为强壮的桃树砧木上，人们也培育出了能够自花授粉的品种。然而在古代，杏树对土壤条件、养分、降水以及与其他树的授粉距离都比现在挑剔得多。这或许是因为杏传播速度较慢。不过，史料和考古证据表明，早在公元前一千纪甚至更早以前，杏在整个古代世界便已广为人知。

大多数杏树的地方品种都比桃树耐寒。然而，杏树在初春早早开花，因此时常遭受倒春寒和夜间霜冻的威胁。如今，野化杏树在中亚各地生长，但我们并不清楚它们是丝绸之路还是苏联农业开发的遗物。

樱桃

整个欧亚大陆现有数十种野生樱桃，其中一些是本土的原生品种，或许曾经是丝绸之路沿线随手可得的小零食。不过，大多数现代樱桃品种都是欧洲甜樱桃［*Prunus avium*，这种樱桃与稠李（*P. padus*）在英文中的俗名都是"鸟樱"（bird cherry）］的后裔，另一种较小的可能性则是酸樱桃（*Prunus cerasus*）的后代。欧洲甜樱桃原产于西亚，在从西南亚到喜马拉雅山脉一带的野生环境下都很常见。中亚和西亚常见的野生樱桃树品种包括甜樱桃、灌木樱桃或草原樱桃（*P. fruticosa*）和酸樱桃。（Watkins，1976）东亚还有另外几种经济价值比较高的樱桃品种，包括红梅、中国樱桃和毛樱桃。

老普林尼将樱桃称为"cerasus"，在研究古罗马人工栽植的种类繁多的樱桃时，他对不同地方品种的樱桃甜度进行了比较。他说，是卢修斯·李锡尼·卢库鲁斯（Lucius Licinius Lucullus）在公元前74年征服米特里达梯六世（Mithridates VI）后，将甜樱桃从本都王国带到了罗马。根据老普林尼的记述，卢库鲁斯是在公元前69年的提格雷诺塞塔（Tigranocerta，今亚美尼亚境内）战役之后，或者是在第三次米特里达梯战争（前73—前63）期间接触到这种水果。不过，阿方斯·德·康多尔以及其后的许多学者都指出，根据植物考古学证据，意大利乃至整个欧洲食用各种各样的樱桃已有数千年的历史。虽然卢库鲁斯有可能从高加索带回了某一特定的地方品种，但他并不是将樱桃引入意大利的人。

中亚各地的考古遗址都出土了保存完好的樱桃核。不过，考虑到该地区野生樱桃的大量存在，我们没有特别的理由认为出土的这些樱桃核来自人工栽培的樱桃树。实际上，这些樱桃核中的一部分似乎出自规模较小的地方品种，比如乌兹别克斯坦塔什布拉克（900—1200）发现的樱桃核（Spengler III et al., 2018）。距离塔什布拉克不远的萨拉子目遗址（前3500—前2000）也出土了樱桃核。此外，中亚南部有好几处遗址也出土了樱桃核，比如位于土库曼斯坦穆尔加布河一带、年代在公元前二千纪的阿吉库伊遗址（Spengler III et al., 2017a）。

瓜类

研究亚洲人工栽植的葫芦科植物（包括多种瓜类）差不多与研究人工栽植的豆科植物一样困难。有好几种葫芦科植物在中国已有数千年人工栽植的历史，可其中的大多数从来不曾沿丝绸之路传入欧洲。而当殖民主义"植物猎人"在全球范围内寻找值得引入欧洲的物种时，这些葫芦科植物却被忽视了。举例来说，苦瓜、冬瓜和瓜叶栝楼在欧洲和美洲都很少见。更有甚者，在大多数欧美人的认知当中，丝瓜只不过是挂在淋浴间里的别致好玩的擦身海绵，而葫芦只是用来制作观赏鸟窝的怪诞装饰品而已。这些物种在东亚都拥有悠久的历史，然而唯一在丝绸之路上扮演过重要角色的葫芦科植物似乎只有甜瓜。

尽管有大量驯化型品种，历史文献中也频繁提及瓜和葫芦，但是东亚早期的葫芦科农作物种植基本没有留下任何植物考古学资料，一部分原因是保存下来的种子极少。早前曾有报告称，长江入海口的一处公元前四千纪至前三千纪的遗址发现了保存完好的种子，但至少有一位学者指出，此处遗址受到了人为干扰，因此获取的信息并不可靠（Simoons, 1990）。甜瓜直到公元 5 世纪或 6 世纪才在中国出现（Li, 1969）。有些历史学家根据中国早期文献资料指出，甜瓜直到公元 8 世纪才传入中国（de Candolle, 1884）。

虽然从前曾有学者提出甜瓜原产于非洲的观点（Kerje and Grum, 2000），但之后的遗传研究却显示其起源在亚洲大陆（另一个可能的起源地——澳大利亚则令人费解）。最近的遗传学进展则支持人们普遍接受的观点，即甜瓜的近亲黄瓜在印度被人类驯化（Sebastian et al., 2010）。另外，遗传学家似乎将黄瓜的野生祖先认定为西南野黄瓜（*C. sativus* var. *hardwickii*）（Fuller, 2006）。至于其他瓜类，关于其确切起源的争论仍在继续。虽然仍有学者坚持认为瓜类来自非洲，但目前看来最有可能的起源中心是西南亚。与今天我们熟悉的许多农作物一样，瓜类很有可能原产于新月沃土，只是比基础作物的出现要晚很多。

人工栽培的瓜品类繁多。根据外皮的纹理，俗称"厚皮甜瓜"的单系演化支可以细分为三大次级演化支。网纹甜瓜的瓜皮表面有网状花纹，我们熟悉的美国甜瓜就是其中一员。这个亚种在如今的中亚地区并不流行，丝绸之路上很可能没有出现过这一亚种。知名度相对较低的亚种罗马甜瓜外皮粗糙、凹凸不平，波斯甜瓜和外皮光滑的欧洲甜瓜都属于这一亚种，这个亚种在西南亚有着悠久的历史。第三个亚种，即亚洲甜瓜，（又称蜜瓜）最为多样化，在丝绸之路沿线享有盛名。这些甜瓜在中亚各地和中国已有数千年人工栽培的历史，人们培育出令人眼花缭乱的地方品种，比如密布黄绿两色条纹的新疆哈密瓜，这个古老的品种得到了育种者的热切关注。

中亚各地的农业生产者将瓜类与其他农作物一起种植。这种做法培育出数不清的地方本土品种。在秋天走进从哈萨克斯坦到土库曼斯坦一带的任何一座村庄，旅行者都会得到农产品销售商让其品尝当地甜瓜的盛情邀请。每一位瓜农都以自己的本地品种为荣，这是千百年的农事活动以及种子沿伟大丝绸之路传播的遗产。

我在 2015 年参与塔什布拉克的考古发掘时，发现了一些保存完好的碳化瓜子。这些种子出土于遗址中心广场的垃圾堆，年代在 800 年至 1100 年（Spengler Ⅲ et al., 2018）。瓜类可能来自附近海拔较低的河谷。在中亚西部的花剌子模绿洲，卡拉特佩遗址也发现了公元 4 世纪或 5 世纪的瓜类种子。

丝绸之路上的其他果实

还有好些食用植物曾经沿丝绸之路运输并在沿线为人所种植：沙枣、油橄榄、无花果、石榴、椰枣、山楂、枣、柿、沙棘、朴树和花楸等。

在上述水果当中，有些在中亚历史上十分重要，却从未西传。举例来说，今天乌兹别克斯坦的山麓地带种植沙枣，当地的市场上经常有售。然而在美国，沙枣树只是一种用于装饰的外来物种。沙枣的果实有淡淡的香甜味。沙枣又称"俄罗斯橄榄"，顾名思义，沙枣和橄榄一样果核硕大（但与橄榄没有亲缘关系）。早在公元前 4 世纪或公元前 3 世纪，沙枣的种植范围西及咸海以南的花剌子模绿洲一带（Andrianov, 2016）。伊朗西北部的切拉巴德盐矿发现了沙枣核，年代可追溯到公元前一千纪中期的萨珊王朝时期（Chehrābād Salt Mine Project, 2014）。整个伊朗高原及其周边地区都广泛分布着野生的沙枣灌木。与之类似的是，虽然沙棘在美国作为一种保健食品受到一定程度的欢迎，但其主要产地仍在俄罗斯和中亚，而且在当地主要用于酿酒。这些果实有很多只留下了微不足道的历史记载和植物考古学遗存，我们不清楚它们曾经占据着多么突出的地位，也不知道它们在这条商贸路线上的故事有多么久远。

石榴

在过去数千年里，石榴在整个西南亚、地中海和南亚（包括印度）的烹饪与神话中都拥有突出的地位。一千纪初，石榴便沿丝绸之路（或者说香料之路）抵达东亚。突厥和波斯旅人将石榴传播到了千万里之外的许多地方；亚美尼亚语、保加利亚语、马尔代夫语、旁遮普语、印地语、塔吉克语、乌兹别克语和哈萨克语中的"石榴"一词均与其波斯语名"anar"和突厥语名"nar"有关（Nabhan, 2014）。石榴的古罗马名称是 *Malum punicum*，意即"迦太基苹果（Punic apple）"，说明它是从迦太基传入罗马的。从解剖结构上看，石榴与本章讨论的其他果实截然不同，其果实内有许多彼此独立的种子，每一粒种子都包裹在甘甜的红色假种皮内。其植株可以在相对干旱贫瘠的地方生存，因此在今天的西南亚广泛分布。

石榴是文学艺术中由来已久的独特意象。它在《圣经·旧约》，古代希腊、罗马以及波斯艺术中频繁出现。在古代，从地中海地区至亚洲，石榴都承载着宗教内涵。它也传播到了遥远的东方。成书于 544 年前后的北魏农学专著《齐民要术》有载，石榴是不久前从中亚引进的物种[1]（Anderson, 2014）。传入中国后，这种果实在 3 世纪晚期到 5 世纪成为佛教吉物（Laufer, 1919）。

在希腊神话中，珀耳塞福涅在冥府吃了 6 粒石榴籽，因此每年不得不在幽冥世界生活 6 个月，直到春天才能返回人间。这则神话将石榴与万物生长的四季轮回和繁殖力联系在一起。多汁的红色果实象征着大自然中一切无法为人类所驯服的事物，如欲望、肉欲、死亡和重生。祆教（琐罗亚斯德教）徒在波斯历的新年——纳乌鲁斯节上也有在桌上供奉石榴的传统，以此象征长寿。波斯战士伊斯凡迪亚（Isfandyar）会在大战之前喝石榴汁鼓舞士气。这种做法在 13 世纪扩散到了丝绸之路沿线的其他地方，并被突厥化的蒙古征服者帖木儿所采用。在今天的撒马尔罕，帖木儿的墓前依然摆放着石榴。

枣与无花果

椰枣又称凤凰棕榈（phoenix palm），是又一种可能由伊朗商人在公元一千纪带入中国的西南亚水果。不过，云南和南亚其他地区也是野生棕榈树的原产地。椰枣树无法适应中国的大部分地区，而且显然不可能在丝绸之路北线高纬度、高海拔的寒冷气候

219

---

1 《齐民要术·安石榴》：张骞为汉使外国十八年，得涂林。涂林，安石榴也。——译注

中生存，因此，椰枣树很可能是沿南方路线进入中国的。椰枣含糖量极高，且易于干燥、适合长途运输，因此值得在此处提及。丝绸之路沿线唯一涉及枣核的植物考古学报告出自苏联时期对巴扎达拉（Bazar Dara）矿业小镇的发掘，该遗址位于乌兹别克斯坦，年代距今约 1000 年。与椰枣类似，无花果（*Ficus* spp.）也无法在中亚的高海拔地带生长，但是今天在海拔相对较低的地方有种植无花果树，最北可至乌兹别克斯坦境内。在中国亚热带地区发现的几种西南亚无花果中，眼下最流行的是一个在地中海一带同样广泛栽植的品种（Simoons, 1990）。这种无花果偏爱温暖干燥的气候，显而易见，它先是传入巴基斯坦和印度北部，随后才进入中国南方。历史学家认为，这种果树直到公元 8 世纪才抵达中国（de Candolle, 1884）。

刺山柑

野生刺山柑遍布欧亚大陆中部的大部分干旱地区，多生长在受到扰动的土壤中。这种低矮多刺的植物能绽放华丽的花朵，经常出现在废弃的人类居住地附近。尽管欧洲人和美国人大多不熟悉刺山柑的果实，但很多人对腌制刺山柑花蕾那种刺激的酸味肯定不陌生。经过浸渍的刺山柑花蕾是阿拉伯、希腊、意大利、摩洛哥、西班牙和土耳其特色饮食中的重要食材。花蕾尚未开放时便被采收下来，用盐水浸泡，以去除其天然的苦味。而等到花朵开放之后，结出的果实也常用类似的方法进行腌制。

探究这种植物的起源和人工栽培的难度都很大，因为从阿拉伯半岛一直到俄罗斯都有野生刺山柑生长，而且生长密度往

图 27 撒马尔罕的瓜贩，1911 年。摄影师是谢尔盖伊·米哈伊洛维奇·
普罗库丁 - 古斯基，使用了早期分层彩色底片法
美国国会图书馆图片与摄影部，华盛顿特区

往能达到无须人工种植的程度。在前往乌兹别克斯坦的数次旅
行中，我都见到妇女在干旱的大草原上采摘刺山柑的果实，中
国新疆的维吾尔族妇女也会采摘这种水果。在同样辽阔的范围
内，各地考古遗址都发现了刺山柑的种子，可能表明古人也会
从野外采收刺山柑的果实。

柿

今天，柿树中最具商业价值的品种是原产于日本、中国东
部和朝鲜半岛的柿。没有证据表明柿在古代曾被带入中亚，这

图 28　2017 年布哈拉水果市场上的瓜贩摊位
　　摄影：本书作者

可能是由于柿子极易腐烂。不过，中国的柿子呈现出惊人的遗传多样性，柿属植物中有许多品种都是古代北半球居民的食物。在北美，美国东南部和中部的某些州至今还在采摘野外生长的美洲柿。在与欧洲有来往之前，北美的植物考古学组合中也发现了美洲柿的身影。另外，在欧亚大陆南部的大部分地区——从中国和印度一直到地中海，都有种植或从野外采集君迁子（*D. Lotus*）的习惯。在中国的汉代考古遗址中曾发

现一些古代柿遗存；从云南到北京，种植柿树都有着悠久的
历史（Simoons, 1990）。

枣

在早期丝绸之路的道路上，另一种举足轻重的水果是枣。
不过，同样的问题再次出现：几乎没有植物考古学证明能证实
枣在中亚的存在。古代世界的很多地方都曾有枣树生长。枣树
的果实与沙枣很像，味道香甜，枣核硕大。这种水果通常会进
行干燥处理，以便运输和长期保存；干制枣可在加水泡发之后
用来煮茶。种植最广的枣树品种是大枣。根据一些文献的记载，
早在史前时代，枣便在南亚的某个地方（很有可能是印度）被
人类驯化（Gupta, 2004）。从那里，枣有可能沿着更靠南的路
线逐渐传播到地中海地区。这种农作物在如今的欧洲市场上不
如从前那样普遍，但在地中海地区仍有小片种植。枣在南亚非
常受欢迎。

尽管瓦维洛夫起初曾推测这种水果最早在中亚被人类驯化，
但枣的原产地很可能起源于更南的地方。印度和中国的早期文
献中有关于枣的记载，在古典时期的史料中也很常见。泰奥弗拉
斯托斯、迪奥斯科里德斯和老普林尼很可能都很熟悉枣或枣莲
（Ziziphus）。老普林尼称，枣是罗马执政官塞克斯图斯·帕比尼
乌斯[1]从叙利亚引入罗马的，时间约在奥古斯都时期（前27—
14）晚期；但是，与老普林尼的大多数记载一样，这很有可能只

---

1 塞克斯图斯·帕比尼乌斯（Sextus Papinius，全名 Sextus Papinius Allenius），
  公元1世纪的罗马元老院成员。他于公元36年担任罗马执政官（consul
  ordinarius），与昆图斯·帕劳迪乌斯（Quintus Plautius）共事。——译注

是坊间传言。最有可能的情况是：在古典时期，枣和枣莲在整个地中海地区已为人们所熟知。

　　枣莲通常生长在西南亚干旱贫瘠的土地上，它很可能就是希罗多德和泰奥弗拉斯托斯所记载的"莲花树"。另外，曾在《奥德赛》中登场、希罗多德也曾提及的令人迷醉的"落拓枣 / 忘忧果"（lotus fruit）可能也是经过渲染而被赋予神话色彩的枣莲。老普林尼所描述的罗马火神庙旁的神圣莲花树也像是枣莲。包括《古兰经》在内的许多阿拉伯和伊斯兰文献都有关于这种树木以及另一西南亚枣属植物叙利亚枣树（*Z. spina-christi*）的记载，它们被统称为酸枣树[1]。

　　旧世界各地的古代民族都将椰枣与干枣视为相似之物。南欧的古代文献将干枣称为中国枣，而中国古代文献则将椰枣干称为波斯枣（Laufer, 1919; Schafer, 1963）。

　　成熟的枣果实浑圆饱满，呈褐色，味甜，但出售的往往是经过干制的果实，外皮起皱呈红色。这种形态的枣很容易沿丝绸之路运输。在丝绸之路沿线的吐鲁番盆地，阿斯塔那唐代古墓群便出土了脱水的枣（Li et al., 2013）。

　　枣树像灌木一样低矮，对水的需求量不高，而且耐得住寒冷干燥的冬季，因此非常适合在西南亚和中亚各地栽植。另一种枣

222

1　酸枣树（lote-trees）是伊斯兰世界中富有文化内涵的意象。（古兰经）第53章《星宿》（奈智姆）写道："在极境的酸枣树旁，那里有归宿的乐园。"（马坚译本）王静斋译本将其译为忘忧树、惜德树。英文转写为 Sidraï al-Muntahā（阿拉伯语：سِدْرَةِ الْمُنْتَهَى），字面意思是 Lote-Tree of the Utmost Farthest Boundary——"极境的酸枣树"。伊斯兰信仰认为这棵树位于第七层天的边界，是对人所揭示的天启的界限，天使和人类都无法越过它。——译注

属植物在印度和南亚被种植，对霜冻的耐受力较差。中国北方多地至今仍有野生枣树生长，地方品种多达数百种。公元 1 世纪，文人墨客为今山西一带的枣园抒写了不少篇章，唐代文献甚至记载了以枣酿成的酒（Schafer, 1963）。

山楂果

中国有数种人工栽植或野生的山楂属灌木或乔木，中亚还有另外几个品种。在公元前二千纪以前覆盖中亚大部分山麓地带的灌木林中，山楂树是十分常见的灌木或低矮乔木。现如今，它们在山麓过渡地带还有小部分残存。虽然山楂有刺，格外能耐受牲畜的咀嚼，但它们的生长范围局限于受牲畜觅食影响较小的肥沃山谷和地区。山楂树是少数几种能够承受中亚高密度放牧的木本植物之一，酸酸甜甜的山楂果（小红果）富含维生素 C。

有几种山楂树已经被人类驯化，其中两种至今仍在种植：山楂（*Crataegus pinnatifida*）和湖北山楂（*C. hupehensis*）（Zeven and de Wet, 1982）。山楂果经常裹上亮晶晶的糖浆做成糖葫芦，就像美国狂欢节上的糖苹果。中国各地的夜市上都能见到由山楂果做成的糖葫芦，在北京一带尤其常见。中亚的数座考古遗址都发现了山楂属（以及蔷薇属）植物的种子，比如哈萨克斯坦的图祖塞（前 410—前 150）（Spengler Ⅲ, Chang, and Tortellotte, 2013）、乌兹别克斯坦的塔什布拉克（900—1200）（Spengler Ⅲ et al., 2018），以及土库曼斯坦的阿吉库伊（约公元前 1900）（Spengler Ⅲ et al., 2018）。哈萨克族牧民有在秋天采摘山楂果的传统；这些灌木也在大草原上生长，为生活在内亚的人们带来了营养丰富的时令美食（Dzhangaliev, Salova, and Turekhanova, 2003; Levin and Potapov, 1964）。

其他水果

出现农业和畜牧业之后，中亚山麓地区的生态环境发生了翻天覆地的变化。曾几何时，这一带的大部分地区都覆盖着矮小的灌木林。在历史上，这些生有丰富野果的灌木林从阿尔泰山脉一直蔓延到帕米尔高原，对当地人的经济生活非常重要。准噶尔山地的灌木林以欧洲荚蒾（*Viburnum opulus*）为主，天山冲积平原和河滨地带的灌木林则以沙棘为主。有好几种野玫瑰生长在七河地区和其他大部分生态区中。有两种沙枣，又称"俄罗斯橄榄"，遍布整个七河地区，并向南延伸到帕米尔高原，而且与蔷薇属植物一样，从高山林区一直到干旱的大草原边缘均有生长。沙枣在高山森林中更加多见，而尖果沙枣（*E. oxycarpa*）则大量生长在山麓丘陵地带。几种树莓的分布范围基本相同，其中有 4 种曾是历史上生活在哈萨克斯坦山区的传统民族所采收的果实（Dzhangaliev, Salova, and Turekhanova, 2003）。

这些树林中生长着（或者曾经生长）几种野生樱桃树（李属和樱桃属的演化支），生活在哈萨克斯坦以及更北方的先民曾采收它们的果实（Dzhangaliev, Salova, and Turekhanova, 2003; Levin and Potapov, 1964; Seebohm, 1882）。哈萨克斯坦东部山脉的山麓上至少生长着 7 种山楂属植物；我们知道阿拉木图一带的人们会采收其中几种野生山楂的果实（Dzhangaliev, Salova, and Turekhanova, 2003）。这些好似灌木的树木中最出名的还要数野苹果，以新疆野苹果（*Malus sieversii*）和红肉苹果（*M. niedzwetzkyana*）这两个山地品种为代表。

这些野果和坚果是重要的食物来源。早期俄罗斯和西欧探险家都曾提到当地人有在北方森林中采摘蔓越莓（可能是越橘欧洲莄蓂）的习惯（Seebohm, 1882）。有些记载称，生活在哈萨克斯坦的人会收获小果红莓苔子（*Vaccinium microcarpum*）和红莓苔子（又名越橘或狐莓，学名 *Vaccinium vitis-idaea*）（Dzhangaliev, Salova, and Turekhanova, 2003）。生活在阿尔泰山区的人会采收红莓苔子（Levin and Potapov, 1964; Seebohm, 1882）。更北方的游牧民则会将采摘的黑果越橘生吃或煮食，或者与奶油或牛奶（鲜奶或发酵牛奶）混合在一起食用。有些探险家还描述了阿尔泰山区住民收集云莓（*Rubus chamaemorus*）的情景（Seebohm, 1882）。哈萨克斯坦境内有 11 种茶藨子属植物（Dzhangaliev, Salova, and Turekhanova, 2003）；19 世纪的人种学家注意到，当地人有采集红加仑和黑加仑的习惯（Levin and Potapov, 1964; Seebohm, 1882）。

这些混杂各种灌木的树林可能曾经覆盖着克佩特山脉的大部分地带以及更遥远山区（比如伊朗高原和帕米尔高原）的山麓地带。灌木林中还混杂着野生开心果、野生扁桃树、沙枣树、山楂树和樱桃树。在塔吉克斯坦的萨拉子目，人类觅食的古代坚果和水果遗存中有刺山柑、朴树果、野生开心果、沙枣、樱桃、蔷薇果、沙棘和野生扁桃仁（Spengler III and Willcox, 2013）。哲通的植物大遗存组合中也有刺山柑（Harris, 2010）。安纳乌（Miller, 1999）和塔什布拉克（900—1200）的红铜时代文化层中均发现

224

了野生朴树植物的果核碎片。阿吉库伊发现的山楂果核或许出自附近受到古人保护，甚至受其照料的山楂树林。

坚果

中亚山麓的野生树林里曾经遍布着数不清的坚果类果树。这些树林大多数已经消失。如今，山麓地带的主要植被是用于放牧的干燥草原。不过，往日树林遗留的后代仍在世界各地生长。

丝绸之路上的主要坚果包括扁桃仁（也有桃仁和杏仁）、开心果和胡桃。不过，诸如松子和栗子等其他坚果也有可能曾是丝绸之路沿线居民采收和种植的品种。从野外采集的松子至今仍是生活在欧亚大陆中部高海拔地区的人们重要的食物来源。中国西部的市场上有数种松子出售；云南北部的市场上有两个品种格外突出：华山松和云南松。在黄河流域，公元前五千纪至前四千纪的仰韶文化遗址发现了松果外壳的碎片（Ho, 1975）。名为白皮松的品种经常种植在庙宇周围，北京戒台寺的九龙松尤其享有盛名（Simoons, 1990）。西藏东部的琼隆银城遗址（220—880）出土了云南松或油松的松果，我本人也参与了这一项目（d'Alpoim Guedes et al., 2014）。华山松的松果比较常见，可以在市场上购买。

在今天的地中海东部和中部地区，人们常常采摘意大利松的松果。除此之外，阿富汗和巴基斯坦地区采摘的是西藏白皮松的果实，韩国采摘的是红松，蒙古采摘的则是新疆五针松的果实。

没有证据表明丝绸之路沿线曾栽种栗树。栗属植物大约有十数种，原产于北非、北美、欧洲和亚洲等地，无论在哪里生长，它们都能引起人类的注意。今天，大多数美国人和欧洲人都很熟悉欧洲板栗，而美国的栗树品种现已濒临灭绝，只有圣诞歌曲中还保留着它们的痕迹。板栗在中国各地广为种植。尽管没有理由推定欧洲或亚洲栗属植物曾经穿越中亚的山地，但是在伟大的丝绸之路两端，栗属植物与人类的互动均有悠久的历史。

开心果

开心果与腰果都是漆树科的成员，原产于西亚的漆树科黄连木属有 6 个品种，其中 3 种与人类的关系尤为密切：阿月浑子（*Pistacia vera*）、笃耨香（*P.terebinthus*）和尖叶黄连木（*P. acuminate*）。另一个品种乳香黄连木（*Pistacia lentiscus*）则是乳香树脂的来源。开心果在西亚和地中海东部——尤其是在伊朗、阿富汗和北部的乌兹别克斯坦等地广泛种植。中国史料显示，开心果（阿月浑子）在唐代传入中国（Simoons, 1990）。斯特拉波称，当亚历山大大帝第一次进入大夏（中亚南部）时，他所看到的唯一一种树便是低矮的笃耨香树。泰奥弗拉斯托斯也提到过这则轶闻（Strabo, 1924）。还有许多古典时期的作家提到，叙利亚或西南亚的部分地区生有笃耨香树，当地人会在野外采收这些树的坚果（Laufer, 1919）。

原产于中亚的阿月浑子是当今世界大名鼎鼎的商业品种。如果排除在伊朗的雅亚特佩（Tepe Yahya）遗址发现的两块果壳碎片，那么西南亚地区最早发现的阿月浑子遗存可以追溯到古希腊时代（Miller, 1999）。不过，贾尔库坦和古诺尔特佩（Miller, 1999）的青铜时代遗址和塔吉克斯坦萨拉子目的红铜时代遗址都鉴定出开心果的遗存（Spengler Ⅲ and Willcox, 2013）。

本人在塔什布拉克也鉴定出开心果壳的碎片（Spengler Ⅲ et al.,
2018）。

胡桃：国王的坚果

近期对波斯胡桃或英国胡桃的遗传研究表明，胡桃与丝绸之
路交织的历史可能像苹果的历史一样盘根错节。根据对花粉以及
现代和历史分布记录的研究，明显可以看出，孤立的胡桃种群零
星分布在兴都库什山脉和帕米尔高原一带，在克佩特山脉等土壤
逐渐荒漠化的地区则愈发稀少（Pollegioni et al., 2017）。经检测
确认无误的最早胡桃壳遗存出自巴基斯坦克什米尔山谷的坎尼什
普拉（Kanispur，公元前 3100 年），反映了胡桃在中亚东部山麓
地区的历史（Mani, 2008）。近期一项研究表明，当前胡桃的遗传
基因遍布全亚洲，这在很大程度上是人类在跨欧亚贸易路线上交
流往来的结果。研究人员试图建立起语言学资料与种群遗传学之
间的关联，他们认为语言的壁垒也标志着胡桃的遗传壁垒。换言
之，共同的人类文化区域有利于胡桃遗传基因的融合（Pollegioni
et al., 2017）。

胡桃的分布范围从中国西部的山麓地带一直延伸到高加索
地区（包括喀尔巴阡山脉，因此胡桃有时也被称为喀尔巴阡胡
桃），中国还有许多其他野生胡桃属品种。中国和中亚的胡桃呈
现出丰富的遗传多样性，因为这里的胡桃通常从播种开始生长，
不像欧洲那样采用扦插培植。亚洲胡桃往往比欧洲胡桃小很多、
形状更圆，不过也有些果实呈硕大椭圆形的品种。亚洲胡桃的
壳有脆有硬，有的光滑，有的粗糙。鉴于胡桃的基因与中国的
某些野生亲缘种相兼容，比如日本核桃（又称形核桃，Juglans

ailantifolia），这种多样性在某种程度上或许可以归功于物种之间的基因流动。

　　中世纪的阿拉伯地理学家指出，胡桃只能在气候相对温和的北部地区生长，尤其是在山地（Miquel, 1980）。在 19 世纪初探访俄国控制下的中亚时，亨利·兰斯戴尔注意到，泽拉夫尚河谷中有小片树木群聚成林，尤以野生朴树林和胡桃树林居多（Landsell, 1885）。与之类似，詹姆斯·弗雷泽（James Fraser）在 19 世纪初也注意到，从伊朗北部一直蔓延到泽拉夫尚地区（Fraser, 1825）的中亚山麓地带有胡桃林、开心果树林和扁桃树林。20 世纪初，奥莱尔·斯坦因在中亚山脉向东延伸的地段发现了胡桃林，他在《古代和田》第 1 卷里谈到了中国西北绿洲种植胡桃树的情况（Stein, 1907; Mirsky, 1977）。中亚早期植物志记载，胡桃林在中海拔地区（1500 米—2800 米）繁荣生长，沿费尔干纳盆地周围的丘陵分布。在新疆吐鲁番的阿斯塔那古墓群，唐代墓室随葬品中发现了胡桃，与之一同陪葬的还有干枣、葡萄和梨（Li et al., 2013）。塔什布拉克遗址也出土了距今约 1000 年的胡桃壳碎片。公元 1 千纪初的伊朗切拉巴德盐矿中同样发现了胡桃壳碎片，还有至少 1 个完整的胡桃（Chehrābād Salt Mine Project, 2014）。

　　乌兹别克斯坦东部和费尔干纳河谷发现的胡桃遗存是证明胡桃的基因沿文化之路交融的一个实例，正如遗传学家所言，这些坚果"意味着生活在塔什干和撒马尔罕之间的突厥社区曾经互易胡桃，而这片地带正是北丝绸之路的北部和中部路线的汇合之处"（Pollegioni et al., 2017）。研究人员主张，从阿契美尼德时期开始，跨越亚洲的贸易路线便对胡桃的传播和基因融合产生了直接的作用。如果上述观念是正确的，那么，人类在漫长时光里对中亚山麓森林的干预可能在胡桃的驯化过程中发挥了直接的作用，使胡桃在古代亚洲广为传播，在各地为人类所种植。

关于胡桃的原产地，文献和语言学证据均指向西南亚。根据语言学家和历史学家的观点，老普林尼和迪奥斯科里德斯用于称呼胡桃的单词可直译为"波斯坚果"或"波斯国王的坚果"。另外，古汉语中有一个对胡桃的称呼来源于梵语（Laufer, 1919）。历史学家还指出，最早有记载的胡桃的中文名称意为"胡人之桃"——胡是粟特人常用的姓氏，后泛指来自中亚和伊朗的各民族。

中国古代文献显示，胡桃在公元一千纪从西藏或中亚南部传入中国，沿着横穿欧亚大陆巨大山系的丝绸之路一路东行。记录晋代（265—420）历史的《晋书》有载，华林园中有 84 株胡桃树[1]（Laufer, 1919）。如果认为这些树就是我们所说的胡桃树而不是某个东亚本地品种，那么显而易见，当时帝国的中心对胡桃树已有所了解，起码是一种新鲜事物。而在随后的 1500 年里，胡桃逐渐成为中国大部分地区常见的农作物，令人眼花缭乱的地方品种也如雨后春笋般涌现出来。

扁桃仁

今天，大多数欧美人只吃桃和杏的果肉，然而在东亚和中

---

[1] 原文称该记载出自《晋书》，但经查证，似典出《晋宫阁名》。《晋宫阁名》一书仅散见于《水经注》《太平御览》等后世典籍中，其内容与出处皆不可考。——译注

亚，人们还会食用果核内的果仁，桃和杏的果仁与它们的近亲扁桃仁十分相似。许多美国人认为果核是有毒的。确实，杏仁中含有氢氰酸，又称氰化氢，大量食用杏仁可能致命，尤其是苦杏仁和其他毒性较强的品种。在中国东部河姆渡遗址的古代窖坑中发现的桃核表明，至少 6000 年前的古人就开始收集并加工这些果核来食用，不过尚不清楚他们如何对其进行加工（Fuller, Harvey, and Qin, 2007）。河姆渡遗址和附近具有密切关联的遗址窖坑中发现了栎属、柯属和青冈植物的果核，说明这些窖坑可能用于浸泡橡果和桃核，从而析出有毒物质。在亚洲，其他去除李属果核毒性的方法还有发酵、研磨和煮沸（Tuncle, Nout, and Brimer, 1993; Nout, Tuncle, and Brimer, 1995）。有些地方品种的杏树可能专为收获杏仁而不是杏果栽植，这些微苦的果仁在中亚市场上很受欢迎。

现代扁桃仁的有毒物质含量低于其他李属植物的种子。从中亚到高加索地区，从西南亚到中亚北部，野生扁桃树沿山麓分布，或在矮树林中生长。在人类学会农耕之前，它们很可能是来自野外的重要食物，而且很早就传播到了地中海一带。扁桃树主要有两大栽培型：苦味扁桃和甜扁桃，二者的扁桃苷含量不同——扁桃苷是苯甲醛和氰化物的前体化学品。数千年来对更甜更大的果仁的人工选择促成了驯化。扁桃树可能在公元 9 世纪便已为中国人所熟知：数位学者都曾援引一位据说曾前往中国旅行的阿拉伯商人的叙述，这位商人在日志里写道，唐都长安城里栽有扁桃树（Laufer, 1919; Schafer, 1963; Simoons, 1990）。然而，这些早期记载并不是关于食用扁桃仁的可靠信息来源，因

229

为带壳的杏仁很容易被误认为扁桃仁。公元前 2000 年之后的巴基斯坦北部和克什米尔地区也栽种扁桃树，与之一同栽植的还有桃树、杏树和朴树等果树（Lone, Khan, and Buth, 1993; Fuller and Madella, 2001; Stevens et al., 2016）。

11

叶菜、根菜和茎菜

叶菜作物

对大多数人来说，"绿叶菜"就是卷心菜、羽衣甘蓝或生菜。然而，在属于古老丝绸之路的时代，人们可以买到的叶类蔬菜种类丰富得多，其中许多已被今人遗忘。旧世界曾有成百上千种生菜、卷心菜或西兰花的近亲，既有野生型也有驯化型。

在亚洲，卷心菜的演化支极富多样性。单是甘蓝就包括球茎甘蓝、花椰菜、皱叶甘蓝、欧洲甘蓝、西兰花、孢子甘蓝和羽衣甘蓝等。西兰花是经数百代人工培育而形成硕大花球的甘蓝变种；孢子甘蓝与西兰花同属一个品种，是为食用叶芽而培育出的一个变种。当欧洲西兰花的祖先向东传入中国时，不同的选择压力使之进化成了芥蓝，叶片大而扁平，花朵结构很小。另一种植物芥菜也在中国生长，但它的原产地在更遥远的西方。

这一演化支中巨大的形态差异让许多分类学家在如何对诸多东亚物种进行分类的问题上十分为难，不同品种的俗名五花八门、繁多杂乱、令人目不暇接（Simoons, 1990）。我们对这些物种的起源一无所知，加之叶菜易腐的特性，古代遗址极少发现保存完好的植物考古遗存。没有明确的历史证据表明甘蓝在古代便已传入中国，但伊斯兰世界有好几种为人所知的甘蓝。确定甘蓝的驯化中心是植物驯化研究的终极大谜团，因为甘蓝在过去数千年里从许多不同的进化分支发展出丰富的形态，涉及范围从东南亚一直到欧洲北部。不过，近期的遗传学研究正在逐渐揭开其背后的故事。

对十字花科植物的遗传学研究显示，这类植物在距今约 2800 万年至 1600 万年开始分化；随后，该科的许多物种经历了多重杂交，实现了全基因组复制（与第 7 章介绍的多倍体小麦快速驯化的过程相同）（Arias et al., 2014）。驯化的十字花科芸薹属植物主要有 6 种，其中 3 种为二倍体，另外 3 种为四倍体。与二倍体十字花科农作物亲缘关系最远的黑芥（*B. nigra*）在北非被驯化。其余两个二倍体品种，即甘蓝及其变种西兰花和芜菁，均在西南亚被驯化。甘蓝主要从新月沃土向西传播，逐渐演变出上文所列举的丰富品种。芜菁则同时向东、西两个方向传播，在东方演变为小白菜和大白菜，在西方演变为大头菜。

二倍体物种之间后续杂交的结果是诞生了 3 个彼此存在生殖隔离的驯化型四倍体农作物品种。芥菜又称印度芥菜，它可能是黑芥与同样原产于西南亚的芜菁的杂交品种（Arias et al., 2014）。欧洲油菜（包括甘蓝型油菜、加拿大油菜和瑞典芜菁）似乎是芜菁与甘蓝在大约 7500 年前因染色体加倍而杂交出的产物。这一物种传播到了中国和欧洲，今天，欧洲油菜在中国广泛种植

（Chalhoub et al., 2014）。最后是埃塞俄比亚芥菜，这一品种仅存在于埃塞俄比亚和肯尼亚一带（Arias et al., 2014）。

在中国，以芜菁为主（包括小白菜、芥蓝和大白菜）的亚洲芸薹属叶类蔬菜直到唐代才得到普及。在此之前的 1000 年里，占主导地位的是另一种形态多样的叶类蔬菜——冬葵（*Malva verticillata*）。这种植物曾经在亚洲全境乃至欧洲和北非的部分地区广泛种植（Li, 1959）。今天，冬葵已被大部分人遗忘，但仍有小规模种植，尤其是在中国四川盆地一带，那里的人们常将冬葵当作低投入农作物种在田埂上（Simoons, 1990）。

冬葵是全球寥寥无几的驯化型两年生或多年生农作物之一。多年生习性意味着，这种植物除了偶尔的除草几乎不需要打理，收割之后不需要再次播种，也不需要保存种子。此外，种植冬葵还有其他好处，比如防止水稻田边缘水土流失、标识田地的边界等。冬葵的营养非常丰富，煮熟之后有一层滑溜溜的黏液，与其近亲秋葵很像。生活在四川盆地的人们习惯用冬葵制作一种黏滑的汤羹，与所有四川美食一样，冬葵汤的味道很棒。2010 年，在成都以南的一座小村镇，我在一家餐馆点了一碗汤。服务员带我去餐馆后面的菜地采摘了一些冬葵。冬葵基本上沿着田埂肆意生长，被人们随意踩踏，完全看不出费心打理的迹象。

叶类农作物很难在考古遗址中保存下来，古人也很少保存用于再次种植的种子，因此古民族植物学家对叶菜在古代特色饮食中扮演的角色所知甚少。中亚有好几处遗址出土了碳化的锦葵属种子，哈萨克斯坦东部的拜尕兹和塔斯巴斯（Spengler, 2013）以及乌兹别克斯坦的塔什布拉克（Spengler III et al., 2018）等遗址发现的冬葵种子数量较多。然而，要解释清楚它们在古代植物组合中的存在十分复杂。这些遗址发现的野生小型草本植物的种子大多混杂在牲畜粪便中，粪便又被当作燃料，这些种子因而得以碳化保存下来（Spengler, Frachetti, and Fritz, 2013）。两种锦葵属植物——圆叶锦葵（*M. neglecta*）和欧锦葵（*M. sylvestris*）——都在水源充足的中亚河谷中大量生长，它们无疑是牲畜的食物。2015 年，在塔什布拉克附近进行的植物学考察发现，在牧业活动密集的高海拔草甸，野生锦葵属植物是耐受牲畜啃食和踩踏的草本植物之一，而且能迅速占领废弃的畜栏。因此，我们无法确定中亚各地史前遗址发现的野生锦葵属种子究竟来自人类还是牲畜。但是，我们可以借助历史文献和民族史学资料来还原这种农作物曾经扮演的角色。

根据埃及学家的说法，早在旧石器时代晚期，埃及人便在食用一种野生形态的菟葵（*M. parviflora*）。这种早期野生食物或许就是今天埃及人工栽植的菟葵的祖先（El Hadidi, 1984）。古代汉语文献、突厥语文献和古典时期的文献都有关于使用绿色锦葵属植物的描述，说明在芸薹属植物出现以前，锦葵属在古人的饮食中发挥着重要的作用。在东亚、南亚、非洲北部和西南亚的部分地区，偏远的人口聚居地仍有种植这类农作物的习惯，说明这类农作物从前的种植范围或许比现在广泛得多。

从 1 世纪开始的民族历史学记载可以证明，从埃及到罗马乃至整个亚洲，古人都在食用人工栽培或野生的欧锦葵。这种植物出现在许多古典时期的文献中，不过我们可以推测，在古典时期，欧锦葵的地位已经不如从前。迪奥斯科里德斯在其著作《药物志》第 2 卷中提到了人工栽种的欧锦葵，在第 3 卷中提到了野生锦葵属（Dioscorides, 2000）。老普林尼在《博物志》中 20 多次使用了"锦葵"这一名称（Pliny the Elder, 1855）。食谱合辑《阿比修斯》中也提到了锦葵，将其视为菜园中的一种蔬菜。而在东南亚和北非的部分地区，莵葵仍被当作一种绿叶蔬菜栽培，在埃及的市场上可以买到（Boulos, 1985）。

有些历史学家称，欧锦葵曾是中国重要的农作物之一（Fowler and Mooney, 1990; Li, 1969）。成书于公元前 11 世纪至公元前 7 世纪的中国古代诗歌总集《诗经》中便提到了葵（据推测应该是冬葵）。贾思勰在其杰出农事著作《齐民要术》（约 544）中同样提到了葵（Anderson, 2014）。在《四民月令》中，崔实（103—171）也将葵视为一种农作物，这一记载为葵在当时是一种常见的食物的观点提供了支持。

魏晋时期最为杰出的诗人陶渊明创作了大量关于田园乡居的诗文，他的作品为我们提供了更多的细节。他写道，自己在农田里将葵与水果和谷物一同种植（新葵郁北牖，嘉穟养南畴），而葵是他最喜欢的蔬菜（好味止园葵）。陶渊明是第一位提到食物"寒热"性质的中国文人，这一概念与盖伦和其他学者提出的体液学说遥相呼应，体液学说曾沿早期丝绸之路从希腊化的世界向外传播（Anderson, 1988）。在陶渊明的时代，锦葵属（与下文即将谈到的藜科蔬菜一样）似乎被视为下里巴人的食物，以其质朴而有益健康的特性而受人称赞——在公元前一千纪中后期，锦葵

234

属蔬菜可以说是中国古人的"灵魂料理[1]"，是祖母辈拿手的家常菜。研究战国时期的历史学家注意到，平民百姓食用锦葵和洋葱（Wang, 1907）。其中一些历史学家认为，锦葵属蔬菜曾经是中国古代平民饮食中极其重要的一部分，后来却因其与贫穷的关联而被污名化。宋代诗歌体现了这种转变（Anderson, 2014; Sterckx, 2011; Anderson, 1988）。随着十字花科蔬菜逐渐普及，藜科和锦葵属蔬菜被视为穷人的食物、闹饥荒时果腹的食物。

　　菠菜在古代可能远不如锦葵属那么重要，但它也是沿丝绸之路南线传播的蔬菜之一。关于菠菜的原产地仍有争论，有可能是在西南亚的某个地方。植物栽培的奠基学者阿方斯·德·康多尔和尼古拉·伊万诺维奇·瓦维洛夫分别认为菠菜起源于"波斯"和中亚南部（Simoons, 1990）。德·康多尔根据语言学资料得出的结论是，至少在古罗马时期，波斯已有菠菜种植，并从那里迅速扩散至整个西南亚（de Candolle, 1884）。

　　还有一些历史学家认为，这种植物起源于公元 6 世纪左右的西南亚（Laufer, 1919）。在中国，菠菜又称"波斯草"（Anderson, 2014）。根据目前所掌握的史料，欧洲原本没有关于菠菜的记载，直到 11 世纪阿拉伯人四处征战才有所改变，菠菜似乎就是在那时与紫色胡萝卜等其他蔬菜一起传入了西班牙。德·康多尔引用的是伊本·贝塔尔（Ebn Baithar）的记载，而伊本·贝塔尔引述的则是更早的文献。他指出，菠菜是尼尼

1　灵魂料理（soul food）：非裔美国人的传统菜式。这一称呼起源于 20 世纪 60 年代中期，当时 "soul" 一词常用于形容美国黑人文化。大米、秋葵都是"灵魂料理"的核心食材。——译注

微和巴比伦普遍种植的植物，但是这段话的具体含义尚不明晰（de Candolle, 1884）。

这种农作物或许是沿喜马拉雅山南麓逐渐传播到尼泊尔，随后再从那里传播至唐都长安的（Laufer, 1919）。史料表明，菠菜在 7 世纪传入中国。如果是这样的话，那么这种作物或许最初是随胡人（来自伊朗的人）传入的（Simoons, 1990）。一份唐代文献显示，是佛教僧侣将菠菜呈献给宫廷的。但到目前为止，尚无考古资料能够支持这些文献记载，也没有任何资料能够解释，菠菜为什么会成为 20 世纪美国卡通人物大力水手获得非凡力量的来源！

在历史上，欧亚大陆中部的人们可能采收并食用过种类繁多的野菜。我们尚不清楚这些叶类蔬菜在当地特色饮食和文化中所发挥的作用。由于这些食物极易腐坏，且人们很少有保存种子的习惯，相关的植物考古学资料非常稀少。不过，历史文献和关于现代中亚游牧民族的民族植物学记载提示我们，这些叶类蔬菜在餐桌上的历史相当悠久。

在古人可能采食的数百种野生植物中，苋属和藜属同属于苋科植物，二者均有许多变种。在整个北半球以及南半球的部分地区（主要是安第斯山脉），人类在野外采收这些野草已有数千年的历史。许多地区的人们都将它们驯化成了蔬菜和粮食作物。在墨西哥和安第斯山脉，有 3 种苋属植物被驯化成了粮食作物：千穗谷（*Amaranthus hypochondriacus*）、老鸦谷（*A. cruentus*）和尾穗苋（*A. caudatus*）。这 3 种植物在今天的中国均有种植，但它们原产于美洲。第 4 种驯化品种三色苋（*Amaranthus tricolor*）

诞生于东亚，有时被称为"中国菠菜"。三色苋在古代中国的部分地区有种植，人们既为收获其种子，也为收获其叶片和茎秆。"中国菠菜"可用来称呼不止一种植物，野生苋属植物有时也全部归于这一类。人们普遍接受的看法是，三色苋最初在印度或东南亚被人类驯化（Zeven and de Wet, 1982; Li, 1959）。而在 5 世纪或 6 世纪，另一种植物红苋菜在中国北方各地均有种植（Simoons, 1990）。

像苋属植物一样，藜属植物与人类有着悠久的共同进化关系。其中，有一种杖藜（*C. giganteum*）似乎在中国被人类驯化，其种植范围一度向西延伸至喜马拉雅山脉；它有可能是在中国东部的龙山文化中最早被驯化的（约前 2400—前 1900）。藜属在美洲的传统饮食中最为常见：至少有两个藜属物种在南美被人类驯化：苍白茎藜（*C. pallidicaule*）和现在流行的藜麦。从玻利维亚的的喀喀湖附近的考古遗址发现的样本为藜麦的驯化提供了形态学证据，其年代可追溯至公元前 1500 年（Bruno, 2006）。来自墨西哥的伯兰德氏藜（*C. berlandieri ssp. nuttalliae*）可能是最近才驯化的品种。在墨西哥，还有一个藜属地方品种"毛苋菜"（huauhtzontle）的驯化时间更晚，当地人主要采收其形似花菜的膨大花序（Langlie et al., 2014）。伯兰德氏藜的一个亚种（*C. berlandieri ssp. jonesianum*）早在公元前 1800 年便在北美东部被人类独立驯化（Fritz and Smith, 1988）。不论在新大陆还是旧世界，古代人类还在野外采集过许多其他品种的植物，作为野菜或小粒谷物食用。值得一提的是，中国从野外采摘藜也有数千年的历史，古代中国人可能还曾照料这些植物（Simoons, 1990）。欧亚大陆各地都曾在野外采集相同的物种，史前欧洲甚至可能栽种过它们（Zeven and de Wet, 1982）。

在古代中国，藜属植物或许不止一次被独立驯化。早在公元前一千纪，秦朝之前的古代文献就反映出，平民百姓普遍以藜为食。早期文献中提到了菜羹和其他几种汤羹，其中就包括藜羹（Sterckx, 2011）。目前，植物考古学家仍在研究驯化为了收获种子而栽种的藜属植物的具体时间和地点，但这类植物作为叶类蔬菜显然有悠久的历史。

与锦葵属一样，这些叶菜在中国也因被视为穷人的食物而受到轻视（Anderson, 2014）。据说孔子将食用藜羹视为朴素安贫之美德的象征（Anderson, 1988），他在周游列国最穷困潦倒时便以藜羹果腹（孔子穷于陈蔡之间，七日不火食，藜羹不糁）（Sterckx, 2011）。元代（1271—1368）郭居业的《二十四孝》辑录了一系列关于孝道的故事。在"百里负米"的故事中，主角仲由家财万贯，却对少年时代充满怀念，那时他生活贫困，要拼命工作才能养活父母。为了表现他们的贫困，郭居业写道，一家人只有野菜可以吃，而他用以指代野菜的汉字就是"藜藿"。

《庄子》是道家两大经典之一，成书时间可追溯到公元前 3 世纪。书中记载了许多奇闻轶事，其中有一位生活极其贫穷的人物，据说他的手杖就是用干燥的藜茎制成的[1]（Anderson, 2014）。这显然是夸张的修辞，因为藜的茎秆无法支撑人的体重。尽管如

---

[1] 《庄子·让王》：原宪居鲁，环堵之室，茨以生草；蓬户不完，桑以为枢；而瓮牖二室，褐以为塞；上漏下湿，匡坐而弦。……原宪华冠縰履，杖藜而应门。——译注

此，"杖藜"却成了后世诗人津津乐道的意象，从杜甫到寒山，再到日本俳句诗人松尾芭蕉，他们都用这个意象来颂扬安贫乐道的美德（Anderson, 2014）。

汉阳陵坐落在古都长安以北，是西汉第六位皇帝汉景帝刘启（前 188—前 141）及其皇后的陵墓。这座皇陵内有 86 个外藏坑；在 15 号外藏坑（DK15）底部发现了一层保存完好的植物和谷物遗存，放射性碳测年显示其年代在公元前 300 年至公元前 200 年（Lu et al., 2016）。除了稻米、黍和粟，还有似乎为驯化型藜属植物的遗存（Lu et al., 2016）。这些西汉时期的种子很像是杖藜的（Yang et al., 2009）。云南省剑川县海门口遗址也报告发现了可能为驯化型藜属植物的种子（Zhijun Zhao, unpublished lecture, 2008; Xue, 2010）。

与上文讨论的野生锦葵属种子一样，欧亚大陆中部几乎所有的古代植物组合中都发现了碳化的藜属植物种子遗存。在很多情况下，它们的数量远远超过驯化的谷物（Spengler, 2013）。然而，我们无法判断它们来自人类的采食活动还是牲畜觅食。藜属植物是活跃或废弃的牧民营地的指示物种，得益于放牧活动，它们在游牧点周边的植被中反而更占优势（Spengler, Frachetti, and Fritz, 2013; Spengler Ⅲ, 2014）。从许多方面来说，藜属植物都是研究埃德加·安德森（Edgar Anderson）"垃圾堆驯化假说"的绝佳案例——该假说认为，某些植物在人类聚居地外围的垃圾堆或粪堆中生根发芽，在受到扰动的土壤中欣欣向荣，因此出乎意料地受到了人类的操纵（Anderson, 1952）。除此之外，对古代遗址中动物粪便的分析表明，藜科植物是牲畜饮食结构的主要组成部分。

尽管很难确定古代植物遗存中的野生藜属植物种子来自动物还是人类，但有几位学者认为，中亚早期人类曾经采食这种植物（Anthony et al., 2005; Popova, 2006; Motuzaite-Matuzeviviute, Telizhenko, and Jones, 2012）。至少有 1 位俄罗斯考古学家声称，在阿尔泰山脉的米努辛斯克盆地，铁器时代的早期人类曾采集这种植物（Bokovenkov, 2006）。

我本人在中亚进行植物考古学研究的过程中发现了许多藜属植物种子的遗存，特别是在塔斯巴巴、拜尔兹、穆克里（Mukri）和图祖塞等地。这些遗址均位于哈萨克斯坦东部的七河地区，此外还有乌兹别克斯坦的塔什布拉克（Spengler Ⅲ, 2015; Spengler Ⅲ, Chang, and Tortellotte, 2013; Spengler Ⅲ, Doumani, and Frachetti, 2014; Spengler, 2013; Spengler Ⅲ et al., 2018）。甘肃东灰山遗址出土了混杂在一起的苋科和藜科种子，年代在约公元前 1550 年至公元前 1450 年（Flad et al., 2010）。东欧大草原上的嘎顺萨拉（Gashun-Sala）发现了藜的种子（Shishlina, 2008）。在商代晚期杜岗寺遗址 P1H1 处，植物考古学家发现了藜属植物的种子（Spengler Ⅲ, unpublished report）。位于蒙古的匈奴时期遗址、位于哈萨克斯坦北部的波泰文化遗址（Fuller and Zhang, 2007）、中亚南部的阿吉库伊和奥贾克里等遗址也都发现过藜属植物的种子（Spengler Ⅲ et al., 2014a; Spengler Ⅲ et al., 2017a）。该属植物在欧洲的古植物群落中也非常常见（Helbaek, 1952）。

萨马拉谷地考古项目对克拉斯诺萨马拉斯克（Krasnosamarskoe）的长期定居点，彼申涅多尔（Peschanyi Dol）1 号、2 号、3

239

号和基比特（Kibit）1号游牧营地进行了发掘，旨在了解公
元前二千纪欧亚大草原心脏地带人类的聚居模式和放牧活动
（Anthony et al., 2005）。克拉斯诺萨马拉斯克位于伏尔加河中
游，是大草原西部沿河分布的几处大型古人类聚居地之一。萨
马拉河和索克河下游还有其他类似的聚居地（Popova, 2006）。
在这些遗址，木椁墓文化的先民用木头搭起墙和屋顶（Anthony
et al., 2005）。在这些遗址进行的大量植物考古学分析并没有
发现驯化农作物的迹象，但发掘者们设法拼凑出了当地社区结
合畜牧与采食野生植物的经济模式。他们尤其强调，野生藜的
种子在这一经济模式中十分重要（Anthony et al., 2005; Popova,
2006）。考察发现，在彼申涅多尔1号、2号、3号（尤其是2
号），克拉斯诺萨马拉斯克以及基比特1号和2号遗址，藜所占
的比例都很高（Popova, 2006）。在克拉斯诺萨马拉斯克一个被
水浸泡的坑（Feature 10）中，人们发现大量的藜中混有一部分
蓼属植物的果核，或许说明这里曾经是粮仓或储存谷物的窖穴
（Popova, 2006）。

　　汉斯·海尔拜克（Hans Helbaek）是农业活动起源之争早期
的著名参与者，他的看法是，藜属植物一定是史前欧洲人类的
主要食物来源之一。"在泥炭沼泽中的古人类尸体的胃里、日德
兰半岛被烧毁的房屋中的垃圾堆里，人们发现了藜属植物和酸
模叶蓼的种子，而在中欧和丹麦的食物遗存和储存的谷物中均
发现了不成比例的卷茎蓼（P. convolvulus），都能证明古人类曾
食用这些植物。"（Helbaek, 1952，221）在1950年对图伦沼泽
木乃伊（北欧泥炭沼泽中发现的数具保存完好的古代尸体之一）

的胃容物进行分析时，海尔拜克通过对其胃中种子的分析指出，
其生前最后一餐是由大约 40 种种子制成的面包或稀粥，包括大
麦、亚麻，藜属和蓼属植物（Helbaek, 1950）。其他沼泽木乃伊
的胃中也发现了类似的"最后的晚餐"。这些混合各种谷物和种
子的杂粮粥可能在欧亚大陆各地都是常见的一餐，从事农业活
动的史前人类很可能不会像我们今天这样仔细区分驯化型谷物
和野草的种子。

　　至于世界其他地方，藜在俄罗斯被视为一种食物，尤其是
饥荒时期的充饥之物（Popova, 2006）。无论过去还是现在，藜
和长柄藜（*C. murale*）在整个东南亚都被当作凉拌菜和绿叶蔬
菜。藜在西南亚一度被作为面包谷物种植。从地中海地区一直向
东到伊朗，海港藜或荚蒾叶藜（*C. opulifolium*）被视为绿叶蔬菜
（Boulos, 1985）。

　　历史文献也能够证明，在俄罗斯和中亚多地，人们会采收
藜科植物的种子作为谷物的补充。这些来自欧亚大草原的文献
中，最早的是 1092 年来自乌克兰基辅的史料。19 世纪 40 年代
的医学报告指出，俄罗斯许多农民的主食就是用藜科植物磨成
的面粉（Gordyagin, 1892; Popov, 1803; Stefanovsky, 1893）。20 世
纪 30 年代初闹饥荒的伏尔加河地区和二战后的苏联大部分地区
都有关于采收野生谷物的记载。用手推磨将这些谷物磨成粉，即
可制成未经发酵的面饼，人们通常还会加入一些大麦粉或黑麦
粉（Gordyagin, 1892; Popov, 1803; Stefanovsky, 1893）。这些拿到
市场上贩卖的面包被称为"黑面包"，因为里面还混有藜科植物
种子又黑又硬的外皮。其他俄罗斯文献也提到过采收藜及其异型

种（*C. viride*）的做法，这些种子磨碎后可与其他野生谷物（如藜属）一起烤成面包（Brockhaus and Efron, 1890–1907）。

坚硬的种皮和较长的休眠期使藜科植物很难实现人工种植。不过，这些性状也让它们格外适合受到人工干预的土壤，比如粪堆、菜园、废弃的畜栏和农田。种子通过反刍动物的消化系统存活下来，保持休眠状态，等到人类放弃该处定居点之后，藜科植物便成了先锋植物。由于休眠期相当长，它们很容易在土壤种子库中占据主导地位，几乎不可能将它们彻底从菜园中清除（长期斗争失败后的亲身体会）。在历史上的某个阶段，菜农们突然想到："如果不能消灭它们，那就把它们吃掉吧。"于是，他们将藜科杂草做成了沙拉。无论是有意还是无意，过去千百年来，人们设法将藜和苋改造成农作物。

在整个历史时期和史前时代，人类都在采收绿叶野菜，在某些情况下甚至在栽种这些野菜。在大多数情况下，这些蔬菜已经消失在历史长河中。唯一一种在中亚山地被人类驯化、至今仍存在我们厨房中的蔬菜是波叶大黄（*Rheum rhabarbarum*），它的野生亲缘种遍布内亚的高山草甸。时至今日，生活在帕米尔高原和兴都库什山的居民仍在采摘这些野草。

根菜与茎菜

胡萝卜

野生胡萝卜属于胡萝卜属，生长于北半球各地，人类在学会栽种胡萝卜之前，挖掘和食用野生胡萝卜可能已有数万年的历史。除了这一点，胡萝卜极易腐坏，栽种时通常使用块根而非种子，这些因素使我们几乎不可能通过植物考古学证据来追溯胡萝卜的起源。不过，许多碎片化的证据（大部分来自历史文献）表明，中亚古人或许对我们今天所知的某些根茎类作物已经有所了解，胡萝卜便是其中之一。

分类学家将驯化型胡萝卜分为了驯化路径可能有所不同的两大演化支。其中一个演化支的胡萝卜含有花青素，主根经常呈紫色或黄色；另一个演化支的植株内则含有胡萝卜素，也就是人们更加熟悉的橙色色素。紫色和黄色演化支在西南亚似乎表现出了无比丰富的多样性，尤其是在现代阿富汗地区——学者们相信那里就是它的原产地（Banga, 1957）。欧洲文献对胡萝卜追根溯源，认为含有花青素的胡萝卜在 10 世纪随伊斯兰教一同传入西南亚，在 12 世纪进入西班牙，后在 13 世纪或 14 世纪抵达欧洲的西北部（Banga, 1957）。我们熟悉的兔八哥和复活节兔子爱不释手的胡萝卜出现的时间或许还要更晚，可能是 17 世纪才从荷兰的野生居群中培育出的品系（Simoons, 1990; Banga, 1957）。

根据中国的史料，含有花青素的胡萝卜沿丝绸之路北线传入东亚的时间约在 13 世纪或 14 世纪。它们从丝绸之路北线传播至四川盆地，最终遍及整个中国南方（Simoons, 1990）。中国关于胡萝卜的最早记载出现在元代（Laufer, 1919）。元代蒙古人拥有广泛的交流网络，丝绸之路沿线贸易在元代蒸蒸日上。胡萝卜可能就是在这一时期沿着贸易路线走进中国的，"胡萝卜"中的"胡"再次体现了其与伊朗北部乃至中亚各民族"胡人"的关系（Anderson, 2014）。最初来到中国的胡萝卜有紫红色、红色、橙色或黄色等色彩。今人更熟悉的含有胡萝卜素的胡萝卜则是被殖民主义者带入中国特色饮食的。胡萝卜经常出现在中国人的餐桌上，像无名英雄一样默默为凉拌菜增色或作为装饰。

胡萝卜的一位近亲——欧亚泽芹（*Sium sisarum*）或许在此之前便经由丝绸之路到了欧洲，它也是伞形科的成员，其主根粗大、呈白色。今天欧洲和亚洲的部分地区仍将其作为食物，但在现代农产品市场上不如胡萝卜常见。泽芹的原产地似乎在东亚，但是，如果对历史文献的鉴定是正确的话，那么老普林尼笔下也出现了泽芹，他称其为提比略皇帝（前42—37）喜爱的食物之一。若果真如此，这种蔬菜想必在罗马时期之前便从中国传入地中海一带。

芜菁

芜菁同样是丝绸之路上的旅客，它先是传入中国北方，随后才出现在南方。与其他芸薹属一样，我们很难对涉及芜菁的古代文献进行筛选和分类，因为芜菁与又名大根的亚洲白萝卜外形非常相似，有时无法区分文献所指的究竟是这两种作物中的哪一种。不过，历史学家指出，芜菁是在公元6世纪之前从西方传播到东亚的（Simoons, 1990）。在现代遗传学的帮助下，人们得以慢慢拼凑出芸薹属作物的故事全貌。

洋葱

与本章讨论的诸多植物情况相似，准确定位葱属植物的驯化中心是一项艰巨而繁重的任务。任何探究洋葱、大蒜、韭菜、细香葱、小葱及其亲缘种驯化历程的尝试都面临两大事实的阻碍。首先，这种植物几乎没有驯化的必要，它们在野生状态下就含有大量造就其独特风味的硫化物，已经是几近完美的食物。其次，

243

这种植物兼有人工繁殖和野化生长的特性，让基因研究工作变得非常复杂。葱属植物的成员在北半球几乎所有的生态环境中均有生长，而且其中许多都可以互相杂交。它们的鳞茎保存下来并成为植物考古学物证的可能性比其他根菜（块茎和根状茎）还要低，因为，这类蔬菜只有在碳化或脱水之后才有可能保存下来，而这种情形十分罕见。从欧亚大草原到高原山地，遍布中亚的野生洋葱与人类驯化的现代洋葱极其相似。一些历史学家认为，洋葱有 3 个驯化中心（或驯化地区），分别是中亚、中国及其周边地区、西南亚和地中海一带（Simoons, 1990）。在我看来，这种观点是对实际情况的过度简化。某些形态的野生洋葱无疑在欧洲饮食诞生之初便是其中的组成部分，而且显然在中亚早期的饮食结构和中国传统烹饪中都是一种食材。不过，南亚有些文化传统认为洋葱不洁净、不可食。

数位在 19 世纪探访中亚北部的欧洲探险家指出，当地人采收野生葱属植物（比如别名熊葱的林地蒜、野大蒜、韭菜或阔叶葱）的鳞茎作为过冬的储粮，有时还会将野洋葱发酵处理，以便长期储存（Vainshtein, 1980; Priklonskii, 1953; Vainshtein, 1980; Seebohm, 1882）。今天，中亚各地都有野生葱属植物种茂盛生长，大量采摘或挖掘十分方便。传说，年少的铁木真（成吉思汗）和母亲被部落驱逐之后，不得不靠采摘野洋葱和捕猎小鸟维持生存。

百合与其他隐芽植物

百合是又一种成为人类食物来源的鳞茎植物。长期以来，百合科的成员不仅作为观赏植物得到人类的珍爱，而且被视为营养的来源，尤其是在北美、欧洲和亚洲的高海拔、高纬度地带。古代中国人和日本的阿伊努人都有采收数种野百合鳞茎的传统（Simoons, 1990）。《诗经》中提到百合科植物的根和干花蕾都可作为食物（Anderson, 1988）。现代花园里流行的虎皮百合起初在中国被当作粮食作物而驯化［但是请注意，不要将其与虎百合——萱草（Hemerocallis fulva）］混为一谈，萱草的根部同样可以食用，而且也起源于亚洲，《诗经》中也有提及）（Li, 1959; Zeven and de Wet, 1982; Simoons, 1990）。古代中国可能还栽植过另外几种百合，但它们没有留下明确的植物考古学证据。百合的鳞茎作为食物在中国备受推崇，沿着贸易路线进口和出口，在南方尤盛。

隐芽植物（拥有生长在地下的储存营养物质的器官，如鳞茎、根茎、根、块根与块茎）是阿尔泰山区的早期人类（如哈萨克人和图瓦人）以及更北部地区的先民（如雅库特人）重要的碳水化合物来源。19世纪来到中亚的欧洲探险家注意到野生植物，尤其是野生植物的根茎在当地饮食中的重要地位（Vainshtein, 1980; Seebohm, 1882; Priklonskii, 1953）。根据谢维扬·魏因施泰因（Sevyan Vainshtein）的记述，18世纪晚期前往俄罗斯中南部的偏远山区、在图瓦附近游历的早期欧洲探险家发现，从8月中旬开始，图瓦族牧民便会翻越高山去采收百合的鳞茎。在这些探险家眼中，游牧民的季节性迁徙是人类采食野生植物的必要手段，而不是为了寻找放牧畜群的草场（Vainshtein, 1980）。19世纪中叶，V.L. 普里克洛夫斯基（V.L. Priklonskii）觉察到，西伯利亚南部的雅库特人以及阿尔泰山区的其他游牧民群体（如阿尔泰—哈萨克人）对采食活动有着同样的依赖性（Priklonskii, 1953）。研究中亚流动人口的民族志学者也注意到类似的现象（Humphrey, Mongush, and Telengid, 1994; Mowart, 1970; Popov, 1966; Levin and Potapov, 1964）。许多野生根茎只在春季短暂生长，必须在暮春或初夏时节根茎储存了足够的养分之后方可为人采收。猪牙花属植物便是如此，采收的猪牙花球茎晾晒干燥后即可装入大麻袋储存（Humphrey, Mongush, and Telengid, 1994; Levin and Potapov, 1964）。新鲜鳞茎则可以直接埋入灰堆里烤熟食用，也可以与其他食物一同烹煮。

许多隐芽植物需要在夏末或秋季采摘，葱属、百合属、窄叶芍药、珠芽蓼、高山地榆和地榆等植物都是如此（Levin and Potapov, 1964; Mowart, 1970; Popov, 1966; Vainshtein, 1980）。百合的鳞茎从 8 月开始收获，高山地榆的根在 7 月和 8 月都可以采收（Vainshtein, 1980; Priklonskii, 1953）。历史学家、民族志学家和研究哈萨克族与其他中亚游牧民族的观察者都曾注意到，野生和栽培植物曾是（现在也是）容易缺乏维生素 C 的冬季饮食中相当重要的组成部分。葱属植物的鳞茎可以储存整整一个冬天，而且维生素 C 的含量非常高（Priklonskii, 1953; Seebohm, 1882; Di Cosmo, 1994）。

小结

虽然中亚常被描述为一片畜牧业占统治地位的土地，但是至少从公元前二千纪开始，蔬菜在经济中的重要性丝毫不亚于谷物和水果。然而，许多根菜和叶菜都没有保存至今的种子或考古遗存，因此，想要解读它们在人类饮食中曾经扮演的角色几乎是一个不可能的任务。不仅如此，牲畜粪便燃烧留下的痕迹经常掩盖人类采收或栽植锦葵属或藜科植物的证据。凭借零星的历史文献和民族志记录，人们对有组织的贸易路线形成之前中亚古代先民餐桌上的蔬菜只有极其模糊的认识。

12

香料、油和茶叶

当你在阿拉木图、阿什哈巴德、比什凯克、布哈拉、喀什、塔什干或乌鲁木齐的集市闲逛时，嗅觉的指引会让你在不经意间来到香料商贩的摊位前。在香气的催促下，你匆匆走过悬挂陈年腌羊排、香肠和下水的肉铺，走过摆满马奶酒和干酪等发酵乳制品的小桌。色彩繁多的植物粉末、干燥的叶片、种子、果皮、茎秆、根茎和花朵交织成一场视觉盛宴，也是嗅觉和味觉的盛宴。它们的辛香与集市上其他各种醒神的香气混在一起，融合成丝绸之路独一无二的气息。但是，这些相隔千山万水的香味是如何汇聚在一起的呢？是什么力量将这些香料从亚洲的各个角落带到大陆腹地的沙漠和高山地带？这是一个足够写上好几本书的故事。在本章中，我只能勾勒出故事大致的轮廓。另外，我还将简单介绍几种在中亚某些特色饮食中备受关注的油料作物的故事。最后以丝绸之路上重要的作物之一——茶作为结尾，这种植物曾一次又一次地左右历史的进程。

丝绸之路上的香料：亚洲风味

中国许多地方和民族特色饮食的烹饪秘诀都在于对植物中次级产品的应用，以赋予菜肴独特的风味。然而，今日中国常见的香料没有几样能追溯到 2000 年以前。中国特色饮食的兴盛，是随着汉代丝绸之路的历史性"凿空"、大汉帝国的向南扩张以及通往东南亚的贸易路线的建立才得以实现的。在唐代，贸易路线深入印度以及远至太平洋和印度洋上的群岛，这才真正奠定了我们印象中"中国传统饮食"的基础。在本章中，我只提到了古代中亚集市上贩卖的几种重要香料，而这几种香料也为欧洲和北美的美食增添了许多风味。

现代南欧和东亚美食中许多至关重要的香料都发源于东南亚，后沿香料之路南线传播到地中海一带。比如，姜原产于东南亚的热带雨林，但在公元 1 世纪便已是南欧熟悉的香料（Laufer, 1919）。至今保存最完好的伊斯兰世界食谱出自 13 世纪叙利亚的一位佚名作者之手，最近，这本书的英文版以《宴会钟爱的食色至味》的书名出版。该书记载了阿尤布王朝上层社会的厨房里使用的诸多香料和草药，包括沉香木、肉桂、香橼、芫荽、茴香、大蒜、茉莉（和其他有香气的花）、马郁兰、麝香、洋葱、罂粟籽和芝麻籽、红花、檀香木、糖和漆树等（Perry, 2017）。

黑胡椒是南亚热带地区的胡椒属植物，早在汉代便已传入中国,《汉书》中有相关记载 [1]（Laufer, 1919）。这种今天随处可见的香料在罗马时代便是香料之路上运载的主要货物，船只定期在印度西南部的马拉巴尔海岸停泊，商人收购干燥的胡椒运往罗马。古罗马境内的许多遗址都发现了古代胡椒壳，比如位于埃及的贝勒尼基港和库塞尔—阿勒卡迪姆港（van der Veen, 2011）。若干古典时期的文献［尤其是记录埃及东部商人艰难跋涉的《厄立特里亚航海记》（ *Periplus Maris Erythraei* ）］都证明，这种香料由船只运抵红海，随后再经陆路运输到地中海地区。5 世纪，罗马为安抚大举进攻的西哥特人而支付的赎金中，不仅包括 5000 磅黄金、30000 磅白银、4000 件丝绸外衣、3000 张染成鲜红色的兽皮，还有 3000 磅黑胡椒（Norwich, 1989）。然而对罗马人不利的是，此举唯一的效果是刺激了西哥特人对黑胡椒和丝绸的胃口。在库塞尔—阿勒卡迪姆港，人们在伊斯兰时期的文化层中也发现了大量胡椒籽。

在古罗马围城战发生很久以后，胡椒仍然是上千艘船扬帆远航的动因。12 世纪，威尼斯和热那亚商人在地中海香料贸易中取得主导地位，两座城市展开了激烈的竞争，最终爆发了那场让马可·波罗遭受牢狱之灾的战争。据说，马可·波罗正是在狱中讲述了自己远涉中国的经历。15 世纪 90 年代，欧洲人对胡椒和其他香料——比如八角茴香、姜黄、豆蔻、丁香、肉豆蔻核、肉豆蔻皮和肉桂——的渴望促使克里斯托弗·哥伦布、瓦斯科·

1　经查，《续汉书》中有"天竺国出石蜜、胡椒、黑盐"的记载，但《汉书》中并未提及，此处疑为引述不准确。——译注

达·伽马等富有进取精神的冒险家乘风破浪，去探索遥远的土地和未知的海域。在殖民时期，丁香成了航海香料贸易中重要的商品之一；它们不是早期丝绸之路上运载的商品，因为市场上的丁香全部产自马鲁古（摩鹿加）群岛的少数几座岛屿（de Candolle, 1884）。

不过，在海上香料贸易路线发展成熟之前，香料一直经由陆路运输。八角茴香在普通话、粤语、波斯语、乌尔都语、马其顿语、西班牙语、俄语、拉脱维亚语、法语和德语中的名称都源自相似的词根，证明这种香料曾通过说波斯语的粟特商人和波斯商人沿丝绸之路一路传播（Nabhan, 2014）。八角茴香是一种原产于中国西南部以及越南的热带香料，但今天在东南亚各地均有种植。

古典时期的罗马特色饮食中有四种不可或缺的香料：芫荽、孜然、蒔萝和黑孜然。在罗马帝国诸多偏远的角落——从埃及、红海沿岸直到整个地中海，许多遗址都发现了这 4 种香料保存完好的遗迹（Zohary, Hopf, and Weiss, 2012）。这 4 种香草在古代丝绸之路上都大名鼎鼎，但在中亚历史上地位最为突出的两种是孜然和黑孜然，时至今日依然如此。芫荽为一年生植物，其干燥的种子和新鲜的绿叶均可食用；叶片常被称为香菜。这种草本植物生长在地中海南岸的部分地区，是西南亚和地中海东部特色饮食的支柱。约公元前 6000 年的纳哈勒·赫马尔（Nhal Hemar）洞穴位于死海附近，就在以色列境内示罗山（Mount Selom）西北部，这座洞穴里发现了芫荽的踪迹；同样在以色列，海滨小镇亚特利特（Atlit）附近的亚特利特—雅姆古村也发现了芫荽（Kislev,

1988）。在西南亚的许多考古遗址，包括在土耳其和叙利亚境内，都发现了保存完好的芫荽种子；最早的发现年代可追溯至公元前五千纪（Zohary, Hopf, and Weiss, 2012）。

东亚文学作品中最早关于芫荽的记载出自 6 世纪，而相关历史文献则出自 8 世纪（Laufer, 1919）。根据早期佛教传统，芫荽是僧侣和炼形家禁食的五荤之一[1]。而在犹太教和基督教的典籍中，《出埃及记》《民数记》和《塔木德》都提到过芫荽的种子。阿里斯托芬、泰奥弗拉斯托斯、希波克拉底、迪奥斯科里德斯、老普林尼和科鲁迈拉也都提过这种香草（Nabhan, 2014）。在题为《创世纪》（*Bundahishn*）的古代琐罗亚斯德教（祆教）文献中，关于芫荽的记载让一部分历史学家认为，芫荽的种植在古代波斯同样拥有举足轻重的地位（Laufer, 1919）。来自中国的文献资料则表明，芫荽在公元 6 世纪便出现在中国，它极有可能是丝绸之路上相当常见的货物。

阿魏（*Ferula asafoetida*）是另一种原产于中亚的重要香料。有些学者认为它与古罗马传奇香料"罗盘草"存在亲缘关系。阿魏是一种生长在伊朗和阿富汗的极度干旱地区的野生植物，生长范围最北至费尔干纳盆地。这种植物能够分泌气味恶臭刺鼻的树脂，将干燥后变硬的树脂碾碎即为香料。在克孜勒库姆沙漠中，

---

1 《本草纲目·菜部》："炼形家以小蒜、大蒜、韭、芸薹、胡荽（香菜）为五荤；道家以薤、蒜、韭、葱、胡荽（香菜）为五荤；佛家以葱、蒜、韭、薤、兴渠为五荤"。清《印光法师文钞》："五荤，我国只有四，即葱韭薤蒜。薤，即小蒜。西域有兴渠，吾国无此一种。有以芫荽为五荤之一者，乃外道所立耳……薹荽非五荤，所食无罪"。由此可见，香菜并非佛教五荤，炼形家也并非佛门子弟，文中引述似有不准确之处。——译注

251　这种植物沿着丝绸之路泽拉夫尚段的主要路线茂盛生长。

　　番红花曾先后成为波斯和阿拉伯特色饮食中的重要香料，同时也是丝绸之路上的珍贵商品。它的价格极高、重量又很轻，因此利润甚至比丝绸还要丰厚。直到今天，番红花仍是世界上最昂贵的香料。番红花干燥的花蕊柱头可以为颜色暗淡的食材（尤其是大米）增添亮黄的色泽和浓郁而独特的风味。从大约 150000 朵花或面积约 2 英亩的耕地里，人们精心挑拣出 3 厘米长的柱头，耗费大量人力才能得到 1 千克成品（Nabhan, 2014）。现代驯化型番红花品种是所有番红花属中种植最广泛的品种，人们普遍认为这一品种是基因组复制的产物，是历史上人类曾经采收的若干野生型品种中的两种发生杂交的结果。在这个多倍体繁育品种的两大亲本中，有一种极有可能是卡氏番红花（*Crocus cartwrightianus*），目前在希腊大部分地区均有分布。而另一种则有可能是托氏番红花（*C. thomasii*）或其古代近亲，同样分布于地中海一带。番红花偏爱炎热干燥的夏季和温和的冬季。由于花朵无比娇嫩，一旦在花期遭遇雨水或霜冻，便会给收成带来毁灭性的后果。

　　历史文献可以证明，印度在吠陀时代（前 1500—前 500）便有番红花生长。在克里特岛的米诺斯王宫，一堵墙上刻有距今 3000 年的番红花属植物的花朵图案。来自约公元前 1645 年的米诺斯陶器和壁画上也有表现番红花的图案，圣托里尼岛上的阿克罗蒂里遗址有一幅名为"采摘番红花"的壁画，便是其中的代表（Zohary, Hopf, and Weiss, 2012）。由此可见，在古希腊—罗马时代，采收番红花的习惯可能广为流传。这种香料有可能通过克什米尔传入中国，但出产番红花的地方应该是波斯，因为番红花在丝绸之路北线的收成不会很理想。莫卧儿皇帝阿克巴的维齐尔阿卜勒·法兹指出，在 17 世纪初，番红花是位于克什米尔的帕姆普尔（Pampur）村一带的主要农作物，他说："人们在番红花田里举杯设宴。一丛丛花朵盛开，漫漫田野成为一片花海。馥郁的微风沁人心脾。植物的茎秆紧靠地面。花朵有四瓣，呈紫罗兰色，大小与鸡蛋花差不多，花心里探出三根柱头。"（Fazl, 1873–1907）番红花在中国有一个古老的名字——"藏红花"，证明这种植物是通过帕米尔高原或喜马拉雅山脉南麓传入中国的（Simoons, 1990）。

在印度，番红花常与红花搭配使用，后者也能将食物染成类似的深橘黄色。文献资料经常将红花与姜黄混为一谈；事实上，姜黄粉用姜黄属植物干燥的根茎制成，是姜的亲近。红花的原产地——西南亚至今还分布着许多野生亲缘种。中亚南部、阿富汗和伊朗都有种植红花的传统。人工栽种红花的最古老的证据来自公元前二千纪中期的埃及（Zeven and de Wet, 1982）。在 3 世纪或 4 世纪传入中国之后，红花既是染料，也是香料。一部中国早期文献提到了红花，但人们使用了另一个名字来称呼它，显然是翻译不统一的缘故（Laufer, 1919）。近期对红花种子考古发现的综合性研究表明，这种植物最早在公元前 3000 年左右出现在叙利亚，随后逐渐蔓延至土耳其、巴尔干半岛、欧洲东南部和埃及（Marinova and Riehl, 2009）。

还有一类沿古代贸易路线传播的香辛料植物产品很有意思，它们取自某些木本植物（主要是肉桂演化支成员的）树木内皮。

在过去，因为含有芬芳的次生化合物而为人类所利用的野生肉桂类植物品种颇多，但古代著名的品种之一还要数肉桂，俗名中国肉桂或简称为桂皮。这种香料的气味至少与我们更熟悉的近亲锡兰肉桂一样强烈。与中国肉桂一样，锡兰肉桂取自树木内皮，含有高浓度的精油和肉桂醛，因此散发出熟悉的辛香气味。这种树生长在东南亚各地，在中国南方的广东省和广西壮族自治区也有种植。公元前 214 年，秦朝的第一位皇帝秦始皇征服了以盛产桂树闻名的地区，将其命名为桂林郡（Nabhan, 2014）。这便是现在的广西壮族自治区桂林市一带，这座城市曾是明清时期的广西首府，直到今天也依然是广西大型城市之一。

早在中亚对肉桂有所了解之前，粟特商人和波斯商人已在丝绸之路沿线运送桂皮。在波斯语和阿拉伯语中，肉桂被称为 dar-sini 或 darsini-sini，字面意思译为"中国的香木"或"中国的中国肉桂"，这个称呼凸显波斯的桂皮多沿发源于中国的丝绸之路（或香料之路）南线输出的事实（Nabhan, 2014; Anderson, 2014）。直到今天，维吾尔族仍然用 dar 一词泛指各种香料，表明桂皮在中亚部分地区的历史上具有重要地位。

希罗多德将桂皮与乳香、没药、肉桂和劳丹脂（Cistus creticus，一种树脂）列为阿拉伯的几大主要香料（Herodotus, 1920）。希罗多德知道，这些香料跟随阿拉伯商人登陆希腊港口，在市场上能卖出高价，但他只记述了几则关于其制取方式和生产香料的植物的奇闻。比如，他坚称，用于制备乳香的植物生长之处有恶龙或有翼大蛇守护，阿拉伯半岛的住民冒着极大的生命危险才能得到它们。希罗多德还宣称，桂皮长在深潭之中，岸边有巨型蝙蝠把守，而肉桂则来自巨鸟在悬崖峭壁上筑巢用的树枝。

希罗多德并不是唯一宣扬这些传说的古典作家。泰奥弗拉斯托斯也为我们提供了关于香料来源的传闻逸事。他显然不清楚桂皮产自哪种植物，不过，至少他知道桂皮同没药和乳香一样，是商人经由阿拉伯带来的。相对持怀疑态度的老普林尼则声称，这些传说都是阿拉伯商人为抬高香料价格而杜撰的。从这些故事可以看出，消费者在香料之路的全球化市场上距离生产系统和产品端多么遥远。

可以说，花椒是香料之路上最独特的风味，它是花椒树（又称蜀椒树）果实内的种子。这种独特的刺激性香料是许多传统川菜的精髓，它能够在产生烧灼感的同时让舌头感到发麻。对四川盆地和青藏高原的人民而言，花椒是当地特色饮食和身份认同的关键要素，但是，花椒在内亚之外的地区并不那么容易受欢迎。在辣椒从美洲殖民地传入中国之前，花椒是中国中部地区唯一为人所知的辣味香料。然而，今天美国流行的川菜中往往没有花椒的身影。美国在 20 世纪 60 年代后期禁止进口花椒，因为当时发现花椒的果实是一种引发柑橘溃疡病的细菌的携带者，这种病害对美国东南部各州的橙子园是一大威胁（Nabhan, 2014）。2005 年，经过加热灭活处理的四川花椒获准进口，从那以后，它们终于再度出现在北美各地的亚洲特产市场上。

这种香料在中国，尤其是中国西部地区历史悠久。《诗经》中曾数次提及花椒树的果实。早期文献似乎曾提到日本花椒（*Zanthoxylum piperitum*）和野花椒，可能还提到其他品种。在历史上人类曾经采收果实的几种花椒树中，日本花椒的分布范围最广（在中国各地和日本的野生环境下均有发现），也是今天人工种植范围最广的树种。过去丝绸之路沿线想必还交易过其他花椒物种，特别是喜马拉雅山脉特有的本地物种。在埃及的古代伊斯兰贸易港库塞尔—阿勒卡迪姆（1040—1160）发现的少量古代植物种子有可能就是日本花椒籽（van der Veen, 2011）。

油料作物

在今日中亚的特色饮食中，烹制菜肴几乎都用羊油，通常取自阿富汗某个肥尾羊品种的尾部。不过，生活在这一带的人显然也懂得用植物榨油，而且直到今天，植物油在一些地区的特色饮食中依然扮演着重要角色，乌兹别克斯坦就是一例。对于古人如何对油料作物进行加工或压榨，我们知之甚少，但中国西部仍有多地沿袭了传统榨油工艺，主要压榨菜籽油。初夏时节，欧洲也能看到熟悉的风景：明黄色的油菜开满田野，恰如中国中部的四川盆地。旅行者在冬季走进任何一座小村庄，立刻就能嗅到某种东西燃烧时散发出的一种独特而浓郁的木质香气——炒制油菜籽的气味。村民在整个冬季不紧不慢地压榨菜籽油，因为加工所需要的缓慢加热也能让室内保持温暖。在成品油问世、烹饪高度依赖动物脂肪之前，许多中亚村庄也曾弥漫类似的气味。我在中亚南部几处公元前二千纪的遗址发现了亚麻和扁柄草（*Lallemantia iberica*）的古代植物遗存。其他油料作物还包括大麻、棉花、罂粟，后来还出现了亚麻荠和芝麻等，这些油料作物从伊朗高原一直延伸到印度河流域，或者说，从印度河流域一直延伸到伊朗高原。

像亚麻一样，大麻和棉花既是油料作物，也是纤维作物。这两种植物起源和传播的历史错综复杂，许多重大空白尚未得到填补。但我们了解的情况是，这两种植物在公元前二千纪之初便完全被人类所驯化。大麻可能原产于中国；棉花至少有一种源自于印度，而另一种则可能来自南亚的其他地区。

芝麻

你在贝果或汉堡面包上经常见到的白色或黑色的扁平小粒种子，就是油料作物——胡麻饱含油脂的种子。这种作物主要分布在南亚，拥有曲折而有趣的悠久历史。许多历史学家和学者都认为它是从印度向西扩散到中亚的，但是它在丝绸之路上的旅行路线不甚清楚，也几乎没有科学依据支撑。历史学家津津乐道的另一个观点是：芝麻在汉代从中亚传入中国[1]（Nabhan, 2014; Wood, 2002）。根据传说，是伟大的使者张骞将芝麻带回了汉朝。但是，与之前一样，没有考古证据支持这种言论。

这种作物有可能原产于印度，是东方芝麻（*Sesamum orientale var. malabaricum*）的一个变种。植物考古学发现的最古老的芝麻遗存出自印度河流域的哈拉帕文化，时间大约在公元前2600年至公元前2000年（Nabhan, 2014）。中亚早期遗址没有发现这种作物的物证，目前尚不清楚它在何时到达中国。待中亚有更进一步的植物考古学考察，或许芝麻的故事才能大白于天下。

---

[1] 《本草纲目》卷二十二·谷部·之一：时珍曰：按沈存中《笔谈》云："胡麻即今油麻，更无他说。古者中国止有大麻，其实为蕡。汉使张骞，始自大宛得油麻种来，故名胡麻，以别中国大麻也"。——译注

西南亚各地的中世纪后期定居点遗址偶尔会发现保存完好的芝麻种子，不过极少有大量集中出现的情况。但叙利亚的沙赫勒丘I期遗址是一个例外：该遗址一座年代在8世纪中叶到9世纪的壁炉中发现了一大批芝麻籽。在叙利亚境内的美索不达米亚两河流域的上游地区，许多年代在8世纪至13世纪的遗址都发现了少量芝麻籽（Samuel, 2001）。显然，芝麻在当时作为夏季作物已有一定的地位，书面文献中也有提及；但是鉴于它们在考古现场出现的频率较低，我们不禁要问：芝麻在轮作制度中究竟处于怎样的地位，它又是否传播到了中亚等地区。早期阿拉伯地理学家对芝麻的种植往往着墨很少。举例来说，11世纪的伊本·瓦赫希亚在其《纳巴泰农事典》中详细介绍了水稻等多种农作物的栽种情况，但对芝麻只是一笔带过（El-Samarrahie, 1972; Samuel, 2001）。

麻

麻可能是人类历史上的第一种油料作物。它是西南亚基础作物组合中的一种，至少在1万年前便在新月沃土被人类驯化（Zohary, Hopf, and Weiss, 2012）。驯化型麻类植物在新石器时代传遍整个欧亚大陆。亚麻布用从麻类植物的茎秆中提取的纤维纺织而成，在羊毛出现之前，亚麻布很可能是欧亚大陆占据统治地位的纺织品（Doumani, Spengler, and Frachetti, 2017）。麻是一种需水量很大的作物，每年需要750毫米以上的降水或人工灌溉，因此中亚北部的许多地区都不易种植这种作物，而丝绸之路沿线发现的早期纺织品的残片实际上很可能是其他地方的产品（Doumani, Spengler, and Frachetti, 2017）。中亚的亚麻布遗迹可追溯至公元前二千纪。阿富汗苏尔图盖遗址（公元前三千纪或前二千纪早期）的 I 期 2 层发现了 3 粒种子，经鉴定为"亚麻属植物"；同样在这处遗址，人们还在泥砖上发现了亚麻籽的印痕（Willcox, 1991）。米里喀拉特（Tengberg, 1999）、皮腊克（Costantini, 1979）以及整个哈拉帕文化（Fuller, 2011; Weber, 1991; Fuller, 2008）的青铜时代文化层，都发现了亚麻籽。此外，我还在土库曼斯坦的 1211 遗址（前 1400）发现了 1 块似乎是亚麻籽的种子碎片，与一批驯化谷物混在一起（Spengler Ⅲ et al., 2014a; Spengler Ⅲ et al., 2017b）。根据考古发现的这些早期亚麻籽遗存，我们无法判断古人种植这种植物是为了获取谷物、亚麻籽油还是亚麻纤维。在亚麻不易成活的中亚北部，羊毛或许更受青睐，而亚麻可能在铁器时代逐渐丧失其重要地位。

驯化的麻类植物可能沿喜马拉雅山脉南缘传入中国。在尼泊尔上木斯塘宗河河谷的米拜克和蒲赞林墓葬遗址（前 1000—100），有充分证据能够证明喜马拉雅山脉曾出现麻类植物。从这些遗址的考古发现可以看出，西南亚的农作物曾经扩散至该地区，然后与原产于东亚的农作物一起被当地的农民接纳。在约公元前 400 年的遗址 2 期，古人曾栽植驯化型麻类作物、裸大麦和皮大麦、普通小麦、黍、豌豆、扁豆和大麻等（Knörzer, 2000）。沿同样的路径，在巴基斯坦斯瓦特地区的加勒盖、比克龚代（Bir-kot-Ghundai）和洛伊班（Loebanr）出土的农作物中也有麻的身影，这几处遗址的年代在公元前 1900 年或更早（Costantini, 1987）。布鲁扎霍姆、古复克拉和桑姆珊（均位于克什米尔，约前 2800—前 2300）也出土了其他西南亚农作物的古代植物遗存，说明麻是传入该地区的大批农作物中的一种。西藏东部关于大麻的证据来自高海拔地带的阿梢垴遗址，证明力相对较弱。该遗址报告发现的大麻籽样本比亚洲的驯化品种和中国的野生品种都要小，鉴于这一点，负责该项目的植物考古学家提出，它们可能是某个野生植株的种子。然而，研究人员的命名方式有些令人困惑：他们用包括亚麻（d'Alpoim Guedes et al., 2015）在内的好几种分类名来称呼这些野生麻籽。

中国早期文献中的"麻"所指内容复杂，给后人的解读制造了许多困难（d'Alpoim Guedes et al., 2015）。早期使用的称呼是"胡麻"，即中亚南部和伊朗一带的"胡人之麻"，这个词既可以指亚麻，也可以指芝麻（Laufer, 1919）。二者都是油料作物，也都很有可能在公元后的几个世纪里经由喜马拉雅山脉南麓或中亚的贸易路线传入当时的中国。不同的是，亚麻原产于西南亚，而芝麻在至少 3000 年前于南亚（可能是印度）被人类驯化。

扁柄草

扁柄草俗名龙头草，今天这种作物在很大程度上已被人们遗忘，但它在古时候广泛种植于中亚南部、西南亚和欧洲东南部，为人类提供用于烹饪、照明、涂清漆和鞣制皮革所需的油（Dinç et al., 2009; Jones and Valamoti, 2005）。这种植物在中亚南部和西南亚共有 5 个野生品种（Dinç et al., 2009）。在希腊北部的马其顿地区，考古发现的古代植物样本在形态上与大扁柄草（*Lallemantia peltata*）、扁柄草和灰扁柄草（*L. canescens*）都很相似，只是灰扁柄草的种子略大一些（Jones and Valamoti, 2005）。我在土库曼斯坦南部穆尔加布地区的阿

图 29　中国内蒙古以传统方法收割用于榨油的亚麻籽，2010 年。农民用工具敲打，将种子敲松。在用石磨将种子磨成油之前，他们先要进行手工筛选，分入篮中，然后慢慢加热，让油浓缩
摄影：本书作者

吉库伊古城发现的扁柄草种子遗存在形态上似乎也与希腊发现的古代种子颇为相似（Spengler Ⅲ et al., 2017b）。在阿吉库伊发现的扁柄草种子与其他人工栽种的作物种子（如小麦、大麦、豆类和黍）混在一起，这一事实为古人将扁柄草作为食物的观点提供了支持。但是，该地区也有野生扁柄草生长，因此这一假说目前尚无法验证。

在公元前二千纪马其顿地区的遗址，如曼达洛（Mandalo）、阿尔奇迪科（Archondiko）和阿斯罗斯（Assiros），以及稍晚的阿吉奥斯玛玛斯（Ayios Mamas）和卡斯塔纳斯（Kastanas）遗址中都发现了扁柄草的种子（Jones and Valamoti, 2005）。这种植物可能是随中亚游牧民一起来到这片地区的（Valamoti and Jones,

2010）。这一假说可以支持"粟米通过里海南部地区的路线传播到安纳托利亚，最终经由巴尔干半岛传入欧洲"的观点。这样的传播路径或许能够解释为什么黍很晚才传入西南亚各定居地的农业中心。在中亚南部和西南亚的边缘，黍一直被当地居民视为牧业经济的补充。而扁柄草能很好地融入这些居无定所的民族经济，因为它具有耐旱和生长季节短的特点，这也正是粟米在欧亚大陆的流动人口中广受青睐的两大特征。

一盏茶：骆驼的汗水凝成的砖

　　若不谈到茶，那么关于丝绸之路沿线植物的讨论就是不完整的。恐怕没有其他任何一种植物能像低调的中国茶树一样成为全球化的代表，这种植物造就了不列颠群岛的下午茶、色深味重的印度阿萨姆红茶、俄罗斯甜润的奶茶以及辛辣的南亚香茶。茶在全球的普及与古老的丝绸之路息息相关。日本有一则传说称，茶树是一位行脚僧的眼皮变成的，这位僧侣从印度出发，历经漫长的旅途之后，在 519 年到达中国。这位僧侣希望潜心诵经，却难以保持清醒，于是便割下自己的眼皮，以免阖上双眼。茶树就从他丢弃的眼皮上长了出来。中国也流传着一个与之类似，但相对不那么血腥的故事版本。相传印度王子菩提达摩发誓要在洞窟内持续不断地冥想九年——达摩在中国艺术作品中常被描绘成身材高大、眉毛浓密、神情严肃、身穿丝袍的形象。在冥想期间，达摩不小心睡着了。作为对自己违背誓言的惩罚，他剃掉眉毛，将它们扔到地上。第二天，他发现在那浓密的眉毛掉落的地方生出了一丛茶树，吃下茶树叶之后，他顿觉精神百倍，又可以继续冥想了（Mair and Hoh, 2009）。

世上茶叶品类繁多——冻顶乌龙、珠茶、烟茶、碧螺春、伯爵茶、日本玉露和抹茶、锡兰红茶、爪哇白毫、橙白毫、普洱、茎茶、茉莉花茶、龙顶茶和蒙顶茶——或许让人感到意外的是，所有这些茶叶全部来自同一种植物。区别在于茶叶收获之后的加工方式。四大类茶——白茶、绿茶、乌龙茶和黑茶——的主要区别在于茶叶的氧化程度，即茶叶在干燥之前所经历的陈化过程，正是这一过程让茶叶逐渐变成棕色并发展出独特的风味。在氧化至理想的程度之后，茶叶即可干燥储存。茶学家研究出了数百种茶树人工培育品种以及茶叶加工的方法，但归根结底，所有精妙而复杂的风味都来源于这一小片碧绿的树叶。

如今，茶在许多热带和亚热带地区生长。茶树四季常绿，对霜冻的耐受性不高。除了能开出白色或黄色的花朵，这种灌木在外观上并不引人注目。今天，全球各地以培育出数以百计的地方茶树品种制成的茶叶在市场上出售。在中国南部，有些高品质茶叶产自海拔 1000 米至 1500 米的山麓地带，这些中国茶树多为叶型较小的灌木。根据所炮制的品类不同，茶农在茶树生长的不同阶段采摘茶叶或叶芽。

明代的人们更喜欢绿茶，但也将茶叶氧化的技艺发展到了炉火纯青的地步，无论是半发酵的乌龙茶还是完全发酵的红茶。让茶叶发酵的做法始创于 16 世纪，武夷山的佛教僧侣最先将经过捶打的茶叶放到阳光下晒干，就这样制造出了世界上最早的乌龙茶（Mair and Hoh, 2009）。在中亚、蒙古和西藏地区，茶叶在氧化和干燥之后被压缩成坚硬的茶砖，待饮用时将其敲成碎块，置于沸水中烹煮即可。这样的茶砖在中亚和北亚游牧民族的日常饮食中不可或缺。藏民则习惯在茶中加入牦牛奶制成的酥油、青稞粉和盐。在云南茶叶种植区的核心地带，茶叶常与草药和鲜花混在一起烹煮，其中许多花草都是从很远的地方运来的。白族、傣族、哈尼族、苗族、纳西族、藏族和彝族等少数民族茶农所采摘的云南茶以大叶种茶居多，烹煮时加研磨黑胡椒粉、盐和其他香料（比如在殖民时代传入中国的辣椒粉）调味。在历史上，中国南方曾将茶叶作为供奉祖先的祭品（Fuchs, 2008）。云南的佤族和彝族也以带有浓郁熏木气味的烤茶而闻名（Mair and Hoh, 2009）。

最早将茶叶称为饮品的文献记载出自王褒在公元前 59 年撰写的《僮约》。这则故事写道，年轻的仆从奉命去成都附近的武阳镇集市买茶，回家后还要烹茶。在汉代，茶叶似乎已经与中国人的身份认同产生了一些联系，尽管当时最主要的饮料还是米酒（Mair and Hoh, 2009）。

6 世纪，人们在采摘人工栽种的茶树叶的同时也会采摘野茶。在唐代，茶叶通常要经过干燥处理并磨碎，随后置于铁釜或甑壶中加盐煮沸，盛入茶碗内小口啜饮。宋代茶俗发生了变化：先在汤瓶中单独将水煮沸，再以沸水冲茶。精英阶层对汤瓶十分讲究，通常为有细长注水口的大口瓷器。将产自云南的茶饼装入丝袋内研碎，再将磨碎的茶末置于茶盏中以热水冲泡；最后用竹制的茶筅击打茶汤至起沫（Mair and Hoh, 2009）。

从陆羽在 8 世纪创作的《茶经》可以看出，在唐代，茶显然已成为中国人身份认同不可缺少的一部分（Anderson, 1988）。唐

宋时期，这种饮品在整个东亚迅速传播开来。宋朝末年，茶再也
不是仅供上流社会享用的饮品，即便是最贫穷的农民也将其视为
日常生活的必需品。

追溯中国茶叶故事的难点之一在于"茶"一词所指的内涵。
与英文中的 tea 一样，古汉语中的"茶"在整个唐代都可泛指各
种草药或其他树叶冲泡而成的饮料。酒精饮料也存在同样的问题：
一些中国作者将所有含酒精的饮料泛称为"酒"，因为这个词听
起来比"啤酒"或"烈性酒"更浪漫。然而，在隋唐两代之前，
中国人所饮用的大部分是啤酒；在唐宋时期之前，茶指的主要是
用草药烹煮而成的饮品。

在过去 1500 年中，以茶为特色的故事和诗歌在中国数不胜
数，茶可能比葡萄酒或其他酒精饮料更为常见。这些文字中最值
得一提的一篇便出自丝绸之路北线。在甘肃敦煌莫高窟出土的卷
轴和木牍中，人们发现了 6 份《茶酒论》全文或部分文字。这
篇文章似乎创作于公元 10 世纪末，通说认为，其作者名叫王敷
（Mair and Hoh, 2009）。在这篇文章中，拟人化的茶与酒为双方
地位高下而争论不休；最后是水出面发言，争执才停止。

杜育（222—284，一作杜毓）为茶创作了一篇《荈赋》，诗
赋浪漫地描绘了烹茶的过程，将茶汤表面泛起的泡沫比喻为积
雪[1]。而中国古代名声最响亮的关于茶的文献则要数陆羽对中国各
地茶文化进行的详尽研究——《茶经》。此书共 3 卷，成书于
758 年至 775 年（Mair and Hoh, 2009）。在宋代，茶已成为学者

263

1　杜毓《荈赋》：惟兹初成，沫沉华浮；焕如积雪，晔如春敷。——译注

和文人的饮品，他们希望让头脑免受酒精的影响，一如佛教僧侣为了冥想和顿悟而修身养性。

中国茶文化的最早考古证据出土于西安郊外、渭河之滨的汉阳陵，这座拥有 86 座葬坑的古墓群由陕西省考古研究所在 1998 年至 2005 年主持发掘。该陵墓为汉景帝刘启（前 188—前 141）建造。在第 15 个外藏坑（DK15），考古人员在坑底发掘出保存完好的植物遗存，最近对这块叶片状材料重新进行评估的结果表明，这就是茶叶。在汉阳陵以西近 3000 公里之外，故如甲木墓地坐落在海拔 4290 米的西藏阿里象泉河一带，是公元 2 世纪至 3 世纪象雄王国先民的墓地。在 2012 年对此地进行的发掘中，人们在一位王子或国王的墓穴内发现了大量极尽奢华的随葬品，包括丝绸碎片和保存完好的茶叶。以植硅体为线索，科学家对植物遗存进行分析后得出的结论是，茶叶与经过研磨和烘烤的大麦粉（糌粑）混合在一起，与今天藏民的藏式酥油茶十分相似（Lu et al., 2016）。在高海拔地区发现的这些茶叶表明，早在公元 2 世纪，中国商人便从中部平原地带翻越崎岖难行的高原，为丝绸之路的主要沿线地区输送茶叶、丝绸和其他商品。

茶叶与丝绸之路上穿过云南后沿喜马拉雅山南麓而行的这一条路线关系格外密切。这条路线有时被称为丝绸之路南线，但它更常见的名字是茶马古道。克什米尔和巴基斯坦斯瓦特河谷的考古学证据都表明，这条贸易路线的历史或许一直能上溯到公元前二千纪末（Yang, 2005）。

丝绸之路的这条分支始于横断山脉，穿过云南北部，靠近云南与四川交界处，沿途经过大理、丽江和凉山（见图 30），随后沿苍山向北穿过中甸县城（现称香格里拉），一路再经德钦、芒康、左贡、邦达等落脚小镇到达青藏高原上的昌都，然后再继续前往拉萨以及其他诸多茶叶交易城镇。茶马古道有好几条路线穿过缅甸北部，沿中印边界而行或从尼泊尔穿过，还有一条路线发源于雅安，更靠近四川盆地和成都。到达滇西北后，还要翻越念青唐古拉山脉的数座隘口。这些隘口更加险峻，康巴藏区更是常有匪患，因此，大型商队往往选择结伴而行，多达数百头骡子身上装饰着铃铛和彩带，老远便让人得知他们的到来。

265

　　7世纪初，吐蕃统一并建立起势力范围远至云南北部的庞大帝国，为茶马古道沿线贸易的繁荣提供了助力。吐蕃人在松赞干

图30　茶马古道上的一条道路：从云南北部金沙江的虎跳峡远眺的景色，靠近玉龙雪山和丽江北部，2011年

摄影：本书作者

布（617—650）的领导下征服丽江和大理之后，愈发强化了对这条路线的控制权（Yang, 2005）。通过联姻，唐朝与吐蕃实现了和平，使两个强大帝国之间的贸易与合作成为可能。传说，唐朝文成公主出嫁到吐蕃都城时，随行嫁妆中包括桑蚕和一尊佛像，还有数头牦牛运载的茶砖。吐蕃的精英阶层在接下来的数百年里不断汉化，茶叶也被引入西藏。

茶商将他们的商品与其他产品（比如盐和香料）一同运送到青藏高原上的各个城镇集市上。但是，藏族牧民能够与之互易的商品大多数都比茶叶沉重得多，主要是牦牛奶酥油和牦牛肉干。因此，在宋代，以茶换马已成为一种习俗，正是这种交易模式让这条贸易路线得到了"茶马古道"的声名。

宋代骑兵最顶尖的战马大多产自西藏那曲。为了抵御北方游牧民族持续的进攻，宋朝十分需要良马。因此，宋朝在 1074 年设立茶马司，以规范茶马贸易、开拓新市场（Yang, 2005）。这一机构还强迫四川东部的农民以低价将茶叶卖给官府；官员再将茶叶卖给藏民换取战马。1078 年，一匹上好的西藏骏马可以换取100 斤（约 110 磅）茶叶或 25000 枚至 30000 枚铜钱（Mair and Hoh, 2009）。在蒙古人入侵期间，茶马古道沿线的贸易活动被迫中断，随后在明清时期达到顶峰。

7 世纪，吐蕃精英阶层对茶叶难以抑制的渴求催生了一个将农民、地主、商人和运输人员囊括其中的庞大产业。一千纪末，茶叶已成为藏族文化中不可或缺的一大要素。中原对茶叶供应的控制阻止了吐蕃军队进一步踏足四川盆地的脚步，因为吐蕃人不愿阻断茶叶向青藏高原的输送。有些学者将这一局面称为"咖啡因成瘾促成的和平"（Mair and Hoh, 2009）。

要想稳定与西藏地区的茶叶贸易，运输途中的茶叶保存是必须解决的障碍之一。运输里程可能长达 2500 公里，途经海拔超过 5000 米、被永久积雪覆盖的隘口，由搬运工、马、骡和牦牛驮着沉甸甸的茶叶。当时中原人习惯饮用的新鲜绿茶很难承受这一路的风霜。用经过发酵和氧化的茶叶制成的普洱茶更适合运往西藏。普洱茶通常采用中国西部山地丘陵的阔叶灌木品种制成（Fuchs, 2008）。氧化后的茶叶能冲泡出一种颜色较深的土色饮料，吸引了西藏人的味蕾。在低海拔地区，茶叶处在昼夜温差极大、极度潮湿的气候之下，在运输途中还要在汗涔涔的骡马背上颠簸很久。暴露在这些条件下，加之在长达数周的旅程中缓慢发生的陈化，茶叶的风味更加浓郁，因而成为精英阶层争相追捧的商品。在藏语中，这种茶被称为"jia kamo"，意思是苦味浓茶（Fuchs, 2008）。

在唐代，茶马古道已是一条完善的"高速公路"，沿途分布有若干重要的贸易站，如孟连、勐海和思茅。中原人称之为茶马道，而藏民则将其简称为"加朗"，意思是"宽路"，这说明藏民充分认识到这条路是西藏与外界物资供应和交流的大动脉。茶马古道不仅促进了中原与西藏的贸易，还向印度稳定地输出产品。9 世纪，茶马古道的贸易受到南诏国的保护和管制（国都位于今云南大理）（Fuchs, 2008）。利用军队，南诏国将对商业利益的控制权向北扩展到了四川，向西扩展至缅甸，同时与吐蕃帝国维持着牢固的联盟。南诏国覆灭之后，大理国接管了对茶马古道的控制权，13 世纪，蒙古大军在忽必烈汗的率领下摧毁了丝绸之路上的所有贸易。

268 　　在过去的 1000 年的大部分时间里，中原都将茶叶压制成便于运输的干燥茶砖。根据传统，茶砖可以压制成各种形状，大部分是不同尺寸的圆饼，看起来好像蘑菇的菌伞。有些茶饼正中间有一个洞，好似一枚巨大的明代铸钱，可以串成一串放在丝绸之路东南线的双峰驼背上，或者让茶马古道上的骡子和牦牛运输（Selens and Freeman, 2011）。在明代散叶茶再度流行之前，砖茶一直是中国茶叶的主要形式。如今，云南尤其是昆明的茶叶市场仍然有砖茶出售。

　　随着时间的流逝，砖茶最终传入了中亚和丝绸之路沿线的地带。在中亚，砖茶常被称为"沱茶"，得名于茶马古道起点处的沱江。与进藏道路上骡马和牦牛的汗气一样，骆驼的汗水和呼吸据说能为茶叶增添一分独特的香气，因此也被称为"驼息茶"（camel's breath tea）。在明代，随着散叶茶的流行，骆息茶逐渐退出历史舞台。在今天的中国，虽然在昆明和个别地方的市场上仍能买到沱茶形式的普洱茶，但只有一小群饮食历史学家和茶叶爱好者（比如我自己）懂得欣赏沱茶的魅力。现代砖茶虽然风味浓烈，但茶饼正中没有穿线孔，也没有辛辣的骆驼汗气。

　　在好几个世纪之前，中国古人便有意识地让茶叶进行陈化和氧化，以便运往西藏，但这一操作直到 16 世纪才达到炉火纯青的境界。在湖南省安化县，农民还像过去一样对新鲜的绿茶叶进行杀青和揉捻处理，但是在此步骤之后，他们会让茶叶在高温潮湿的房间内氧化数月，在此期间，微生物开始分解叶片（Mair and Hoh, 2009）。这一步是在模仿茶马古道上令普洱茶产生陈香、令茶叶变成琥珀色或深棕色的陈化过程。商人们发现，这种成本不高的工艺可以迅速生产浓醇的陈茶，于是，这项工艺迅速传播开来。

17世纪末，俄罗斯对茶叶的需求不断增长，在亚洲茶道的历史上开启了一个更令人瞩目的新篇章。越来越多的商人选择沿丝绸之路向更北和更西的方向行进，将茶叶运往莫斯科。在第二次世界大战期间，茶马古道曾是进入西藏的补给线，英美两国军队还制定了通过山路为中国提供抗日补给的计划。在那之后，茶马古道的重要性逐渐减弱，富有浪漫色彩的翻越高山、尘土飞扬的小径不复存在，取而代之的是现代化的大路和沿街而立的商铺工厂。

丝绸之路不是中国茶叶出口的唯一渠道。在1279年南宋覆灭之前，商人们便将目光转向了海上贸易路线，中国东南部的刺桐港成了全世界繁忙的贸易枢纽之一。海运改变了中国产品输出的范围。从泉州启航的船只不仅将茶叶介绍给全世界，还传播了许多与中国茶文化有关的物品，包括瓷茶壶和茶杯（Liu, 2010）。由于太过沉重又极其易碎，瓷器无法在丝绸之路上运输，仅是向欧洲出口的奢侈品。茶壶是明代（1368—1644）早期的发明。大约在同一时期，中国人烧制出了第一批真正意义上的瓷器，陶瓷工艺在15世纪初得到了完善。

几乎不会有人意识到，我们祖母碗橱里蓝白相间的茶杯和茶盘是蒙古人军事扩张的结果。它们的起源可以追溯到元代，当时，伊朗的钴蓝彩工艺传入中国，用于绘制中国瓷器上的蓝色图案。这些陶瓷器具最初是为蒙古朝廷的盛宴而制作的。根据蒙古的腾格里萨满文化和佛教传统，天蓝色是一种神圣的色彩。因此，蓝白二色的瓷器在元代宴席上十分流行。后来，这类瓷器被装入板条箱，乘船漂洋过海前往欧洲，从葡萄牙一直到俄罗斯，它们都是皇室青睐的杯盏。

270   在西边，茶叶的流行最终从西藏扩展到中亚的伊斯兰地区和俄罗斯。令人奇怪的是，这种饮品直到 16 世纪才在中亚流行起来，布哈拉等地保存至今的 16 世纪文献中出现了关于茶的记载（Mair and Hoh, 2009）。这可能是因为古代中国的茶马司对茶叶实行严格的管制，要求所有茶叶必须先卖给官府，再由官府转售给西藏。16 世纪，官府放宽相关管制，这才为茶叶开辟了新的市场。1638 年，当德国使节亚当·奥列雷乌斯访问位于现代伊朗境内的伊斯法罕时，有三类店铺引起了他的注意：妓院、咖啡馆和茶馆（Olearius, 2004）。

        在中亚确立稳固的地位之后，茶叶传播到了更远更广泛的地区。与东亚和南亚的佛教传统一样，穆斯林禁止饮酒的习俗也促进了茶作为提神饮品的普及。随着海上茶叶贸易的增长，日本、伊斯兰国家乃至后来的欧洲和北美的茶叶消费量都在不断提高；在其所及之处，茶对当地文化都产生了深远的影响，而且改变了政治历史的走向。

13

结　论

随着 15 世纪东亚香料的价格在西欧一路飞涨，为寻求黑胡椒和肉豆蔻而踏上旅程的富有进取精神的欧洲航海家驶向了未知的水域。受到葡萄牙国王"幸运儿"曼努埃尔一世的委托，瓦斯科·达·伽马与兄弟保罗在 1497 年率领由 4 艘船组成的舰队启航，绕过好望角，穿越印度洋，最终到达卡利卡特。达·伽马的航行与克里斯托弗·哥伦布的旅程一样，彻底改变了全球交流的本质。关于地理大发现之文化影响的研究提出了这样一个问题：在亚洲的食材和香料引进到新世界之前，欧洲人的餐桌究竟是什么样的？

意大利美食似乎是欧洲特色饮食的集大成者，然而，意大利饮食的许多核心食材直到近代才传入地中海地区。番茄在大约 3000 年前的南美洲被驯化，后来被西班牙探险家当作稀罕物带到欧洲，又经过好几个世纪才成为受大众欢迎的食物。意大利面以及在砖砌烤炉中烤制的比萨饼底，可能都是由中世纪的商人从阿拉伯世界带入意大利的。将亚洲大部分地区用烤炉或馕坑烤出的薄面饼稍做改动，涂上黄油、香草和酱料，便成了比萨饼底。只需再加一些碾碎的番茄，意大利人便创造出了本国的代表菜品。与比萨类似，面条也是在约 1000 年前跟随阿拉伯商人传入地中海地区的，它很可能起源于东亚。中世纪晚期或文艺复兴初期的意大利人接触到面条之后，很快便将其纳入自己的特色饮食中，后来也在面条上点缀碾碎的番茄。

另一种意大利主食波伦塔只是对新石器时代以来欧洲普遍食用的谷物粥略加改动而已。不过，今天的波伦塔基本都以玉米为主要原料，而玉米是在墨西哥被驯化的农作物。意大利团子（gnocchi）则对我们熟悉的饺子进行了有趣的改造。今天，意大利团子基本都用马铃薯——也就是土豆——烹制而成，而马铃薯是在安第斯山脉高处被驯化的根茎类作物。就连意大利美食中用来调味的红辣椒和提拉米苏中的巧克力也是从新世界引进的物种，辣椒早在约 6000 年前便在墨西哥被人类驯化，而巧克力则发源于公元前二千纪便存在于中美洲的一种不加糖的饮料。

有些意大利人或许难以接受这一理念：他们的大多数特色饮食都是在殖民时代而不是古罗马的宴席上发展而成的。不仅如此，另一个更令人惊讶的事实是，现代意大利的酿酒葡萄并非出自有数百年历史的意大利葡萄藤，而是生长在从北美进口的砧木上。19 世纪中叶席卷欧洲的"葡萄大瘟疫"摧毁了大多数欧洲国家的葡萄园，法国遭受的打击最为沉重。这场葡萄病害的始作俑者可能是葡萄根瘤蚜，这种蚜虫（很可能是学名 *Daktulosphaira vitifoliae* 的品种）摧毁了葡萄藤的根系。欧洲葡萄酒产业在 20 年里几乎完全停滞，直到两位法国植物学家发现，将藤蔓嫁接到完全不同的北美葡萄品种砧木上（最初选用的是来自得克萨斯州的夏葡萄的根）能够提高植物对病害的免疫力。在 19 世纪 70 年代和 80 年代，欧洲葡萄园逐渐开始栽种嫁接到北美抗病砧木上的葡萄藤，慢慢恢复了生机；这样说来，欧洲出产的所有葡萄酒都应该感谢得州葡萄。

在现代很多地方特色饮食中，外来食物都占据着十分重要的位置。沙俄帝国为中亚带来了许多新式菜肴，比如蔬菜汤和罗宋汤，还有俄罗斯馅饼和薄煎饼。就连当今许多中亚菜肴的主要食材——稻米——在当地扎根的历史也不过区区 1500 年或者更短（见第 5 章）。

本书关注的重点是全球化如何影响古代丝绸之路沿线各个文化的发展，以及今天全球化如何持续改变着我们所生活的世界。尼科洛、马费奥和马可·波罗的远行，以及数以千计名不见经传的祆教祭司、粟特人、波斯人、回鹘人、古吉拉特人、突厥人和阿拉伯人的旅程，都对当代人的食物清单产生了影响。当这些旅人途径亚历山大港、巴格达、贝鲁特、布哈拉、君士坦丁堡、大马士革，卡菲尔卡拉、麦加、马斯喀特、片吉肯特、泉州、撒马尔罕、塞萨洛尼基、吐鲁番、乌兰巴托和西安等城市时，他们一路捡拾起各种从未见过的植物和不同品种的农作物，最终将它们传播到世界的各个角落。一位作家曾写道："将我们称为食用植物的仆人并不算夸大其词，人类勤勤恳恳地将它们送往世界各地，像奴隶一样在精心打理的果园和田地里照料它们。将这些人类活动称为种子的传播，这完全不是夸大其

词。"（Hanson, 2015，184–185）

　　赶着大篷车的商队和香料商贩走遍四海，他们通常会说多种语言，具备久经磨炼的社交技巧；他们善于开发新市场，将生意拓展到全球各地，而且擅长结交新的盟友。他们驾驶的大篷车不仅穿越了沙漠，还跨越了政治的壁垒。而在这一过程中，他们携带各种传奇植物的祖先一路同行，这些植物最终演化成了无可比拟的大马士革杏、大名鼎鼎的哈密瓜和撒马尔罕的金桃。史前中亚人还曾在阿拉木图种植适合做蜜饯的小苹果，在阿什哈巴德和撒马尔罕栽种硕大多汁的甜瓜，在吐鲁番培植外皮呈鲜黄色、能酿出甘美红酒和制成深紫色葡萄干的葡萄品种。

274　　　如今，东亚厨房的烹饪魔法也是数千年来各种异域食材——尤其是香料——通过贸易输入当地的结果。吴芳思创作了数本关于丝绸之路的著作，她是一位颇受欢迎的作家，曾担任大英图书馆中文部的负责人。她指出："除了动物园里的动物和

图 31　1865 年至 1872 年在锡尔河一带拍摄的照片，双峰驼商队正载着商品前往市场
摄影师不详。美国国会图书馆图片与摄影部，华盛顿特区

奢侈品，食品便是丝绸之路上最重要的进口商品，因为它们大大拓展了中国特色饮食的潜力。"她还说："可能让很多中国厨师意想不到的是，他们的某些基本原料最初都是进口产品。芝麻、豌豆、洋葱、芫荽以及黄瓜都是在汉代从西方传入中国的。"（Wood, 2002，59）

丝绸之路为世界各地的厨房带来了新颖的食材，但它对人类历史和农业还有更为深刻的影响。在各种农作物通过内亚进行早期迁移的过程中，随之一同传播的意义重大的创新之一便是农作物的轮作制度。在幼发拉底河上游伊斯兰古代村落发现的古代植物遗存年代在 8 世纪至 13 世纪，一位植物考古学家基于这些遗存指出，当时的农民已采用复杂的轮作制度。冬季作物包括二棱和六棱皮大麦、易脱粒小麦和有颖壳的小麦、黑麦、兵豆、豌豆、鹰嘴豆和蚕豆。夏季作物则有棉花、水稻、芝麻、黍和粟。这位学者还鉴定出一些果树和葡萄植株，以及少量蔬菜和香草（Samuel, 2001）。

历史文献表明，在俄罗斯扩张之前，中亚已确立了复杂的农作物轮作制度。在 1821 年和 1822 年，探险家詹姆斯·弗雷泽在经由费尔干纳重走丝绸之路时便注意到当地实行轮作制，而且指出这种轮作制与泽拉夫尚地区的耕作方式十分相似。他记录了冬季作物和夏季作物相互替代，同时与果园和棉花田混合的情况。他还指出，在海拔更高的地带，水果多种植在山麓丘陵，同样的种植情况还有杏树、胡桃树和开心果树（Fraser, 1825）。1873 年，尤金·斯凯勒在穿越费尔干纳和泽拉夫尚时，记载了当地冬小麦、大麦和玉米三年轮作、一年休耕，夏季种植水稻、高粱、棉花、亚麻和各类蔬菜的做法（Schuyler, 1877）。

在人类的大部分历史中，冬天是农户休养生息的时期，因为农作物不生长。这为进行手工艺品生产和发展社会纽带等活动留出了时间。但是，经济和人口压力逐渐导致冬季和夏季作物轮流播种，从而促进了生产能力的提高。此外，灌溉工程的建设提高了土地的生产力，但也需要大量额外的人力。

向干旱地区引入耐旱、生长迅速的夏季作物同样引发了类似的进程。小麦向东亚的传播、黍向西亚和欧洲的传播，加之集中灌溉项目的建设，这些永远改变了人类的历史。正如内奥米·米勒及其同事所指出的，随着大约 2500 年前灌溉系统的发展逐渐成熟，黍在西亚的重要性也日渐提高（Miller, Spengler Ⅲ, and Frachetti, 2016）。有了灌溉，已经完成冬小麦收获的田地里便可以种植粟米。同样，这种轮作制度也对土壤和农民提出了越来越高的要求。

与之类似，小麦在公元前三千纪后期传入中国，随着汉代官府管理的大型水坝和灌溉项目建设而成为主要的冬季作物。同样在汉代，有犁壁的犁投入使用，铸铁犁铧首次实现大规模生产。历史学家认为，中国早在汉代以前便已有犁的存在，而且有可能是从西南亚经过中亚传入的（Anderson, 2014）。自汉代之后，小麦便与夏季水稻搭配实行轮作。复种轮作的增加以及从中亚传入的磨粉新技术可能是唐代小麦的普及程度提高的原因，尤其它可制作饺子、油饼和面条（Anderson, 1988）。生活在唐代城市的中亚人烤制的烧饼就像缩小版的馕（中亚地区至今还在烤制这种叫作馕的薄面饼）。发酵乳制品在这一时期也越来越流行。

　　北宋（960—1126）灭亡时，集约型农业在中国达到了顶峰，南迁的难民将种植小麦的经验也带到了南方（Bray, 1984）。此外，南宋（1127—1279）仅根据秋天的收成收取赋税或地租；换言之，农民在春季或初夏的收成无须缴纳赋税。生长迅速的水稻品种传播至南方，使偏远的南方一年可以种植两轮水稻。在中国西部的某些地区，大麦成了与荞麦搭配轮作的冬季作物（Anderson, 1988）。

　　农业生产能力的提高是一把双刃剑。第一代实行轮作的农民或许从中获利颇丰，但轮作的长期影响是：粮食富余而导致人口增加；粮食的价值下降（农民需要扩大收获才能养家糊口）；土壤肥力迅速耗尽。由此可见，农作物轮作带来了生产能力的极大提高和粮食的过剩，最终使农民的负担更加繁重，生活更受压迫，环境也日益恶化。

　　与此同时，更加丰富的食物让一部分人口从田间劳动中解放出来。空闲时间的增加让人们得以专注于手工业生产或教育研究，从而使亚洲和欧洲都迎来了艺术与创新的黄金时代。过剩的粮食往往也会投入军队建设之中，这是整个旧世界实现农业密集化的结果。军事化不可避免地扩大了冲突范围，因为维持庞大常备军的国家不可能不使用这支军队。就连强大国度的军事力量也体现了以中亚为跳板的早期植物交流模式：罗马军队以未发酵的粟米面包和粟米稀饭为食，可汗麾下的蒙古铁骑则以小麦面粉制成的饺子为食（Herodotus, 1920）。

　　在长达一个半世纪的时间里，学界对丝绸之路的研究主要围绕其对东亚、南亚和地中海的帝国及商业中心产生的影响展开。

然而，随着中亚地区科学考察活动的增加，如今学者们对丝绸之路本身的史前时期和历史时期进行了更加细致的研究。随着新考古方法的应用和多学科联合发掘的开展，将中亚先民视为古代世界边缘群体的老观念已在很大程度上遭到淘汰。过去人们认为草原游牧民族都是悍勇的战士，在庆典上用敌人头骨制成的酒杯豪饮（参见希罗多德的记载），这种印象现已被更加深入细腻的认知所取代（Dzhangaliev, Salova, and Turekhanova, 2003）。斯基泰文化、塞卡文化、乌孙文化和匈奴文化由一系列奉行混合经济策略的人群融合而成，他们既放牧绵羊也放牧山羊，搭配种植好几种不同的农作物。史书中斯基泰骑手穿越绵延数千公里的空旷草原的形象逐渐被取代，人们意识到，这些先民形成了由小型游牧家庭构成的广泛的社会网。

278　　　　在本书中，我们沿丝绸之路穿过中亚高低起伏的山脊和谷地。数千年来，这些长满绿草的缓坡是骆驼商队和逐水草而居的牧民的食物来源；冰川融水汇成的河川流过水田和果园，中亚的野生林地出产各种水果、坚果和野味。进入 20 世纪后，这些树林在经济中仍持续发挥着重要作用，尤其是在阿勒泰至帕米尔一带（Spengler Ⅲ and Willcox, 2013）。在中亚南部以及泽拉夫尚和费尔干纳的河谷中，生长缓慢的灌木林已在很大程度上被草原植被取代，尽管如此，植物考古学资料以及曾经生长在树林中的树木的驯化形态依然能够体现这些灌木林的重要性，例如开心果树、杏树、沙枣树、山楂树和樱桃树等（Li, 2002; Linduff, 2006; Spengler Ⅲ, 2015）。在 6000 年的历史中，人类一直在影响该地区的树木品种和森林植被的构成。餐桌上的苹果派和酥皮黄桃派不仅是丝绸之路贸易的结晶，也凝聚着整个内亚人类定居的历史。

　　虽然一些历史学家、古典学者、汉学家和考古学家仍然支持丝绸之路发源于公元前 2 世纪的观点，但考古数据显示，丝绸之路沿线的互易和互动似乎在此之前很久——公元前三千纪末——便已初现端倪。早期的交流模式看起来更像是自然的扩散而不是有组织的互动，但那仍然是丝绸之路贸易文化现象的一部分。理解中亚如何形成有组织的交流路线的关键在于从公元前四千纪开始专为向萨拉子目等高海拔矿业城镇供应货物的路线和方法。在公元前一千纪结束时，在政府靠税收建立的军事要塞的保护下，贸易商已经拥有相对成熟的、在中亚各地运

图 32　从丝绸之路上的额弗剌昔牙卜古城遗址远眺的景象。这座古城坐落在贸易路线的核心地带，起码在公元一千纪中期便已存在，后于 1220 年被蒙古骑兵摧毁。远处可以看到现代城市撒马尔罕，城中的帖木儿伊斯兰宗教学校（Timurid madrasa）在 15 世纪至 17 世纪建成，高高矗立在城市之上

　　摄影：本书作者

送货物的线路。

　　公元前一千纪，整个内亚发生了巨大的社会和经济变化，结果是形成了尼科莱·克拉丁（Nikolay Kradin）口中的"复杂的牧业社会"（Koryakova and Epimakhov, 2007; Kradin, 2002），同时也导致了农业投资的增加和农作物新品种的引进。正如经济学家和农学家埃斯特·博塞拉普（Ester Boserup）所指出的，人口的增长和社会复杂性的提高通常与农业新技术的开发或引进以及互易交流的加强紧密相关。因此，我们不仅可以将丝绸之路理解为一系列地理线路的集合，还可以将其视为整个欧亚大陆社会联系日益密切的发展过程，这一过程最终推动了整个旧世界的变革和社会复杂性的日益提高。丝绸之路成了食物全球化重要的渠道之

图 33　一位商贩在乌兹别克斯坦布哈拉郊外的市场上兜售商品，2018 年。她出售的是数十种产自乌兹别克斯坦和塔吉克斯坦的水果。有些商贩要赶数百公里路才能将新鲜水果运到市场

　　摄影：本书作者

一，这条互易交流的走廊在过去 5000 年里一直在影响和塑造欧亚大陆各地的文化（Spengler Ⅲ , 2015; Stevens et al., 2016; Jones et al., 2011; Boivin, Fuller, and Crowther, 2012; Boivin et al., 2014; Frachetti, 2012）。

最后，我将以欧文·拉铁摩尔的话作为全书的结尾，在内燃机尚未发明、二战尚未彻底颠覆丝绸之路贸易路线的 20 世纪 20 年代初，这位传奇探险家和学者曾随骆驼商队一起沿丝绸之路而行。在 1929 年写下的文字里，拉铁摩尔对他在中国西部多地观察到的变化扼腕叹息：

在我们的时代，蒙古和中国新疆一带的商队向外输出的每一批货物都有所不同，但商旅们始终采用亘古不变的古老运输方式，仿佛白人从未在亚洲出现过一样。然而，他们的末日已然降临。时代不可避免地发生着变化（在中国，时间的流逝往往以半个世纪为单位），在这样的时代，懂得师夷长技的人将修建起连通宁夏和兰州的铁路，沙漠商队很快便会沦为在阿拉善的沙海与大草原之间飘荡的贩夫走卒。走进这些市场的感觉十分奇怪——感受到难以名状的、走遍天涯海角的沙漠商队昔日生活的脉动，同时意识到明日的阴影将让他们的一切传统和特色面目全非。在卸下小小的行囊之后，赶骆驼的人迈着蹒跚的步伐走出城市，似乎期望在半小时之内慢悠悠地走回家中；然而，他拖着沉重的脚步一直走到营地，大篷车组成的商队正在山丘背后等待着他，骆驼正在吃草，等待再一次装满行囊。等到营地拆除，他将再次艰难跋涉，一路抵达中亚。对于干这一行的人来说，只要离开家乡、搭起帐篷，他们便能不慌不忙地远离充斥着电报和报纸、刺刀和戒严的文明社会，走进一片神秘而辽远、只有他们知道入口的土地（Lattimore, 1995）。

附录：丝绸之路上的欧洲旅行者

尤金·斯凯勒关于丝绸之路沿线贸易城镇的早期旅行记录，节选自其 1877 年经希瓦、塔什干、撒马尔罕、布哈拉和浩罕的行记。

果园是这片土地上的一大美景。看那一排排杨树和榆树、成片的葡萄园、石榴树越过墙头的深色树冠，仿佛瞬间回到了意大利伦巴第或法国南部的平原。早春时节，城市郊外乃至整个谷地里都是漫山遍野的白色和粉红色，扁桃树和桃树、樱桃树和苹果树、杏树和李树的花朵竞相绽放，方圆数里的空气中都弥漫着馥郁的花香。到了夏天，这些花果园便是最受人青睐的所在，可想而知有多么宜人。没有任何其他地方能出产更丰富的水果，而某些品种甚至可以说，没有任何其他地方的果实品质能比这里更上乘。在我看来，此地的杏和油桃堪称天下第一。从果实成熟的 6 月一直到冬季，各色瓜果层出不穷。此地的桃虽然个头较小，但味道比英格兰最美味的桃还要美味，不过与特拉华州的桃相比还是远远不及。布哈拉硕大的蓝李在整个亚洲都享有盛誉。樱桃大多体型小而味酸。最好的苹果产自希瓦或突厥斯坦北部的苏扎克（Suzak），而塔什干的小白梨风味绝佳。与我们那里一样，榅桲仅用于熬制果酱或为汤调味。除了西瓜（当地称为tarbuz，即俄语中的 arbuz/арбуз），当地还有 10 个早熟的瓜类品种和 6 个晚熟的瓜类品种，其中任何一种都能为我们的果园增色不少。在当地炎热的气候条件下，瓜被视为格外有益健康的食物，是夏季饮食中的主角之一。当地人若是热了或者渴了，首先想到的便是坐下来啃几块瓜。在平常年景，1 英亩打理得当的土地可以收获两三千个瓜，丰年的产量还能再翻一倍。至于葡萄，我注意到了 13 个品种，其中大多数品质优良。犹太人以葡萄为原料蒸馏出一种白兰地酒，俄罗斯人懂得酿造葡萄酒，但我在当地见到的所有酒类，无论是红酒还是白酒，都是粗糙的烈性酒，连克里米亚或高加索地区的葡萄酒都比不上。大量水果被制成果干，在俄罗斯市场上称为 izium/Изюм 或 kishmish/кишмиш，不过后者仅特指某些葡萄品种。经过正确而细致的干燥处理后，果干可能成为非常重要的商品，因为它拥有天然的甜味，无须添加糖即可制成蜜饯和果酱（Schuyler, 1877）。

下面是贾纽埃里厄斯·麦克加恩在 1876 年对希瓦集市的描述，节选自其著作《乌浒河之战与希瓦的陷落》（*Campaigning on the Oxus and the Fall of Khiva*）。

踏入集市的阴凉处，刺目的强光消失了。各种香料混合而成的芳香和其他各种宜人的气味涌入鼻腔；人群嘈杂而昏沉的喧嚣如波浪般袭来；数不清的人流、驴马、骆驼和货车令人目不暇接。集市只是一条顶部有遮挡的街道，是非常原始的贸易场所。在狭窄街道两边的墙与墙之间搭起横梁，支撑起距离紧密、覆盖着厚厚尘土的小块木板，这就算是集市的顶棚了。虽然简陋，但这顶棚充分发挥了阻挡热浪和强光的作用。你可以愉悦地呼吸凉爽潮湿、弥漫着香料味的空气，仔细打量一堆堆丰美成熟、让人流口水的水果。集市上有杏、桃、李、葡萄、十数种瓜类，还有只在中亚才能见到的、难以描述的商品。准确地说，集市上没有商店。临时搭起的平台沿街道一侧延伸，旁边的人坐在堆成小山的商品之间，摊位之间没有明显的界线。街道另一侧则有一些理发师、屠夫、皮匠和更小的商贩摊位。

你得颇费一番力气才能牵着马挤过长约 50 码[1]的人群，来到另一条同样覆有顶棚、将脚下这条路横向截断的街道上。向左转，你会走入一条设有厚重大木门的砖砌拱廊，直到此处，才算来到了被称为"提姆"（Tim）的真正的巴扎市场。这座城市主要的零售业务都在这座巴扎市场里进行。巴扎市场是一条长 100 码、宽 40 英尺[2]的双拱廊通道，用砖石

285

1　1 码等于 0.9144 米。——译注

2　1 英尺等于 0.3048 米。——译注

砌成，由一连串拱门构成。市场的屋顶可高达 40 英尺，每座拱门上方都是一个烟囱状的穹顶，最顶部的圆孔为室内提供照明和通风。最中间的穹顶比其他穹顶都要高，不能说没有建筑风格。

巴扎市场里的商店都是狭小的铺位或摊位，大约 6 英尺或 8 英尺见方，铺面一侧朝向人行通道，展示着你能想象到的最风马牛不相及的商品。茶叶、糖、丝绸、棉花、中亚特色长袍、靴子、烟草……简言之，但凡是中亚能见到的物品，都可以在某一个摊位上找到。你可以选择一个摊位坐下来，尽情享受水果的美味，西瓜冰爽多汁，桃子馥郁甘美，葡萄的美味让你不禁为此地没有葡萄酒而感到遗憾。如果你想要更加丰盛的一餐，转眼间就可以得到一份热气腾腾的小麦抓饭；你可以坐在川流不息的人群中，静静享用美食。顺便说一句，这里的茶是绿茶，是唯一的进口商品，英国人垄断了当地的茶业贸易（MacGahan，1876）。

埃德蒙·奥多诺万在 1883 年对木鹿（梅尔夫）集市的描述节选。

集市内狭窄的街道如迷宫一般，街道两侧皆是商人和工匠的摊位，待售的商品整齐地摆放在铺位上，商贩往往盘腿坐在铺位后，抽着甚至还没点燃的水烟。杂货商人的数量最多，除了常见的茶叶、咖啡、糖、大米和香料，他们还售卖墨水、纸张、火帽、子弹、铁霰弹、火药、黄铜²⁸⁶杯、盐、刀、硫酸铁、石榴皮、用于染色的明矾以及数不清的杂货。转个弯，我们走进一条小巷，屋顶之间拉起的绳索支撑起无数深蓝和橄榄绿色印花布的幕布。这里染料铺的数量似乎仅次于杂货铺（bakhals）。这里可以看到人们在盛满靛蓝染料的大槽旁忙忙碌碌，身上只系着深色的腰带、戴着头巾，他们的手臂一直到胳膊肘都染成了深蓝色，与挂在外面的印花布如出一辙。再向前走一些，我们便来到了集市的外围，这里是水果和蔬菜商人的地界，散落在摊位旁的韭菜和生菜不断吸引着路过的骆驼和马匹。不止一次，我不得不为我那匹调皮的马儿掏腰包，因为它总是在商贩的眼皮底下偷吃大葱。许多大篮子里装满石榴和橘子，要知道，阿斯特拉巴德及其周边地区以这两种水果而闻名，尤其是橘子。我们熟悉的橘子在这里被称为葡萄牙橘（portugal），而被称为 naranj 的柑橘和柠檬一样酸，可以代替柠檬用于烹饪或茶饮。在集市的中心附近是一条专供铜匠使用的长街，他们在那里打制茶壶、平底锅和大坩锅。在波斯的这一带，几乎所有厨房用具都是铜制镀锡的。除了材料本身，加工铜器还要收取额外的费用。此外，旧铜器用坏以后，可以以几乎等同于全新器具的价格再卖出去。偶尔也能见到俄罗斯制造的铸铁锅，不过使用铸铁锅的主要是阿特雷克（Atterek）的土库曼人，波斯家庭使用较少。铜器皿由手工打造而成，一走进这些匠人聚集的区域，迎接你的便是不绝于耳的锤击声，别的什么也听不见。

用力敲打形状别致的半球形砧座，3/4英寸厚的空心铜圆柱逐渐延展到难以置信的尺寸。器型做好之后，还要放在火上加热至暗红色，用锡块在内部涂抹镀锡（O'Donovan，1883）。

致　谢

我从研究生时代开始研究中亚。在圣路易斯华盛顿大学，我在迈克尔·弗拉切蒂和盖尔·弗里茨（Gayle Fritz）的指导下进行植物考古学研究。我非常感谢弗拉切蒂、弗里茨和齐德淳（Tristram R. Kidder）为我打下的知识基础；他们孜孜不倦的教诲贯穿在本书的每一页中。内亚在很大程度上是考古学尤其是植物考古学未曾触及的地区。然而，在过去 10 年中，学界对该地区农作物传播的兴趣迅速提高。在论文答辩之后，我获得了大众和梅隆基金会（Volkswagen and Mellon Foundations）的博士后奖学金（Gr. CONF-673），让我得以继续钻研研究生阶段的课题。凭借这笔奖学金在柏林研习时，得益于帕维尔·塔拉索夫（Pavel Tarasov）和王睦（Mayke Wagner）的指点，我又与德国考古研究所的欧亚部和柏林自由大学的古生物学部取得了联系。本书提出的许多研究观点都是在那 1 年里成形的。在柏林学习 1 年之后，我被古代世界研究所（ISAW）和纽约大学授予了访问学者奖学金，从而有时间和自由在高等学府的氛围中完成本书的写作。

　　我在本书中提出的许多观点都要归功于与 ISAW 诸位学者的探讨，包括罗德里克·坎贝尔（Roderick Campbell）、乐仲迪（Judith Lerner）、丹尼尔·波茨（Daniel Potts）、泽伦·斯塔克和凯伦·罗宾森（Karen Rubinson），等等。在过去几年中，我还与其他地方的许多学者进行了头脑风暴式的沟通，并有幸得到了他们的指导。在此我要重点感谢：妮可·波文（Nicole Boivin）、克劳迪娅·张（Claudia Chang）、宝拉·杜曼尼·杜普伊（Paula Doumani Dupuy）、内奥米·米勒、琳恩·劳斯（Lynne Rouse）、法哈德·马克苏多夫（Farhad Maksudov）和艾丽西亚·文特雷斯卡·米勒（Alicia Ventresca Miller）。此外，我还要特别感谢叶茨查克·贾夫（Yitzchak Jaffe）、玛丽·斯宾格勒（Mary Spengler）和莫妮卡·燕达（Monica Yanda），感谢他们阅读本书的各个章节并为其构思提供意见。感谢泽伦·斯塔克、马林达·布朗（Marinda Brown）以及一位不愿透露姓名的审阅老师的辛勤工作，他们仔细阅读了每一页内容并提供了宝贵的反馈意见。这本书是诸多亲密友好的学界同僚的智慧结晶。

参考文献

Abbo, S., E. Rachamin, Y. Zehavi, I. Zezak, S. Lev-Yadun, and A. Gopher. 2011. "Experimental growing of wild pea in Israel and its bearing on Near Eastern plant domestication." *Annals of Botany* 107: 1399–1404.

Aldenderfer, M. S. 2006. "Modelling plateaux peoples: the early human use of the world's high plateaux." *World Archaeology* 38 (3): 357–370.

Aldenderfer, M. S. 2013. "Variation in mortuary practice on the early Tibetan plateau and the high Himalayas." *Journal of the International Association for Bon Research* 1: 293–318.

Aldenderfer, M. S., and Yinong Zhang. 2004. "the prehistory of the Tibetan plateau to the seventh century A.D.: Perspectives and research from China and the west since 1950." *Journal of World Prehistory* 18 (1): 1–55.

Anderson, Edgar. 1952. *Plants, Man and Life*. Boston: Little Brown and Company.

Anderson, Eugene. 1988. *The Food of China*. New Haven, CT: Yale University Press.

Anderson, Eugene N. 2014. *Food and Environment in Early and Medieval China*. Philadelphia, PA: University of Pennsylvania Press.

Andrianov, B. V. 2016 [1969]. *Ancient Irrigation Systems of the Aral Sea Area*. Oxford: Oxbow Books.

Anthony, D. W., D. Brown, E. Brown, A. Goodman, A. Kokhlov, P. Kosintsev, O. Mochalov, et al. 2005. "the Samara Valley project: Late Bronze Age economy and ritual in the Russian steppes." *Eurasia Antiqua* 11: 395–417.

Argynbaev, Kh. 1973. "On the agriculture of the Kazakhs of Kopal Yesd, Semireche Oblast." *In Essays on the Agricultural History of the Peoples of Central Asia and Kazakhstan*, 154–160. Leningrad: Nauka.

Arias, Tatiana, Mark A. Beilstein, Michelle Tang, Michael R. McKain, and Chris Pires. 2014. "Diversification times among Brassica (Brassicaceae) crops suggest hybrid formation after 20 million years of divergence." *American Journal of Botany* 101 (1): 86–91.

Asakura, N., N. Mori, C. Nakamura, and I. Ohtsuka. 2011. "Comparative nucleotide sequence analysis of the D genome-specific sequence-tagged-site locus A1 in *Triticum aesticum* and its implication for the origin of subspecies sphaerococcum." *Breeding Science* 61: 212–216.

Asouti, Eleni, and Dorian Q. Fuller. 2009. "Archaeobotanical evidence." In *Grounding Knowledge, Walking Land: Archaeological Research and Ethnohistoric Identity in Nepal*, edited by Christopher Evans, Judith Pettigrew, Yarjung Kromchai, and Mark Turin, 142–152. London: Macdonald Insitute Monographs.

Azguvel, P., and T. Komatsuda. 2007. "A phylogenetic analysis based on nucleotide sequence of a marker linked to the brittle rachis locus indicates a diphyletic origin of barley." *Annual Journal of Botany* 100: 1009–1015.

Bābur. 1922 [1483–1530]. *The Bābur-Nāma in English (Memoirs of Bābur)*. Translated by Annette Susannah Beveridge. London: Luzac.

Bacon, Elizabeth Emaline. 1980. *Central Asia under Russian Rule: A Study in Culture Change*. Ithaca, NY: Cornell University Press.

Badr, A., K. Muller, R. Schafer-Pregl, H. El.Rabey, S. Effgen, H. H. Ibrahim, C. Pozzi, W. Rohde, and F. Salamini. 2000. "On the origin and domestication history of barley (*Hordeum vulgare*)." *Molecular Biology and Evolution* 17: 499–510.

Banga, O. 1957. "Origin of the European cultivated carrot." *Euphytica* 6: 54–63.

Bartol'd, Vasiliĭ Vladimirovich. 1962–1963. *Four Studies on the History of Central Asia*. Translated by V. T. Minorsky. Leiden: E. J. Brill.

Barton, L., and C.-B. An. 2014. "An evaluation of competing hypotheses for the early adoption of wheat in East Asia." *World Archaeology* 46: 775–798.

Barton, Loukas. 2016. "the cultural context of biological adaptation to high elevation Tibet." *Archaeological Research in Asia* 5: 4–11.

Barton, Loukas, Seth D. Newsome, Fa-Hu Chen, Hui Wang, thomas P. Guilderson, and Robert L. Bettinge. 2009. "Agricultural origins and the isotopic identity of domestication in northern China." *Proceedings of the National Academy of Sciences* 106 (14): 5523–5528.

Bashtannik, S. V. 2008. "Archaeobotanical studies at medieval sites in the Arys river valley." *Archaeology Ethnology and Anthropology of Eurasia* 33 (1): 85–92.

Beckwith, Christopher I. 1993. *The Tibetan Empire in Central Asia: A History of the Struggle for Great Power among Tibetans, Turks, Arabs, and Chinese during the Early Middle Ages*. Princeton: Princeton University Press.

Behr, Charles A., trans. 1981. *P. Aelius Aristides: the Complete Works*. Leiden: Brill.

Bellwood, P. 2005. *First Farmers: The Origins of Agricultural Societies*. Malden, MA: Blackwell.

Bembo, Ambrosio. 2007 [1672]. *The Travels and Journal of Ambrosio Bembo*. Berkeley: University of California Press.

Bestel, Sheahan, Gary W. Crawford, Li Liu, Jinming Shi, Yanhua Song, and Xingcan Chen. 2014. "the evolution of millet domestication, Middle Yellow River Region, North China: Evidence from charred seeds at the late Upper Paleolithic Shizitan Locality 9 site." *The Holocene* 24 (3): 261–265.

Bettinger, Robert, Loukas Barton, Christopher Morgan, Fahu Chen, Hui Wang, Thomas

P. Guilderson, Duxue Ji, and Dongju Zhang. 2010. "The transition to agriculture at Dadiwan, People's Republic of China." *Current Anthropology* 51: 703–714.

Betts, A., P. W. Jia, and J. Dodson. 2013. "The origins of wheat in China and potential pathways for its introduction: A review." *Quaternary International* 30: 1–11.

Birkill, I. H. 1953. "Habits of man and the origins of the cultivated plants in the old world." *Proceedings of the Linnaean Society of London* 164: 12–42.

Blattner, F. R., and A. G. B. Méndez. 2001. "(2001) RAPD data do not support a second centre of barley domestication in Morocco." *Genetic Resources in Crop Evolution* 48: 13–19.

Bobrow-Strain, Aaron. 2013. *White Bread: A Social History of the Store-Bought Loaf.* Boston: Beacon Press.

Boivin, N., A. Crowther, M. Prendergast, and D. Q. Fuller. 2014. "Indian Ocean food globalization and Africa." *African Archaeological Review* 31 (4): 547–581.

Boivin, N., D. Q. Fuller, and A. Crowther. 2012. "Old World globalization and the Columbian exchange: Comparison and contrast." *World Archaeology* 44 (3): 452–469.

Bokovenkov, N. 2006. "The emergence of the Tagar culture." *Antiquity* 80: 860–879.

Boroffka, N., J. Cierny, J. Lutz, H. Parzinger, E. Pernicka, and G. Weisgerber. 2002. "Bronze Age tin from Central Asia: Preliminary notes." In *Ancient Interactions: East and West in Eurasia*, edited by K. Boyle, C. Renfrew, and M. Levine, 135–159. Oxford: McDonald Institute Monographs.

Borojevic, K., and K. Borojevic. 2005. "The transfer and history of 'reduced height genes' (Rht) in wheat from Japan to Europe." *Journal of Heredity* 96 (4): 455–459.

Boulos, Loutfy. 1985. "the Middle East." In *Plant Resources of Arid and Semiarid Lands: A Global Perspective*, edited by J. R. Goodin and David K. Northington, 187–232. New York: Academic Press.

Braadbaart, F. 2008. "Carbonization and morphological changes in modern dehusked and husked Triticum dicoccum and Triticum aestivum grains." *Vegetation History and Archaeobotany* 17: 155–166.

Brantingham, Jeffrey, and Gao Xing. 2006. "Peopling of the Northern Tibetan Plateau." *World Archaeology* 38: 387–414.

Bray, Francesca. 1984. "Agriculture." In *Science and Civilization in China, Part 2, Volume 6: Biology and Biological Technology*, edited by Joseph Needham. Cambridge: Cambridge University Press.

Brite, Elizabeth Baker, and John M. Marston. 2013. "Environmental change, agricultural innovation, and the spread of cotton agriculture in the Old World." *Journal of Anthropological Archaeology* 32: 39–53.

Brockhaus, F. A., and E.A. Efron. 1890–1907. Энциклопедический словарь Брокгауза и Ефрона (Brockhaus and Efron encyclopedic dictionary). St. Petersburg: Ilya Efron.

Brunken, Jere, J. M. de Wet, and J. R. Harlan. 1977. "the morphology and domestication of pearl millet." *Economic Botany* 31: 163–174.

Bruno, M. C. 2006. "A morphological approach to documenting the domestication of Chenopodium in the Andes." In *Documenting Domestication: New Genetic and Archaeological Paradigms*, edited by M. A. Zeder, D. G. Bradley, E. Emshwiller, and B. D. Smith, 32–45. Berkeley: University of California Press.

Bubnova, M. A. 1987. "*К Вопросу о Земледелии На Западном Памире В* IX-XI *вв* (Regarding the question of agriculture in the Western Pamirs from the 9th to the 11th century)." In *Прошлое Средней Азии: Археология, Нумизматика и Эпиграфика, Этнографния* (Past Central Asia: Numismatics, Archaeology and Ethnography Epigraphy), 59–66. Dushanbe, Tajikistan: Donish.

Burnes, Alex. 1834. *Travels into Bokhara: Being the account of a journey from India to Cabool, Tartary, and Persia*. London: John Murray.

Burt, B. C. 1941. "Comments on cereals and fruits." In *Excavations at Harappa*, edited by M. S. Vats, 466. New Delhi: Government of India Publications.

Canard, M. 1959. "Le riz dans le Proche Orient aux premiers siècles de l'Islam." *Arabica* 6: 113–131.

Casal, Jean-Marie. 1961. *Fouilles de Mundigak* (Mundigak excavations). Paris: Librairie C. Klincksieck.

Chalhoub, Boulos, France Denoeud, Shengyi Liu, Isobel A. Parkin, Haibao Tang, Xiyin Wang, Julien Chiquet, et al. 2014. "Early allopolyploid evolution in the post-Neolithic *Brassica napus* oilseed genome." *Science* 345 (6199): 950–953.

Chang, C., N. Benecke, F. P. Grigoriev, A. M. Rosen, and P. A. Tourtellotte. 2003. "Iron Age society and chronology in southeast Kazakhstan." *Antiquity* 77:298–312.

Chang, Claudia, P. Tourtellotte, K. M. Baipakov, and F. P. Grigoriev. 2002. *The Evolution of Steppe Communities from Bronze Age through Medieval Periods in Southeastern Kazakhstan (Zhetysu)*. Sweet Briar, VA: Sweet Briar College.

Chang, T. 1976. "Rice." In *Evolution of Crop Plants*, edited by N. W. Simmonds, 98–104. London: Longman.

Chehrābād Salt Mine Project. 2014. *Extended Research Report on the Chehrābād Salt Mine Project* 2010–2013. Bochum: Deutsches Bergbau-Museum Bochum.

Chen, F. H., G. H. Dong, D. J. Zhang, X. Y. Liu, X. Jia, C. B. An, M. M. Ma, et al. 2015. "Agriculture facilitated permanent human occupation of the Tibetan Plateau after 3600 B.P." *Science* 347 (6219): 248–250.

Chen, G., Q. Zheng, Y. Bao, S. Liu, H. Wang, and X. Li. 2012. "Molecular cytogenetic identification of a novel dwarf wheat line with introgressed thinopyrum ponticum chromatin." *Journal of Biological Science* 37 (1): 149–155.

Cho, Young-Il, Jong-Wook Chung, Gi-An Lee, Kyung-Ho Ma, Anupam Dixit, Jae-Gyun Gwag, and Yong-Jin Park. 2010. "Development and characterization of twenty-five new polymorphic microsatellite markers in proso millet (*Panicum miliaceum L.*)." *Genes and Genomics* 32: 267–273.

Christian, D. 2000. "Silk Roads or steppe roads? the Silk Roads in world history." *Journal of World History* 11 (1): 1–26.

Chun, Chang. 1888 [1228]. *The Travels To the West of Kiu Ch'ang Ch'un*, 1220–1223. In *Medieval Researches from Eastern Asiatic Sources*, vol. 1, translated by Emil Bretschneider. London: Trubner & Co.

Civáň, P., H. Craig, C. J. Cox, and T. A. Brown. 2015. "Three geographically separate domestications of Asian rice." *Nature Plants* 1: 15164.

Cleary, Michelle Negus. 2013. "Khorezmian walled sites of the seventh century BC–fourth century AD: Urban settlements? Elite strongholds? Mobile centres?" *Iran* 1: 71–100.

Columbus, Christopher. 2003 [1492]. *Journal of the First Voyage of Columbus*. American Journeys Collection, Document No AJ-062. Madison: Wisconsin Historical Society.

Columella, L.J. M. 1911 [mid-first century AD]. Cambridge, MA: Harvard University Press.

Cornille, A., P. Gladieux, M. J. M. Smulders, I. Rold Án-Ruiz, F. Laurens, B. Le Cam, and A. Nerseyan. 2012. "New insight into the history of domesticated apple: Secondary contribution of the European wild apple to the genome of cultivated varieties." *PLoS Genetics* 8: e1002703.

Cornille, A., T. Giraud, M. J. Smulders, I. Rold Án-Ruiz, and P. Gladieux. 2014. "The domestication and evolutionary ecology of apples." *Trends in Genetics* 30: 57–65.

Costantini, L. 1979. "Plant remains at Pirak." In *Fouilles de Pirak*, edited by J.-F. Jarrige and M. Saontoni, 326–333. Paris: Boccard.

Costantini, L. 1984. "the beginning of agriculture in the Kachi Plain: the evidence of Mehrgarh." In *South Asian Archaeology 1981*, edited by B. B. Allchin, 29–33. Cambridge: Cambridge University Press.

Costantini, L. 1987. "Appendix B: Vegetal remains." In *Prehistoric and Protohistoric Swat, Pakistan*, edited by G. Stacul, 155–165. Rome: Instituto Italiano per il Medio ed Estremo Orientale.

Crawford, G. W. 2006. "East Asian plant domestication." In *Archaeology of Asia*, edited by M. T. Stark, 77–95. Oxford: Blackwell.

Crawford, Gary W. 1983. *Paleoethnobotany of the Kameda Peninsula Jomon*. Anthropological Papers No. 73, Museum of Anthropology, University of Michigan.

Crawford, G. W., and G.-A. Lee. 2003. "Agricultural origins in the Korean Peninsula." *Antiquity* 77: 87–95.

Crawford, Gary, Anne Underhill, Zhijun Zhao, Gyoung-Ah Lee, Gary Feinman, Linda Nicholas, Fengshi Luan, Haiguang Yu, Hui Fang, and Fengshu Cai. 2005. "Late Neolithic plant remains from northern China: Preliminary results from Liangchengzhen, Shandong." *Current Anthropology* 46 (2): 309–328.

d'Alpoim Guedes, J., H. Lu, Y. Li, X. Wu, R. Spengler, and M. Aldenderfer. 2014. "Moving agriculture onto the Tibetan Plateau: the archaeobotanical evidence." *Journal of Archaeological and Anthropological Science* 6: 255–269.

d'Alpoim Guedes, Jade A., Hongliang Lu, Anke M. Hein, and Amanda H. Schmidt. 2015. "Early evidence for the use of wheat and barley as staple crops on the margins of the Tibetan Plateau." *Proceedings of the National Academy of Sciences* 10 (1073): 1423708112.

Dai, F., E. Nevo, D. Wu, M. Comadran, L. Zhou, L. Qiu, Z. Chen, A. Beiles, G. Chen, and G. Zhang. 2012. "Tibet is one of the centers of domestication of cultivated barley." *Proceedings of the National Academy of Sciences* 109 (42): 16969–16973.

Danilevsky, V. V., V. N. Kokonov, and V. A. Neketen. 1940. "A study of the plant remains excavated from the eighth-century settlement of Mug in Tajikistan." In *Vegetation of Tajikistan and human interaction*, 484. Dushanbe: Tajikistan Base of Science of the SSSR. (In Russian.)

de Candolle, Alphonse. 1884. *Origin of Cultivated Plants*. London: K. Paul, Trench.

de Wet, J. M. J. 1995. "Foxtail millet." In *Evolution of Crop Plants*. 2nd ed., edited by J.

Smartt and N. W. Simmonds, 170–172. London: Longman.

Di Cosmo, Nicola. 1994. "Ancient Inner Asian nomads: their economic basis and its significance in Chinese history." *Journal of Asian Studies* 53 (4): 1092–1126.

Di Cosmo, Nicola. 2002. *Ancient China and Its Enemies: the Rise of Nomadic Power in East Asian History.* Cambridge: Cambridge University Press.

Diffie, Bailey W., and George D. Winius. 1977. *Foundations of the Portuguese Empire, 1415–1850: Europe and the World in the Age of Expansion.* Minneapolis: University of Minnesota Press.

Dinç, M., N. Münevver Pinar, S. Dogu, and Ş. Yildirimli. 2009. "Micromorphological studies of *Lallemantia L.* (Lamiaceae) species growing in Turkey." *Acta Biologica Cracoviesia Series Botanica* (1) 51 (1): 45–54.

Ding, Y. 1957. "The origin and evolution of Chinese cultivated rice." *Journal of Agriculture* 8 (3): 243–260.

Dioscorides, Pedanius. 2000 [AD 64]. *De Materia Medica* (On Medical Materials), edited and with an introduction by Tess Anne Osbaldeston. Johannesburg: Ibidis Press.

Dodson, J. R., X. Li, X. Zhou, K. Zhao, N. Sun, and P. Atahan. 2013. "Origin and spread of wheat in China." *Quaternary Science Reviews* 72: 108–111.

Doumani, Paula N., Michael D. Frachetti, R. Beardmore, T. Schmaus, Robert N. Spengler, and A. N. Mar'yashev. 2015. "Burial ritual, agriculture, and craft production among Bronze Age pastoralists at Tasbas (Kazakhstan)." *Archaeological Research in Asia* 1–2: 17–32.

Doumani, Paula, Robert N. Spengler, and Michael Frachetti. 2017. "Eurasian textiles: Case studies in exchange during the incipient and later Silk Road periods." *Quaternary International*, online first: 1–12.

Dvořák, J., M. C. Luo, Z. I. Yang, and H. B. Zhang. 1998. "the structure of the *Aegilops tauschii* genepool and the evolution of hexaploid wheat." *Theoretical and Applied Genetics* 67: 657–670.

Dvořák, J., P. di Terlizzi, H. B. Zhang, and P. Resta. 1993. "the evolution of polyploidy wheats: Identification of a genome donor species." *Genome* 36:21–31.

Dzhangaliev, A. D., T. N. Salova, and P. M. Turekhanova. 2003. "The wild fruit and nut plants of Kazakhstan." In *Horticultural Reviews*, edited by Jules Janick, 305–372. New York: John Wiley.

El Hadidi, Nabil M. 1984. "Food plants of prehistoric dynastic Egypt." In *Plants for Arid Lands*, edited by G. E. Wickens, J. P. Goodin, and D. V. Field, 87–92. London: George Allen and Unwin.

Ellison, R., J. Renfrew, D. Brothwell, and N. Seeley. 1978. "Some food offerings from Ur, excavated by Leonard Woodley, and previously unpublished." *Journal of Archaeological Science* 5: 167–177.

El-Samarrahie, Q. 1972. *Agriculture in Iraq during the 3rd Century.* Beirut: A. H. Librairie du Liban.

Fall, Patricia, Steven E. Falconer, and Lee Lines. 2002. "Agricultural intensification and the secondary products revolution along the Jordan Rift." *Human Ecology* 4 (30): 445–482.

Faust, M., and B. Timon. 1995. "Origin and dissemination of peach." *Horticultural*

Review 17: 331–379.

Faust, M., D. Surányi, and F. Nyujtö. 1998. "Origin and dissemination of apricot." *Horticultural Review* 22: 225–266.

Fazl, Abul Allámi. 1873–1907 [1597]. *The Aín I Akbari*. Translated by H. Blochmann and H. S. Jarrett. Calcutta: Asiatic Society of Bengal and the Baptist Mission Press.

Flad, Rowan. 2017. "Recent research on the archeology of the Tibetan Plateau and surrounding areas." *Archaeological Research in Asia* 5: 1–3.

Flad, R., S. Li, X. Wu, and Z. Zhao. 2010. "Early wheat in China: Results from new studies at Donghuishan in the Hexi corridor." *The Holocene* 17:555–560.

Fowler, Cary, and Pat Mooney. 1990. *Shattering: Food, Politics, and the Loss of Genetic Diversity*. Tucson: University of Arizona Press.

Frachetti, Michael D. 2012. "Multi-regional emergence of mobile pastoralism and non-uniform institutional complexity across Eurasia." *Current Anthropology* 53 (1): 2–38.

Frachetti, M. D., R. N. Spengler, G. J. Fritz, and A. N. Mar'yashev. 2010. "Earliest direct evidence for broomcorn millet and wheat in the Central Eurasian steppe region." *Antiquity* 84: 993–1010.

Fraser, James B. 1825. *Narrative of a Journey to Khorasan, in the Years 1821 and 1822*. London: Longman, Hurst, Rees, Orme, Brown, and Green.

Fritz, G. J., and B. D. Smith. 1988. "Old collections and new technology: Documenting the domestication of Chenopodium in eastern North America." *Mid-continental Journal of Archaeology* 13: 3–27.

Fu, D. 2001. "Discovery, identification and study of the remains of Neolithic cereals from the Changguogou site, Tibet." *Archaeology* 3: 66–74. (In Chinese.)

Fuchs, Jeff. 2008. "the Tea Horse Road." *Silk Road* 6 (1): 63–71.

Fuller, D. Q. 2001. "Responses: Harappan seeds and agriculture; Some considerations." *Antiquity* 75: 410–414.

Fuller, D. Q. 2002. "Fifty years of archaeobotanical studies in India: Laying a solid foundation." In *Indian Archaeology in Retrospect*, vol. 3, *Archaeology and Interactive Disciplines*, edited by S. Settar and R. Korisettar, 247–363. New Delhi: Manohar.

Fuller, D. Q. 2003. "African crops in prehistoric South Asia: A critical review." In *Food, Fuel and Fields: Progress in African Archaeobotany*, edited by K. Neumann, A. Butler, and S. Kahlheber, 239–271. Cologne: Heinrich-Barth Institute.

Fuller, D. Q. 2006. "Agricultural origins and frontiers in South Asia: A working synthesis." *Journal of World Prehistory* 20: 1–86.

Fuller, D. Q. 2008. "The spread of textile production and textile crops in India beyond the Harappan zone: An aspect of the emergence of craft specialization and systematic trade." In *Linguistics, Archaeology, and the Human Past*, edited by T. Osada and A. Uesugi, 1–26. Kyoto, Japan: Indus Project, Research Institute of Humanities and Nature.

Fuller, D. Q. 2011. "Finding plant domestication in the Indian subcontinent." *Current Anthropology* 52 (S4): S347–S362.

Fuller, D. Q. 2012. "Pathways to Asian civilizations: Tracing the origins and spread of rice and rice cultures." *Rice* 4: 9078.

Fuller, D. Q., and F. L. Zhang. 2007. "A preliminary report of the survey archaeobotany of the upper Ying Valley (Henan Pronince)." In *Archaeological Discovery and Research at the Wangchenggang Site in Elengfeng* (2002–2005), 916–958. Zhengzhou: Great Elephant.

Fuller, D. Q., and N. Boivin. 2009. "Crops, cattle and commensals across the Indian Ocean: Current and potential archaeobiological evidence." *Études Océan Indien* 42–43: 13–46.

Fuller, D. Q., Emma Harvey, and Ling Qin. 2007. "Presumed domestication? Evidence for wild rice cultivation and domestication in the fifth millennium BC of the Lower Yangtze region." *Antiquity* 81: 316–331.

Fuller, D. Q., and M. Madella. 2001. "Issues in Harappan archaeobotany: Retrospect and prospect." In *Indian Archaeology in Retrospect*, vol. 2, *Protohistory*, edited by S. Settar and R. Korisettar, 317–390. New Delhi: Manohar.

Fuller, D. Q., and L. Qin. 2009. "Water management and labour in the origins and dispersal of Asian rice." *World Archaeology* 41: 88–111.

Fuller, Dorian Q., and Ling Qin. 2010. "Declining oaks, increasing artistry, and cultivating rice: the environmental and social context of the emergence of farming in the Lower Yangtze region." *Environmental Archaeology* 15 (2):139–159.

Fuller, D. Q., and M. Rowlands. 2011. "Ingestion and food technologies: Maintaining differences over the long term in West, South and East Asia." In *Interweaving Worlds Systemic Interactions in Eurasia, 7th to 1st Millennium B.C.*, edited by T. Wilkinson, S. Sherratt, and J. Bennet, 37–60. Oxford: Oxbow.

Fuller, D. Q., L. Qin, Y. Zhang, Z. Zhao, X. Chen, L. Hosoya, and G. Sun. 2009. "The domestication process and domestication rate in rice: Spikelet bases from the Lower Yangtze." *Science* 323: 1607–1610.

Fuller, D. Q., T. Denham, M. Arroyo-Kalin, L. Lucas, C. J. Stevens, L. Qin, R. G. Allaby, and M. D. Purugganan. 2014. "Convergent evolution and parallelism in plant domestication revealed by an expanding archaeological record." *Proceedings of the National Academy of Sciences* 111 (17): 6147–6152.

Gegas, V. C., A. Nazari, S. Griffiths, J. Simmonds, L. Fish, S. Orford, L. Sayers, J.H. Doonan, and J. W. Snape. 2010. "A genetic framework for grain size and shape variation in wheat." *The Plant Cell* 22 (4): 1046–1056.

Ghosh, R., S. Gupta, S. Bera, H. E. Jiang, X. Li, and C. S. Li. 2008. "Ovi-caprid dung as an indicator of paleovegetation and paleoclimate in northwestern China." *Quaternary Research* 70: 149–157.

Golden, Peter B. 2011. *Central Asia in World History*. Oxford: Oxford University Press.

Gorbunova, N. G. 1986. *The Culture of Ancient Ferghana: VI Century B.C.–VI Century A.D.* Translated by A. P. Andryushkin. Vol. 281. Oxford: BAR International Series.

Gorbunova, Natalya. 1993. "Traditional movements of nomadic pastoralists and the role of seasonal migrations in the formation of ancient trade routes in Central Asia." *Silk Road Art and Archaeology* 3: 1–10.

Gordyagin, A. Ya. 1892. *Several Botanical Data on L. seeds*. Moscow: Daily General Physician's Office.

Grant, Mark. 2000. *Galen on Food and Diet*. London: Routledge.

Gross, Briana L., and Zhijun Zhao. 2014. "Archaeological and genetic insights into the origins of domesticated rice." *Proceedings of the National Academy of Sciences* 111 (17): 6190–6197.

Gupta, Anil K. 2004. "Origin of agriculture and domestication of plants and animals linked to early Holocene climate amelioration." *Current Science* 87 (1): 59.

Hamd-Allāh Mustawfī of Qazwīn. 1919 [1340]. *The Geographical Part of the* Nuzhat-Al-Qulūb. Translated by G. Le Strange. London: Luzac & Co.

Hanks, Bryan, and Kathrine Linduff, eds. 2009. *Social Complexity in Prehistoric Eurasia: Monuments, Metals and Mobility.* Cambridge: Cambridge University Press.

Hansen, Valerie. 2003. "the Hejia Village hoard: A snapshot of China's Silk Road trade." Orientations 34 (2): 14–19.

Hanson, Thor. 2015. *The Triumph of Seeds: How Grains, Nuts, Kernels, Pulses, and Pips Conquered the Plant Kingdom and Shaped Human History.* New York: Basic Books.

Harlan, J. R. 1971. "Agricultural origins: Centers and noncenters." *Science* 174: 468–474.

Harlan, J. R. 1975. *Crops and Man.* Madison, WI: American Society of Agronomy, Crop Science Society of America.

Harlan, J. R. 1977. "The origins of cereal agriculture in the Old World." In *Origins of Agriculture,* edited by Charles A. Reed, 357–383. Paris: Mouton.

Harlan, J. R., and D. Zohary. 1966. "Distribution of wild wheats and barley." *Science* 153: 1074–1080.

Harris, D. 2010. *Origins of Agriculture in Western Central Asia: An Environmental-Archaeological Study.* Philadelphia: University of Pennsylvania Museum of Archaeology and Anthropology.

Harris, S. A., Julian P. Robinson, and Barrie E. Juniper. 2002. "Genetic clues to the origin of the apple." *Trends in Genetics* 18: 426–430.

Harrison, N. 1995. "Preliminary archaeobotanical findings from Anau, 1994 excavations." *Harvard IuTAKE Excavations at Anau South, Turkmenistan* 28–36.

Helbaek, H. 1950. "Botanical study of the stomach contents of the Tollund man." *Aarbøger* 1: 329–341.

Helbaek, H. 1952. "Early crops in southern England." *Prehistoric Society,* 194–223. Copenhagen: National Museum, Copenhagen.

Helbaek, H. 1959. "Domestication of food plants in the Old World." *Science* 130:365–372.

Helbaek, H. 1966. "the plant remains from Nimrud." In *Nimrud and Its Remains,* edited by M. E. L. Mallowan, 613–620. Edinburgh: Collins.

Herodotus. 1920 [ca. 450 BC]. *The Histories.* Translated by A.D. Godley. Cambridge, MA: Harvard University Press.

Herrmann, G., and K. Kurbansakhatov. 1994. "the international Merv project:Preliminary report on the second season (1993)." *Iran: British Institute of Persian Studies* 32: 53–75.

Hesiod. 1914 [eighth century BC]. *The Homeric Hymns and Homerica* (Shield of Heracles). Translated by Hugh G. Evelyn-White. Cambridge, MA: Harvard University Press.

Hiebert, Fredrick T. 1994. *Origins of the Bronze Age Civilization of Central Asia.* Cambridge, MA: Peabody Museum of Archaeology and Ethnology, Harvard University.

Hiebert, Fredrick T. 2003. *A Central Asian Village at the Dawn of Civilization: Excavations at Anau, Turkmenistan*. Philadelphia: University of Pennsylvania Museum of Archaeology and Anthropology.

Higham, C. 1995. "the transition to rice cultivation in Southeast Asia." In *Last Hunters—First Farmers*, edited by T. Price and A. Gebauer, 127–155. Santa Fe, NM: School of American Research Press.

Hill, John E. 2009. *Through the Jade Gate to Rome: A Study of the Silk Routes during the Later Han Dynasty, 1st to 2nd Centuries CE: An Annotated Translation of the Chronicle on the* "Western Regions" in the Hou Hanshu. Lexington, KY: John E. Hill.

Ho, Ping-ti. 1975. *The Cradle of the East: An Inquiry into the Indigenous Origins of Techniques and Ideas of Neolithic and Early Historic China, 5000–1000 B.C.* Chicago: University of Chicago Press.

Huang, H. T. 2000. "Part 5: Fermentations and food science." In *Science and Civilisation in China, Volume VI: Biology and Biological Technology*. Cambridge: Cambridge University Press.

Huang, H., Z. Cheng, Z. Zhang, and Y. Wang. 2008. "History of cultivation and trends in China." In *The Peach: Botany, Production and Uses*, edited by D. R. Layne and D. Bassi, 37–60. Wallingford, CT: CABI.

Hudaikov, Y. S., S. G. Skobelev, O. A. Mitko, A. Y. Borisenko, and Zh. Orozbekova. 2013. "the burial rite of the early Scythian nomads of Tuva (based on the Bai-Dag I cemetery)." *Archaeology Ethnology and Anthropology of Eurasia* 41 (1):104–113.

Humphrey, Caroline, Marina Mongush, and B. Telengid. 1994. "Attitudes to nature in Mongolia and Tuva: A preliminary report." In *Nomadic Peoples International Union of Anthropological and Ethnological Sciences Commission on Nomadic Peoples*, edited by Hjort af Ornäs Anders, 51–62. Montreal: Reprocen-tralen HSC.

Hunt, H. V., Xue Shang, and Martin K. Jones. 2017. "Buckwheat: A crop from outside the major Chinese domestication centres? A review of the archaeobotanical, palynological and genetic evidence." *Vegetation History and Archaeobotany* 27(3): 493–506.

Hunt, H. V., M. Vander Linden, X Liu, G. Motuzaite-Matuzeviciute, S. Colledge, and M. K. Jones. 2008. "Millets across Eurasia: Chronology and context of early records of the genera *Panicum* and *Setaria* from archaeological sites in the Old World." *Vegetation History and Archaeobotany* 17: S5–S18.

Hunt, H. V., M. G. Campana, M. C. Lawes, Y.-J. Park, M. A. Bower, C. J. Howe, and M. K. Jones. 2011. "Genetic diversity and phylogeography of broomcorn millet (Panicum miliaceum L.) across Eurasia." *Molecular Ecology* 20:4756–4771.

Ibn al-Awwam. 2000 [twelfth century]. *Le livre de l'agriculture* (Book of agriculture). Translated by J. J. Clément-Mullet. Paris: Arles.

Ibn Fadlan. 2012. *Ibn Fadlan and the Land of Darkness Arab Travellers in the Far North*. Translated by Paul Lunde and Caroline Stone. London: Penguin Classics.

Ibn Hawqal. 1964. *Configuration de la terre (Kitab surat al-ard)*. Translated by Tome I. Kramers, J. H. and G. Wiet. Paris: Maisonneuve et Larose.

Jacomet, S. 2006. *Identification of Cereal Remains from Archaeological Sites*. Unpublished.

Jahangir. 1909–1914 [1569–1627]. *The Tūzuk-i-Jahangīrī: Memoirs of Jahāngīr (Tuzk-*

e-Jahangiri). Translated by Alexander Rogers and Henry Beveridge. London:Royal Asiatic Society.

Janik, L. 2002. "Wandering weed: the journey of buckwheat (Fagopyrum sp.) as an indicator of human movement in Russia." In *Ancient Interactions: East and West in Eurasia*, edited by K. Boyle, C. Renfrew, and M. Levine, 299–308. Cambridge: McDonald Institute for Archaeological Research.

Jashemski, W. F. 1979. *The Gardens of Pompeii: Herculaneum and the Villas Destroyed by Vesuvius*. New Rochelle, NY: Aristide de Caratzas.

Jia, P. W., A. Betts, and X.Wu. 2011. "New evidence for Bronze Age agricultural settlements in the Zhunge'er (Junggar) Basin, China." *Journal of Field Archaeology* 36(4): 269–280.

Jiang, H. E., Y. B. Zhang, X. Li, Y. F. Yao, D. K. Ferguson, E. G. Lu, and C. S. Li. 2009. "Evidence for early viticulture in China: Proof of a grapevine (Vitis vinifera L., Vitaceae) in the Yanghai tombs, Xinjiang." *Journal of Archaeological Science* 36: 1458–1465.

Jiang, L., and L. Liu. 2006. "New evidence for the origins of sedentism and rice domestication in the Lower Yangzi River, China." *Antiquity* 80:355–361.

Jing, Yuan, and Rod Campbell. 2009. "Recent archaeometric research on 'the origins of Chinese civilisation.'" *Antiquity* 83: 96–109.

Jones, G., and S. Valamoti. 2005. "Lallemantia, an imported or introduced oil plant in Bronze Age northern Greece." *Vegetation History and Archaeobotany* 14:571–577.

Jones, G., H. Jones, M. P. Charles, M. K. Jones, S. Colledge, F. J. Leigh, D. A. Lister, L.M.J. Smith, W. Powell, and T. A. Brown. 2012. "Phylogeographic analysis of barley DNA as evidence for the spread of Neolithic agriculture through Europe." *Journal of Archaeological Science* 39 (10): 3230–3238.

Jones, G., M. P. Charles, M. K. Jones, S. Colledge, F. J. Leigh, D. A. Lister, and L. M. J. Smith. 2013. "DNA evidence for multiple introductions of barley into Europe following dispersed domestications in Western Asia." *Antiquity* 87:701–713.

Jones, H., F. Leigh, I. Mackay, M. Bower, L. Smith, M. Charles, G. Jones, M. Jones, T. Brown, and W. Powell. 2008. "Population based resequencing reveals that the flowering time adaptation of cultivated barley originated east of the Fertile Crescent." *Molecular Biology and Evolution* 25: 2211–2219.

Jones, M. K., H. Hunt, E. Lightfoot, D. Lister, X. Liu, and G. Motuzaite-Matuzeviciute. 2011. "Food globalization in prehistory." *World Archaeology* 43 (4):665–675.

Josekutty, P. C. 2008. "Defining the genetic and physiological basis of *Triticum Sphaerococcum Perc*." MSc thesis, University of Canterbury.

Juniper, B. E., and D. J. Mabberley. 2006. *The Story of the Apple*. New York: Timber Press.

Karev, Y. 2004. "Samarqand in the eighth century: the evidence of transformation." In *Changing Social Identity with the Spread of Islam: Archaeological Perspectives*, edited by Donald Whitcomb, 51–66. Chicago: University of Chicago Press.

Karev, Y. 2013. "From Tents to Cities: the royal court of the western Qarakhanids between Bukhara and Samarkand." In *Turko-Mongol Rulers, Cities and City Life*, edited by David Durand-Guédy, 99–147. Boston: Brill.

Kawakami, S., K. Ebana, T. Nishikawa, Y. Sato, D.A. Vaughan, and K. Kadowaki. 2007. "Genetic variation in the chloroplast genome suggests multiple domestication of cultivated Asian rice (*Oryza sativa* L.)." *Genome* 50 (2):180–187.

Kerje, T., and M. Grum. 2000. "the origin of melon, *Cucumis melo*: A review of the literature." *Acta Horticulturae* 510: 34–37.

Kim, M. 2013. "Wheat in ancient Korea: A size comparison of carbonized kernels." *Journal of Archaeological Science* 40: 517–525.

Kimata, M., E. G. Ashok, and A. Seetharam. 2000. "Domestication, cultivation and utilization of two small millets, *Brachiaria ramosa and Setaria glauca* (Poaceae), in South India." *Economic Botany* 54 (2): 217–227.

Kirleis, W., and E. Fischer. 2014. "Neolithic cultivation of tetraploid free threshing wheat in Denmark and Northern Germany: Implications for crop diversity and societal dynamics of the Funnel Beaker Culture." *Vegetation History and Archaeobotany* 23 (1): 81–96.

Kislev, M. E. 1985. "Early Neolithic horsebean from Yiftah'el, Israel." *Science* 228:319–320.

Kislev, M. E. 1988. "Nahal Hemar cave: Desiccated plant remains; An interim report." *Atiqot* 18: 76–81.

Knörzer, K.-H. 2000. "3000 years of agriculture in a valley of the high Himalayas." *Vegetation History and Archaeobotany* 9: 219–222.

Koba, T., and K. Tsunewaki. 1978. "Mapping of the s and Ch 2 genes on chromosome 3D of common wheat." *Wheat Information Service* 45–46: 18–20.

Komatsuda, T., P. Mohammad, C. He, A. Perumal, K. Hiroyuki, D. Perovic, N. Stein, et al. 2007. "Six-rowed barley originated from a mutation in a homeodomain-leucine zipper l-class homeobox gene." *Proceedings of the National Academy of Sciences* 104 (4): 1424–1429.

Koroluyk, E. A., and N. V. Polosmak. 2010. "Plant remains from Moin Ula burial mounds 20 and 31 (Northern Mongolia)." *Archaeology, Ethnology and Anthropology of Eurasia* 38 (2): 57–63.

Koryakova, E. A., and A. V. Epimakhov. 2007. *The Urals and Western Siberia in the Bronze and Iron Ages*. Cambridge: Cambridge University Press.

Kovach, M. J., M. T. Sweeney, and S. R. McCouch. 2007. "New insights into the history of rice domestication." *Trends in Genetics* 11: 578–587.

Kradin, N.N. 2002. "Nomadism, evolution and world-systems: Pastoral societies in theories of historical development." *Journal of World-Systems Research* 8 (3):368–388.

Kuzmina, E. 2008. *The Prehistory of the Silk Road: Encounters with Asia*. Translated by V. H. Mair. Philadelphia: University of Pennsylvania Press.

Landsell, Henry. 1885. *Russian Central Asia: Including Kuldja, Bokhara, Khiva, and Merv*. London: Sampson Low, Marston, Searle, and Rivington.

Langlie, BrieAnna S., Natalie G. Mueller, Robert N. Spengler, and Gayle J. Fritz. 2014. "Agricultural origins from the ground up: Archaeological perspectives on plant domestication." *American Journal of Botany* 101 (10): 1601–1617.

Lattimore, Owen. 1928. "Caravan routes of inner Asia." *Geographical Journal* 72

(6):497–531.

Lattimore, Owen. 1940. *The Inner Asian Frontiers of China*. London: Beacon Press.

Lattimore, Owen. 1995 [1929]. *The Desert Road to Turkestan*. New York: Kodansha International.

Laufer, Berthold. 1919. *Sino-Iranica: Chinese Contributions to the History of Civilization in Ancient Iran, with Special Reference to the History of Cultivated Plants and Products*. Chicago: Field Museum of Natural History.

Leon, J. 2010. "Genetic diversity and population differentiation analysis of Ethiopian barley (*Hordeum vulgare* L.) landraces using morphological traits and SSR markers." Bonn: PhD diss., Rheinischen Friedrich-Wilhelms-Universität.

Levin, M. G., and L. P. Potapov. 1964. *The Peoples of Siberia*. Translated by Stephen Dunn. Chicago: University of Chicago Press.

Li, C., D. L. Lister, and H. Li. 2011. "Ancient DNA analysis of desiccated wheat grains excavated from a Bronze Age cematery in Xinjiang." *Journal of Archaeological Science* 38: 115–119.

Li, H. L. 1969. "The vegetables of ancient China." *Economic Botany* 23: 253–260.

Li, Hui-Lin. 1959. *The Garden Flowers of China*. New York: Rowland.

Li, Hui-Lin. 1970. "The origins of domesticated plants in southeast Asia." *Economic Botany* 24: 3–19.

Li, S. 2002. "Interactions between northwest China and Central Asia during the second millennium BC: An archaeological perspective." In *Ancient Interactions: East and West in Eurasia*, edited by K. Boyle, C. Renfrew, and M. Levine, 171–182. London: McDonald.

Li, X., C. Xu, and Q. Zhang. 2004. "Ribosomal DNA spacer-length polymorphisms in three samples of wild and cultivated barleys and their relevance to the origin of cultivated barley." *Plant Breeding* 123: 30–34.

Li, X., J. Dodson, X. Zhou, H. Zhang, and R. Masutomoto. 2007. "Early cultivated wheat and broadening of agriculture in Neolithic China." *The Holocene* 15:555–560.

Li, Y. 2007. "Animal bones and economy at the site of Karuo: An opinion on pre-historic agriculture in the Hengduan Mountain Chain." *Sichuan wenwu* 1:50–56. (In Chinese.)

Li, Ya, Xiao Li, Hongyong Cao, Chunchang Li, Hongen Juang, and Chengsen Li. 2013. "Grain remains from archaeological sites and development of oasis agriculture in Turpan, Xinjiang." *Chinese Science* 58 (1): 40–45. (In Chinese.)

Lightfoot, Emma, Xinyi Liu, and Martin K. Jones. 2013. "Why move starchy cereals? A review of the isotopic evidence for prehistoric millet consumption across Eurasia." *World Archaeology* 45 (4): 574–623.

Linduff, K.M. 2006. "Why have Siberian artifacts been excavated within ancient Chinese dynastic borders?" In *Beyond the Steppe and the Sown: Proceedings of the 2002 University of Chicago Conference on Eurasian Archaeology*, edited by D. L. Peterson, L. M. Popova, and A. T. Smith, 358–370. Boston: Brill.

Lippolis, Carlo, and Niccoló Manassero. 2015. "Storehouses and storage practices in Old Nisa (Turkmenistan)." *Electrum* 22: 115–142.

Lisitsina, Gorislava N. 1984. "the Caucasus: A center of ancient farming in Eurasia." In *Plants and Ancient Man*, edited by W. van Zeist and W. A. Casparie, 285–292.

Rotterdam: Balkema.

Lisitsyna, G. N., and L. V. Prishchepenko. 1977. *Palaeoethnobotanical finds of the Caucasus and the Near East*. Moscow: Nauka. (In Russian.)

Lister, D., and M. Jones. 2013. "Is naked barley an eastern or a western crop? The combined evidence of archaeobotany and genetics." *Vegetation History and Archaeobotany* 22 (5): 439–446.

Lister, D. L., S. thaw, M. A. Bower, H. Jones, M. P. Charles, G. Jones, L. M. J. Smith, C. J. Howe, T. A. Brown, and M. K. Jones. 2009. "Latitudinal variation in a photoperiod response gene in European barley: Insight into the dynamics of agricultural spread from 'historic' specimens." *Journal of Archaeological Science* 38: 1090–1098.

Liu, C., Z. Kong, and S. D. Lang. 2004. "A discussion on agricultural and botanical remains and the human ecology of Dadiwan site." *Zhongyuan wenwu* (Cultural Relics of Central China) 4: 25–29. (In Chinese.)

Liu, Honggao, Yifu Cui, Xinxin Zuo, Haiming Li, Jian Wang, Dongju Zhang, Jiawu Zhang, and Guanghui Dong. 2016. "Human settlements and plant utilization since the late prehistoric period in the Nujiang River Valley, south-east Tibetan plateau." *Archaeological Research in Asia* 5: 63–71.

Liu, Li. 2004. *The Chinese Neolithic*. Cambridge: Cambridge University Press.

Liu, Li, Judith Field, Richard Fullagar, Chaohong Zhao, Xingcan Chen, and Jincheng Yu. 2010. "A functional analysis of grinding stones from an early Holocene site at Donghulin, North China." *Journal of Archaeological Science* 37: 2630–2639.

Liu, X., H. V. Hunt, and M. K. Jones. 2009. "River valleys and foothills: Changing archaeological perceptions of North China's earliest farms." *Antiquity* 83:82–95.

Liu, Xinru. 2010. *The Silk Road in World History*. Oxford: Oxford University Press.

Liu, Xinyi, Diane L. Lister, Zhijun Zhao, Richard A. Staff, Penny Jones, Liping Zhou, Anubha Pathak, et al. 2016. "the virtues of small grain size: Potential pathways to a distinguishing feature of Asian wheats." *Quaternary International* 426: 107–119.

Livshits, V. A. 2015. "Sogdian epigraphy of Central Asia and Semirech'ye." In *Corpus Inscriptionum Iranicarum*, translated by Tom Stableford. London: School of Oriental and African Studies.

Lone, F. A., M. Khan, and G. M. Buth. 1993. *Palaeoethnobotany Plants and Ancient Man in Kashmir*. New Delhi: Oxford and IBH.

Lu, Hongliang. 2016. "Colonization of the Tibetan plateau, permanent settlement, and the spread of agriculture: Reflection on current debates on the prehistoric archeology of the Tibetan plateau." *Archaeological Research* in Asia 5: 12–15.

Lu, Houyuan, Jianping Zhang, Kam-biu Liu, Naiqin Wu, Yumei Li, Kunshu Zhou, Maolin Ye, et al. 2009a. "Earliest domestication of common millet (*Panicum miliaceum*) in East Asia extended to 10,000 years ago." *Proceedings of the National Academy of Sciences* 106: 7367–7372.

Lu, Houyan, J. Zhang, N. Wu, K-b. Liu, D. Xu, and Q. Li. 2009b. "Phytolith analysis for the discrimination of foxtail millet (*Setaria italica*) and common millet (*Panicum miliaceum*)." PLoS ONE 4(2): e4448.

Lu, Houyuan, Jianping Zhang, Yimin Yang, Xiaoyan Yang, Baiqing Xu, Wuzhan Yang, Tao Tong, et al. 2016. "Earliest tea as evidence for one branch of the Silk Road across the Tibetan plateau." *Science Reports* 6: 18955.

Lunina, S.B. 1984. *Cities in Southern Sogda in the seventh to tenth centuries*. Tashkent: FAN. (In Russian.)

Lyre, P. B. 2012. *Material from the Penjikent Archaeological Expedition*. Vol. 14. St. Petersburg: Government Heritage. (In Russian.)

Ma, D., T. Xu, M. Gu, B. Wu, and Y. Kang. 1987. "the classification and distribution of wild barley in the Tibet autonomous region." *Scientia Agriculturae Sinica* 20: 1–6.

MacGahan, J. A. 1876. *Campaigning on the Oxus and the Fall of Khiva*. London: Sampson Low, Maeston, Searle, & Rivington.

Mair, Victor H., and Erling Hoh. 2009. *The True History of Tea*. London: Thames and Hudson.

Maksudov, Farhad, Elissa Bullion, Edward R. Henry, Taylor Hermes, Ann M. Merkle, and Michael D. Frachetti. In press. "Nomadic Urbanism at Tashbulak: A New Highland Town of the Qarakhanids." In *Proceedings of the Urban Culture of Central Asia Conference, Society for the Exploration of Eurasia*. Bern, Switzerland.

Mani, B. R. 2008. "Kashmir Neolithic and early Harappan: A linkage." *Pragdhara* 18: 229–247.

Marinova, E. and S. Riehl. 2009. "Carthamus species in the ancient Near East and south-eastern Europe: Archaeobotanical evidence for their distribution and use as a source of oil." *Vegetation History and Archaeobotany* 18: 341–349.

McGovern, P. E. 2003. *Ancient Wine: The Search for the Origins of Viniculture*. Princeton, NJ: Princeton University Press.

McGovern, P. E., D. L. Glusker, L. J. Exner, and M. M. Voigt. 1996. "Neolithic resinated wine." *Nature* 381: 480–481.

McNally, K. L., K. L. Childs, R. Bohnert, R. M. Davidson, K. Zhao, V. J. Ulat, G. Zeller, et al. 2009. "Genomewide SNP variation reveals relationships among landraces and modern varieties of rice." *Proceedings of the National Academy of Sciences* 106 (30): 12273–12278.

Miller, N. 1981. "Plant remains from Villa Royale II, Susa." *Cahiers de la Délégation Archéologique Française en Iran* 12: 37–42.

Miller, N. F. 1990. "Godin Tepe, Iran: Plant remains from period V, the late fourth millennium B.C." *Museum Applied Science Center for Archaeology Ethnobotanical Report* 6: 1–12.

Miller, N. F. 1999. "Agricultural development in western Central Asia in the Chalcolithic and Bronze Ages." *Vegetation History and Archaeobotany* 8: 13–19.

Miller, N. F. 2003. "The use of plants at Anau North." In *A Central Asian Village at the Dawn of Civilization: Excavations at Anau, Turkmenistan*, edited by F. T. Hiebert and K. Kurdansakhatov. Philadelphia: University of Pennsylvania Museum.

Miller, N. 2008. "Sweeter than wine? the use of the grape in early western Asia." *Antiquity* 82: 937–946.

Miller, N. F. 2010. *Botanical Aspects of Environment and Economy at Gordion, Turkey*. Philadelphia: University of Pennsylvania Museum.

Miller, N. F. 2011. "Preliminary archaeobotanical results." In *Excavations at Monjukli Depe, Meana-Čaača Region, Turkmenistan*, 2010, edited by S. Pollock and R.

Bernbeck, 43: 213–221. Berlin: Archäologische Mitteilungen aus Iran und Turan.

Miller, Naomi F., Robert N. Spengler Ⅲ, and Michael D. Frachetti. 2016. "Millet cultivation across Eurasia: Origins, spread, and the influence of seasonal climate." *The Holocene* 26: 1566–1575.

Millward, James A. 2013. *The Silk Road: A Very Short Introduction.* Oxford: Oxford University Press.

Milton, John. 2004 [1667]. *Paradise Lost.* Edited by David Hawker. New York:Barnes & Noble Classics.

Miquel, A. 1980. *La géographie humaine du monde musulman jusqu'au milieu du Ile siècle, volume 3, Le milieu naturel.* Paris: Mouton.

Mirsky, Jeannette. 1977. *Sir Aurel Stein: Archaeological Explorer.* Chicago: University of Chicago Press.

Molina-Cano, J., M. Moralejo, E. Igartua, and I. Romagosa. 1999. "Further evidence supporting Morocco as a center of origin of barley." *Theoretical and Applied Genetics* 98: 913–918.

Molina-Cano, J., J. Russell, M. Moralejo, J. Escacena, G. Arias, and W. Powell. 2005. "Chloroplast DNA microsatellite analysis supports a polyphyletic origin for barley." *Theoretical and Applied Genetics* 110 (4): 613–619.

Moore, K., N. F. Miller, F. T. Heibert, and R.H. Meadow. 1994. "Agriculture and herding in early oasis settlements of the Oxus civilization." *Antiquity* 68: 418–427.

Morgan, C., L. Barton, R.L.Bettinger, and F.Chen.2011."Glacial cycles and Palaeolithic adaptive variability on China's western loess plateau." *Antiquity* 85:365–379.

Morrell, P. L., and M. T. Clegg. 2007. "Genetic evidence for a second domestication of barley (*Hordeum vulgare*) east of the Fertile Crescent." *Proceedings of the National Academy of Sciences* 104: 3289–3294.

Morrell, P. L., K.E. Lundy, and M. T. Clegg. 2003. "Distinct geographic patterns of genetic diversity are maintained in wild barley (*Hordeum vulgare* ssp. *spontaneum*) despite migration." *Proceedings of the National Academy of Sciences* 100:10812–10817.

Motuzaite-Matuzeviviute, G., S. Telizhenko, and M. K. Jones. 2012. "Archaeobotanical investigation of two Scythian-Sarmatian period pits in eastern Ukraine: Implications for floodplain cereal cultivation." *Journal of Field Archaeology* 37: 51–61.

Motuzaite-Matuzeviciute, G., R. A. Staff, H. V. Hunt, X. Liu, and M. K. Jones. 2013. "The early chronology of broomcorn millet *(Panicum miliaceum)* in Europe." *Antiquity* 87: 1073–1085.

Motuzaite-Matuzeviciute, G., E. Lightfoot, T. C. O'Connell, D. Voyakin, X. Liu, V. Loman, S. Svyatko, E. Usmanova, and M. K. Jones. 2015. "the extent of cereal cultivation among the Bronze Age to Turkic period societies of Kazakhstan determined using stable isotope analysis of bone collagen." *Journal of Archaeological Science* 59: 23–34.

Motuzaite Matuzeviciute, G., R. C. Preece, S. Wang, L. Colominas, K. Ohnuma, S. Kume, A. Abdykanova, and M. K. Jones. 2016. "Ecology and subsistence at the Mesolithic and Bronze Age site of Aigyrzhal-2, Naryn valley, Kyrgyzstan." *Quaternary International* 437: 35–49.

Mowart, Farley. 1970. *The Siberians.* New York: Little, Brown and Company.

Murdock, G. P. 1959. *Africa: Its Peoples and Their Culture History.* New York:McGraw-Hill.

Murphy, C. 2016. "Finding millet in the Roman world." *Archaeological and Anthropological Sciences* 8 (1): 65–78.

Murphy, C., G. Thompson, and D. Q. Fuller. 2013. "Roman food refuse: Urban archaeobotany in Pompeii, regio VI, insula I." *Vegetation History and Archaeobotany* 22: 409–419.

Murphy, Eileen M., Rick Schulting, Nick Beer, Yuri Chistov, Alexey Kasparov, and Margarita Psenitsyna. 2013. "Iron Age pastoral nomadism and agriculture in the eastern Eurasian steppe: Implications from dental paleopathology and stable carbon and nitrogen isotopes." *Journal of Archaeological Science* 40:2547–2560.

Myles, Sean, Adam R. Boyko, Christopher L. Owens, Patrick J. Brown, Fabrizio Grassi, Mallikarjuna K. Aradhya, Bernard Prins, et al. 2010. "Genetic structure and domestication history of the grape." *Proceedings of the National Academy of Sciences* 108 (9): 3530–3535.

Nabhan, Gary Paul. 2014. *Cumin, Camels, and Caravans: A Spice Odyssey.* Berkeley: University of California Press.

Neef, R. 1989. "Plants." In *Picking Up The threads: A Continuing Review of Excavations at Deir Alla, Jordan.* Edited by G. Van der Kooij and M. M. Ibrahim, 30–37. Leiden: Archaeological Centre, University of Leiden.

Nesbitt, M. 1994. "Archaeobotanical research in *The Merv Oasis.*" In *The International Merv Project, Preliminary Report on the Second Season*, edited by K. Kurbansakhatov and G. Herrmann, 53–75. Unpublished field report.

Nesbitt, M. R., and G. Summers. 1988. "Some recent discoveries of millet (*Panicum miliaceum* L. and *Setaria italica* (L.) P. Beauv.) at excavations in Turkey and Iran." *Anatolian Studies* 38: 85–97.

Nesbitt, Mark, St John Simpson, and Ingvar Svanberg. 2010. "History of rice in western and central Asia." In *Rice: Origin, Antiquity and History*, edited by S. D. Sharma, 308–340. London: Science Publishers.

Norwich, John Julius. 1989. *Byzantium (I): The Early Centuries.* New York: Knopf.

Nout, M. J. R., G. Tuncle, and L. Brimer. 1995. "Microbial degradation of amygdalin of bitter apricot seeds (*Prunus armeniaca*)." *International Journal of Food Microbiology* 24: 407–412.

O'Donovan, Edmond. 1883. *Merv: A story of adventures and captivity epitomized from "the Merv Oasis."* London: Smith, Elder.

Ohnishi, O. 1998. "Search for the wild ancestor of buckwheat: the wild ancestor of cultivated common buckwheat, and of tatary buckwheat." *Economic Botany* 52: 123–133.

Ohnishi, Ohmi. 2004. "On the origin of cultivated buckwheat." *Proceedings of the 9th International Symposium on Buckwheat, Prague* 2004 1: 16–21.

Olearius, Adam. 2004 [1603–1671]. In *The Voyages and Travels of the Ambassadors Sent by Frederick, Duke of Holstein, to the Great Duke of Muscovy and the King of Persia.* Translated by John Davies. Ann Arbor, MI: Text Creation Partnership.

Osbaldeston, Tess Anne. 2000. "Introduction." In *Dioscorides: De Materia Medica, by*

Pedanius Dioscorides. Johannesburg: Ibidis Press.

Pashkevich, G. 1984. "Palaeoethnobotanical examination of archaeological sites in the Lower Dnieper region, dated to the last centuries BC and first centuries AD." In *Plants and Ancient Man: Studies in Palaeoethnobotany,* edited by W. van Zeist and W. A. Casparie, 277–284. Boston: A. A. Balkema.

Paskhevich, G. 2003. "Palaeoethnobotanical examination of archaeological sites in the steppe and forest-steppe of East Europe in the Late Neolithic and Bronze Age." In *Prehistoric Steppe Adaptation and the Horse,* edited by M. Levine, C. Renfrew, and K. Boyle, 287–297. Cambridge: McDonald Institute.

Pellat, Charles. 1954. "Ǧāḥiziana I: Le Kitāb al-Tabassur bi-l-Tiǧāra Attribué á Ǧāḥiz (Gahiziana I: the book al-Tabari attributed to al-Jahiz)." *Arabica: Revue d'Études Arabes* 1 (2): 153–165.

Percival, J. 1921. *The Wheat Plant.* London: Duckworth.

Perry, Charles. 2017 [thirteenth century]. In *Scents and Flavors the Banqueter Favors (Kitab al-Wuslah ila l-Habib fi Wasf al-Tayyibat wal-Tib).* Translated by Charles Perry. New York: New York University Press.

Peterson, R. F. 1965. *Wheat: Botany, Cultivation, and Utilization.* New York: Leonard Hill/Interscience Publishers.

Pilipko, V. N. 2001. *Old Nisa: Primary Results of Excavations during the Soviet Period.* Moscow: Nauka. (In Russian.)

Pliny the Elder. 1855 [AD 77–79]. *Naturalis Historia* (Natural history). Translated by John Bostock. London: Taylor and Francis.

Pollan, Michael. 2001. *The Botany of Desire.* New York: Random House.

Pollegioni, Paola, Keith E. Woeste, Francesca Chiocchini, Stefano Del Lungo, Irene Olimpieri, Virginia Tortolano, Jo Clark, Gabriel E. Hemery, Sergio Mapelli, and Maria Emilia Malvolti. 2017. "Ancient humans influenced the current spatial genetic structure of common walnut populations in Asia." *PLoS ONE* 10 (9): e0135980.

Pollock, Susan. 2015. "Ovens, fireplaces and the preparation of food in Uruk Mesopotamia." *Origini: Preistoria e Protostoria Delle Civilta Antiche/Prehistory and Protohistory of Ancient Civilizations* 37 (1): 35–37.

Polo, Marco. 1845 [ca. 1300]. In *The Travels of Marco Polo,* edited by Hugh Murray. New York: Harper.

Polybius. 1962 [ca. 140 BC]. *Histories.* Translated by Evelyn S. Shuckburgh. New York: Bloomington.

Popov, A. A. 1966. *The Nganasan: The Material Culture of the Tavgi Samoyeds.* Translated by Elaine K. Ristinen. Indianapolis: Indiana University Press.

Popov, H. P. 1803. "Hungry bread, etc." *Medical Review* 12: 1803. (In Russian.)

Popova, L.M. 2006. "Political pastures: Navigating the steppe in the middle Volga REGION (Russia) during the Bronze Age." PhD diss., University of Chicago.

Pourkheirandish, M., and T. Komatsuda. 2007. "The importance of barley genetics and domestication in a global perspective." *Annual Review of Botany* 100(5): 999–1008.

Priklonskii, V. L. 1953 [1881]. *Three Years in the Yakut Territory (Ethnographic Sketches): Yakut Ethnographic Sketches, Parts 1 and 2.* Translated by Sheldon Wise. New Haven, CT: Human Relations Area Files.

Qian, S. 1993 [91–109 BC]. *Records of the Great Historian: Han Dynasty and Qin Dynasty.* Volume 3. Translated by B. Watson. New York: Columbia University Press.

Quinn, Elizabeth A., Kesang Diki Bista, and Geoff Childs. 2015. "Milk at altitude: Human milk macronutrient composition in a high-altitude adapted population of Tibetans." *American Journal of Physical Anthropology* 159 (2): 233–243.

Ranov, V., and M. Bubnova. 1961. "Uncovering the history of the roof of the world." *American Journal of Archaeology* 65 (4): 396–397.

Rao, M. V. P. 1977. "Mapping of the sphaerococcum gene 's' on chromosome 3D of wheat." *Cereal Research Communication* 5: 15–17.

Renfrew, Colin. 2014. "Foreword: The Silk Road before silk." In *Reconfiguring the Silk Road: New Research on East-West Exchange in Antiquity,* edited by Victor H. Mair and Jane Hickman, xi–xiv. Philadelphia: University of Pennsylvania Museum of Archaeology and Anthropology.

Renfrew, J. M. 1987. "Fruits from ancient Iraq: the paleoethnobotanical evidence." *Bulletin of Sumerian Agriculture* 3: 157–161.

Reynolds, M. P., and N. E. Borlaug. 2006. "Impacts of breeding on international collaborative wheat improvement." *Journal of Agricultural Science* 144: 3–17.

Rhindos, David. 1984. *The Origins of Agriculture: An Evolutionary Perspective.* Waltham, MA: Academic Press.

Rhode, David, David B. Madsen, Jeffery P. Brantingham, and Tsultrim Dargye. 2007. "Yaks, yak dung, and prehistoric human habitation of the Tibetan plateau." *Developments in Quaternary Sciences* 9: 205–224.

Richthofen, Ferdinand von. 1877. "Über die zentralasiatischen Seidenstrassen bis zum 2. Jh. n. Chr. (On the Central Asian Silk Roads until the 2nd century AD)." *Verhandlungen der Gesellschaft für Erdkunde zu Berlin* (Proceedings of the Society for Geography in Berlin) 1877: 96–122.

Riehl, S. 1999. *Bronze Age Environment and Economy in the Troad: the Archaeobotany of Kumtepe and Troy; BioArchaeologica* 2. Tübingen: Mo-Vince-Verlag.

Riehl, S., M. Zeidi, and N. J. Conard. 2013. "Emergence of agriculture in the foot-hills of the Zagros mountains of Iran." *Science* 341 (6141): 65–67.

Rogers, J. D. 2007. "the contingencies of state formation in eastern Inner Asia." *Asian Perspectives* 46 (2): 249–274.

Rosen, A. M., C. Chang, and F. P. Grigoriev. 2000. "Paleoenvironments and economy of Iron Age Saka-Wusun agro-pastoralists in southeastern Kazakhstan." *Antiquity* 74: 611–623.

Rouse, L., and B. Cerasetti. 2014. "Ojakly: A late Bronze Age mobile pastoral site in the Murghab, Turkmenistan." *Journal of Field Archaeology* 39 (1): 32–50.

Salina, E., A. Borner, I. Leonova, V. Korzun, L. Laikova, O. Maystrenko, and S. Röder. 2000. "Microsatellite mapping of the induced sphaerococcoid mutation genes in Triticum aestivum." *Theoretical and Applied Genetics* 100: 686–689.

Salunkhe, A., S. Tamhankar, S. Tetali, M. Zaharieva, D. Bonnett, R. Trethowan, and S. Misra. 2012. "Molecular genetic diversity analysis in emmer wheat (*Triticum dicoccon Schrank*) from India." *Genetic Resources and Crop Evolution* 60(1): 165–174.

Salvi, Sergio. 2013. "Ipotesi sulle origini del 'grano di Rieti' (Hypothesis on the origins of the 'grain of Rieti')." *Proposte e ricerche* 36 (71):233–238.

Salvi, Sergio. 2014. "Alle origini del concetto di prodotto tipico: Il caso del grano di Rieti (the origins of the concept of the typical product: the case of Rieti grain)." *Proposte e ricerche* 37 (73): 205–208.

Samuel, Delwen. 2001. "Archaeobotanical evidence and analysis." In *Mission Mésopotamie syrienne: Archéologie islamique (1986–1989); Peuplement rural et aménagments hydroagricoles dans la moyenne vallée de l'Eurphrate, fin VIIe–XIXe Siècle*, edited by Sophie Berthier, Louis Chaix, Jacqueline Studer, Oliver D'Hont, Rike Gyselend, and Delwen Samuel, 347–481. Damascus, Syria:Institut Français de Damas.

Sang, T., and S. Ge. 2007a. "The puzzle of rice domestication." *Journal of Integrated Plant Biology* 49 (6): 760–768.

Sang, T., and S. Ge. 2007b. "Genetics and phylogenetics of rice domestication." *Current Opinion in Genetics and Development* 17 (6): 533–538.

Saraswat, K.S. 1986. "Ancient crop plant remains from Springverpura, Allahabad (c. 1050–1000 BC)." *Geophytology* 16: 97–106.

Saraswat, K. S., and A. K. Pokharia. 2003. "Palaeoethnobotanical investigations at Early Harappan Kunal." *Pragdhara* 12: 105–140.

Saraswat, K. S., and A. K. Pokharia. 2004. *Plant Resources in the Neolithic Economy at Kanishpur, Kashmir.* Lucknow, India: Joint Annual Conference of the Indian Archaeological Society, Indian Society of Prehistoric and Quaternary Studies, Indian History and Culture Society.

Scarborough, John. 1978. "Theophrastus on herbals and herbal remedies." *Journal of the History of Biology* 11 (2): 353–385.

Schafer, E. H. 1963. *The Golden Peaches of Samarkand.* Berkeley: University of California Press.

Schuyler, Eugene. 1877. *Turkistan: Notes of a Journey in Russian Turkistan, Khokand, Bukhara, and Kuldja.* Volume 1. New York: Scribner, Armstrong & Co.

Sebastian, Patrizia, Hanno Schaefer, Ian R. H. Telford, and Susanne S. Renner. 2010. "Cucumber (*Cucumis sativus*) and melon (*C. melo*) have numerous wild relatives in Asia and Australia, and the sister species of melon is from Australia." *Proceedings of the National Academy of Sciences* 107 (32): 14269–14273.

Seebohm, Henry. 1882. *Siberia in Asia: A Visit to the Valley of the Yenesay in East Siberia.* London: William Clowes and Sons.

Selens, Ahmed, and Michael Freeman. 2011. "Pu-erh tea and the southwest Silk Road: An ancient quest for well-being." *Herbal Gram* 90: 32–43.

Semple, Ellen Churchill. 1928. "Ancient Mediterranean agriculture, part I." *Agricultural History* 2 (61–98): 2.

Serventi, Silvano, and Françoise Sabban. 2002. *Pasta: The Story of a Universal Food.* Translated by Antony Shugaar. New York: Columbia University Press.

Shantz, H. L., and L. N. Piemeisel. 1927. "The water requirement of plants at Akron, Colo." *Journal of Agricultural Research* 34: 1093–1190.

Sharma, A. K. 2000. *Early Man in Jammu Kashmir and Ladakh.* New Delhi: Agam Kala Prakashan.

Shaw, F. J. P. 1943. "Vegetation remains." In *Chanhu-Daro Excavations*, 1935–36, edited by E. J. H. Mackay, 250–251. New Haven, CT: Yale University Press.

Sherratt, A. G. 1981. "Plough and pastoralism: Aspects of the secondary products revolution." In *Patterns of the Past: Studies in Honour of David Clark*, edited by I. Hodder, G. Isaac, and N. Hammond, 261–305. Cambridge: Cambridge University Press.

Sherratt, A. G. 1983. "the secondary exploitation of animals in the Old World." *World Archaeology* 15: 90–104.

Shishlina, N. 2008. *Reconstruction of the Bronze Age of the Caspian Steppe: Life Styles and Life Ways of Pastoral Nomads*. Oxford: BAR International Series 1876.

Siculus, Diodorus. 1967 [ca. 60 BC]. *Diodorus of Sicily in Twelve Volumes*, Book II. Translated by C. H. Oldfather. London: Wlliam Heineman Ltd.

Silva, Fabio, Chris Stevens, Alison Weisskopf, Cristina Castillo, Ling Qin, Andrew Bevan, and Dorian Q. Fuller. 2015. "Modelling the origin of rice farming in Asia using the Rice Archaeological Database." *PloS ONE* 10 (9): e0137024.

Simonson, Tatum S., Yingzhong Yang, Chad D. Huff, Haixia Yun, Ga Qin, David J. Witherspoon, Zhenzhong Bai, et al. 2010. "Genetic evidence for high-altitude adaptation in Tibet." *Science* 329 (5987): 72–75.

Simoons, Fredrick J. 1990. *Food in China: A Cultural and Historical Inquiry*. Boca Raton, FL: CRC Press.

Singh, O. P. 2008. "Indian Ocean dipole mode and tropical cyclone frequency." *Current Science* 94 (1): 29–31.

Singh, R. 1946. "Triticum sphaerococcum Perc. (Indian dwarf wheat)." *Indian Journal of Genetics* 6: 34–47.

Snir, Ainit, and Ehud Weiss. 2014. "A novel morphometric method for differentiating wild and domesticated barley through intra-rachis measurements." *Journal of Archaeological Science* 44: 69–75.

Song, Jixiang, Hongliang Lu, Zhengwei Zhang, and Xinyi Liu. 2018. "Archaeobotanical remains from the mid-first millennium AD site of Kaerdong in western Tibet." *Archaeological and Anthropological Sciences*. Online first.

Soucek, S. 2000. *A History of Inner Asia*. Cambridge: Cambridge University Press.

Spengler, R. N. 2013. "Botanical resource use in the Bronze and Iron Age of the Central Eurasian mountain/steppe interface: Decision making in multire-source pastoral economies." PhD diss., Washington University in St. Louis.

Spengler III, R. N. 2014. "Niche dwelling vs. niche construction: Landscape modification in the Bronze and Iron Ages of Central Asia." *Human Ecology* 42(6): 813–821.

Spengler III, R. N. 2015. "Agriculture in the Central Asian Bronze Age." *Journal of World Prehistory* 28 (3): 215–253.

Spengler III, R. N., and G. Willcox. 2013. "Archaeobotanical results from Sarazm, Tajikistan, an Early Bronze Age village on the edge: Agriculture and exchange." *Journal of Environmental Archaeology* 18 (3): 211–221.

Spengler III, R. N., C. Chang, and P. A. Tortellotte. 2013. "Agricultural production in the Central Asian mountains, Tuzusai, Kazakhstan." *Journal of Field Archaeology* 38(1): 68–85.

Spengler, Robert N., Michael D. Frachetti, and Gayle J. Fritz. 2013. "Ecotopes and herd foraging practices in the steppe/mountain ecotone of Central Asia during the Bronze and Iron Age." *Journal of Ethnobiology* 33 (1): 125–147.

Spengler Ⅲ, R. N., P. N. Doumani, and M. D. Frachetti. 2014. "Late Bronze Age agriculture at Tasbas in the Dzhungar Mountains of eastern Kazakhstan." *Quaternary International* 348: 147–157.

Spengler Ⅲ, R.N., B. Cerassetti, M. Tengberg, M. Cattani, and L. M. Rouse. 2014a. "Agriculturalists and pastoralists: Bronze Age economy of the Murghab Delta, southern central Asia." *Journal of Vegetation History and Archaeobotany* 23: 805–820.

Spengler Ⅲ, R. N., M. D. Frachetti, P. N. Doumani, L. M. Rouse, B. Cerasetti, E. Bullion, and N. Mar'yashev. 2014b. "Early agriculture and crop transmission among Bronze Age mobile pastoralists of Central Eurasia." *Proceedings of the Royal Society B* 281: 2013.3382.

Spengler Ⅲ, Robert N., Natalia Ryabogina, Pavel Tarasov, and Mayke Wagner. 2016. "The spread of agriculture into northern Central Asia." *The Holocene* 26:1523–1526.

Spengler Ⅲ, Robert N., Naomi F. Miller, Reinder Neef, Perry A. Tourtellotte, and Claudia Chang. 2017a. "Linking agriculture and exchange to social developments of the Central Asian Iron Age." *Journal of Athropological Archaeology* 48:295–308.

Spengler Ⅲ, Robert N., Ilaria de Nigris, Barbara Cerasetti, and Lynne M. Rouse. 2017b. "the breadth of dietary economy in the Central Asian Bronze Age: A case study from Adji Kui in the Murghab Region of Turkmenistan." *Journal of Archaeological Science*. Online first.

Spengler Ⅲ, Robert N., Farhod Maksudov, Elissa Bullion, Ann Merkle, Taylor Hermes, and Michael D. Frachetti. 2018. "Arboreal crops on the Medieval Silk Road: Archaeobotanical studies at Tashbulak." *PLoS ONE* 13(8):e0201409

Stapf, O. 1931. "Comments on cereal and fruits." In *Mohenjodaro and the Indus Civilization*, edited by J. Marshall. London: Arthur Probsthain.

Stefanovsky, F. K. 1893. Materials for studying the properties of hungry bread. Moscow. (In Russian.)

Stein, Aurel. 1907. *Ancient Khotan*. Volume 1. Oxford: Oxford University Press.

Stein, Aurel. 1998 [1932]. *On Ancient Central Asian Tracks*. New Delhi: South Asia Books.

Sterckx, Roel. 2011. *Food, Sacrifice, and Sagehood in Early China*. Cambridge: Cambridge University Press.

Stevens, Chris J., Charlene Murphy, Rebecca Roberts, Leilani Lucas, Fabio Silva, and Dorian Q. Fuller. 2016. "Between China and South Asia: A Middle Asian corridor of crop dispersal and agricultural innovation in the Bronze Age." *The Holocene* 26 (10): 1541–1555.

Strabo. 1924 [7 BC–AD 23]. *The Geography of Strabo*. Translated by H. L. Jones. Cambridge, MA: Harvard University Press.

Su, Tao, Peter Wilf, Yongjiang Huang, Shitao Zhang, and Zhekun Zhou. 2015. "Peaches preceded humans: Fossil evidence from SW China." *Scientific Reports* 5: 16794.

Subtelny, Maria Eva. 2013. "Agriculture and the Timurid Chahārbāgh: the evidence from a medieval Persian agricultural manual." In *Turko-Mongol Rulers, Cities and City Life*, edited by David Durand-Guédy, 110–128. Boston: Brill.

Sumner, William M., and Donald Whitcomb. 1999. "Islamic settlement and chronology in Fars: An archaeological perspective." *Iranica Antiqua* 34:309–324.

Svyatko, Svetlana V., Rick J. Schulting, James Mallory, Eileen M. Murphy, Paula J. Reimer, Valeriy I. Khartanovich, Yury K. Chistov, and Mikhail V. Sablin. 2013. "Stable isotope dietary analysis of prehistoric populations from the Minusinsk Basin, southern Siberia, Russia: A new chronological framework for the introduction of millet to the eastern Eurasian Steppe." *Journal of Archaeological Sciences* 40 (11): 3936–3945.

Tafuri, M. A., O. E. Graig, and A. Canci. 2009. "Staple isotope evidence for the consumption of millet and other plants in Bronze Age Italy." *American Journal of Physical Anthropology* 139: 146–153.

Takahashi, R. 1972. "Non-brittle rachis 1 and non-brittle rachis 2." *Barley Genetics Newsletter* 2: 181–182.

Takahashi, R., S. Hayashi, S. Yasuda, and U. Hiura. 1963. "Characteristics of the wild and cultivated barleys from Afghanistan and its neighbouring regions." *Bericht des Ohara Instituts für Landwirtschaftliche Biologie, Okayama* 1: 1–23.

Takahashi, R., S. Hayashi, U. Hiura, and S. Yasuda. 1968. "A study of cultivated barleys from Nepal, Himalaya and North India, with special reference to their phylogenetic differentiation." *Bericht des Ohara Instituts für Landwirtschaftliche Biologie* 14: 85–122.

Taketa, Shin, Satoko Amano, Yasuhiro Tsujino, Tomohiko Sato, Daisuke Saisho, Katsuyuki Kakeda, Mika Nomura, et al. 2008. "Barley grain with adhering hulls is controlled by an ERF family transcription factor gene regulating a lipid biosynthesis pathway." *Proceedings of the National Academy of Sciences* 105(10): 4062–4067.

Tang, H., G. J. Wyckoff, J. Lu, and C. I. Wu. 2004. "A universal evolutionary index for amino acid changes." *Molecular Biology and Evolution* 21: 1548–1556.

Tanno, K., and G. Willcox. 2006a. "How fast was wild wheat domesticated?" *Science* 311 (1): 886.

Tanno, K., and G. Willcox. 2006b. "the origins of cultivation of Cicer arietinum L. and Vicia faba L.: Early finds from Tell el-Kerkh, north-west Syria, late 10th millennium BP." *Vegetation History and Archaeobotany* 15 (3): 197–204.

Tanno, K., and G. Willcox. 2012. "Distinguishing wild and domestic wheat and barley spikelets from early Holocene sites in the Near East." *Vegetation History and Archaeobotany* 21 (2): 107–115.

Tanno, K., and K. Takeda. 2004. "On the origin of six-rowed barley with brittle rachis, agriocrithon [*Hordeum vulgare* ssp. *vulgare* f. *agriocrithon* (Aberg) Bowd.], based on a DNA marker closely linked to the vrs1 (six-row gene) locus." *Theoretical Applications in Genetics* 110 (1): 145–150.

Tengberg, M. 1999. "Crop husbandry at Miri Qalat, Makran, SW Pakistan (4000–2000 BC)." *Vegetation History and Archaeobotany* 8 (1–2): 3–12.

Theophrastus. 1916 [ca. 350–287 BC]. *Enquiry into Plants, Books I–V.* Translated by A. F. Hort. New York: Loeb Classical Library/G. P. Putnam's Sons.

Thoreau, Henry David. 1862. "Wild Apples." *The Atlantic* 10 (5): 513–526.

Trifonov, V. A., N. I. Shishlina, Yu Lebedeva, J. van der Plicht, and S. A. Rishko. 2017. "Directly dated broomcorn millet from the northwestern Caucasus: Tracing the late

Bronze Age route into the Russian steppe." *Journal of Archaeological Science: Reports* 12: 288–294.

Tuncle, G., M. J. R. Nout, and L. Brimer. 1993. "the effects of grinding, soaking and cooking on the degradation of amygdalin of bitter apricot seeds." *Food Chemistry* 53: 447–451.

Vainshtein, S. 1980. *Nomads of South Siberia: the Pastoral Economies of Tuva.* Translated by M. Colenso. Cambridge: Cambridge University Press.

Valamoti, S. M. 2016. "Millet, the later comer: On the tracks of *Panicum miliaceum* in prehistoric Greece." *Archaeological and Anthropological Sciences* 8(1): 51–63.

Valamoti, S. M., and G. Jones. 2010. "Bronze and oil: A possible link between the introduction of tin and lallemantia to northern Greece." *Annual of the British School at Athens* 105: 83–96.

Van der Veen, Marijke. 2011. *Consumption, Trade and Innovation: Exploring the Botanical Remains from the Roman and Islamic Ports at Quseir al-Qadim, Egypt.* Frankfurt: Africa Magna Verlag.

Van Driem, George. 1999. "Neolithic correlates of ancient Tibeto-Burman migrations." In *Archaeology and Language II*, edited by Roger Blench and M. Spriggs, 67–102. London: Routledge.

Van Driem, George. 2002. "Tibeto-Burman phylogeny and prehistory: Lan guages, material culture and genes." In *Examining the Farming/Language Dispersal Hypothesis*, edited by Peter Bellwood and Colin Renfrew, 233–249. Cambridge: McDonald Institute for Archaeology.

Vaughan, D. A., B. Lu, and N. Tomooka. 2008. "the evolving story of rice evolution." *Plant Science* 174 (4): 394–408.

Ventresca Miller, A., E. Usmanova, V. Logvin, S. Kalieva, I. Shevnina, and A. Logvin. 2014. "Subsistence and social change in central Eurasia: Stable isotope analysis of populations spanning the Bronze Age transition." *Journal of Archaeological Science* 42: 525–538.

Victor, Mair, ed. 2012. *The "Silk Roads" in Time and Space: Migrations, Motifs and Materials.* Philadelphia: University of Pennsylvania Press.

Vishnu-Mittre. 1972. "Neolithic plant economy at Chirand, Bihar." *Palaeobotanist* 22 (1): 18–22.

Vogel, Hans Ulrich. 2013. *Marco Polo Was in China: New Evidence from Currencies, Salts and Revenues.* Boston: Brill.

von Bothmer, R., T. van Hintum, H. Knupfer, and K. Sato. 2003. *Diversity in Barley: Developments in Plant Genetics and Breeding* 7. Amsterdam: Elsevier.

Wagner, M., W. Xinhua, T. Pavel, A. Ailijiang, C. Bronk Ramsey, M. Schultz, T. Schmidt-Schultz, and J. Gresky. 2011. "Radiocarbon-dated archaeological record of early first millennium B.C. mounted pastoralists in the Kunlun Mountains, China." *Proceedings of the National Academy of Sciences* 108:15733–15738.

Walsh, Judith E. 2006. *A Brief History of India.* New York: Infobase Publishing.

Wang, B. 1983. "Excavations and preliminary research on the remains from Gumugou on the Kongque River." *Social Science in Xinjiang* 1: 117–127. (In Chinese.)

Wang, Ch'ung. 1907. *Lun-Heng.* Translated by Alfred Forke. Shanghai: Kelly and Walsh.

Wang, Jiajing, Liu Li, Terry Ball, Linjie Yu, Yuanqing Li, and Fulai Xing. 2016. "Revealing a 5,000-y-old beer recipe in China." *Proceedings of the National Academy of Sciences* 113 (23): 6444–6448.

Wang, Z.-H., and E.-J. Zhuang. 2001. *China Fruit Monograph: Peach Flora*. Beijing: China Forestry Press.

Watkins, Ray. 1976. "Cherry, plum, peach, apricot, and almond: Prunus spp. (Rosaceae)." In *Evolution of Crop Plants*, edited by N. W. Simmonds, 242–247. New York: Longman.

Watson, Andrew M. 1983. *Agricultural Innovation in the Early Islamic World*. Cambridge: Cambridge University Press.

Watt, James C. Y., Jiayao An, Angela F. Howard, Boris I. Marshak, Bai Su, and Feng Zhao. 2004. *China: Dawn of a Golden Age, 200–750 A.D.* New York: Metropolitan Museum of Art.

Waugh, Daniel C. 2007. "Richthofen's 'Silk Roads': Toward the archaeology of a concept." *The Silk Road* 5 (1): 1–10.

Weber, Steve A. 1991. *Plants and Harappan Subsistence: An Example of Stability and Change from Rojdi*. Boulder, CO: Westview.

Weiss, E., and D. Zohary. 2011. "the Neolithic Southwest Asian founder crops: Their biology and archaeobotany." *Current Anthropology* 52 (supplement 4):S237–S254.

Wertmann, Patrick. 2015. *Sogdians in China: Archaeological and Art Historical Analyses of Tombs and Texts from the 3rd to the 10th Century AD*. Berlin: Philipp von Zabern GmbH.

Willcox, G. 1991. "Carbonized plant remains from Shortughai, Afganistan." In *New Light on Early Farming: Recent Developments in Palaeoethnobotany*, edited by J. M. Renfrew, 139–153. Edinburgh: Edinburgh University Press.

Willcox, G. 2013. "The roots of cultivation in southwestern Asia." *Science* 341: 39–40.

Willcox, George. 1994. "L'archéobotanique de Miri Qalat: Makran (the archaeology of Miri Qalat)." Unpublished report.

Wood, Frances. 1998. *Did Marco Polo Go to China?* Boulder, CO: Westview.

Wood, Frances. 2002. *The Silk Road: Two thousand Years in the Heart of Asia*. Berkeley: University of California Press.

Wu, X., N. F. Miller, and P. Crabtree. 2015. "Agro-pastoral strategies at Kyzyltepa, an Achaemenid site in southern Uzbekistan." *Iran* 53: 93–117.

Wu, Zhengyi, Peter Ravens, and Missouri Botanical Gardens. 2006. *Flora of China*. St. Louis: Missouri Botanical Gardens.

Xenophon. 1922 [ca. 365 BC]. *Anabasis: Xenophon in Seven Volumes*. Translated by Carleton L. Brownson. Cambridge, MA: Harvard University Press.

Xu, T. 1982. "Origin and evolution of cultivated barley in China." *Acta Genetica Sinica* 9: 440–446.

Xue, Y. 2010. "A Preliminary Investigation on the archaeobotanical material from the site of Haimenkou in Jianchuan County." PhD diss., Peking University.

Yakubov, Yo. 1979. *Pargar in the VII –VIII Centuries AD: The Upper Zerafshan in the Early Middle Ages*. Dushanbe: A. Donesha Institute of the Academy of Science of the Tajik SSR. (In Russian.)

Yang, C. C., Y. Kawahara, H. Mizuno, J. Wu, T. Matsumoto, and T. Itoh. 2012. "Independent domestication of Asian rice followed by gene flow from japonica to indica." *Molecular Biology and Evolution* 29: 1471–1479.

Yang, Fuquan. 2005. "the 'Ancient Tea Horse Caravan Road,' the 'Silk Road' of southwest China." *The Silk Road* 2 (1).

Yang, S., Y. Wei, P. Qi, and Y. Zheng. 2008. "Sequence polymorphisms and phylogenetic relationships of Hina gene in wild barley from Tibet, China." *Agricultural Sciences in China* 7 (7): 796–803.

Yang, X., C. Liu, J. Zhang, and H. Lü. 2009. "Plant crop remains from the outer burial pit of the Han Yangling Mausoleum and their significance to early Western Han agriculture." *Chinese Scientific Bulletin* 54 (10): 1738–1743.

Yang, Xiaoyan, Zhiwei Wan, Linda Perry, Houyuan Lu, Qiang Wang, Chaohong Zhao, Jun Li, et al. 2012. "Early millet use in northern China." *Proceedings of the National Academy of Sciences* 109: 3276–3730.

Zeven, A. C., and J. M. de Wet. 1982. *Dictionary of Cultivated Plants and their Regions of Diversity*. Wageningen: Centre for Agricultural Publishing and Documentation.

Zhao, Z. 2009. "Eastward spread of wheat into China: New data and new issues." In *Chinese Archaeology: Volume Nine*, edited by Q. Liu and Y. Bai, 1–9. Beijing:China Social Press.

Zhao, Z. 2011. "New archaeobotanic data for the study of the origins of agriculture in China." *Current Anthropology* 52: S295–S304.

Zheng, Yunfei, Gary W. Crawford, and Xugao Chen. 2014. "Archaeological evidence for peach (Prunus persica) cultivation and domestication in China." *PLOS One* 9 (9): e106595.

Zheng, Yunfei, Guoping Sun, Ling Qin, Chunhai Li, Xianhong Wu, and Xugao Chen. 2010. "Rice fields and modes of rice cultivation between 5000 and 2500 BC in east China." *Journal of Archaeological Science* 36: 2609–2616.

Zheng, Yunfei, Leping Jiang, and Jianming Zheng. 2004. "Study on the remains of ancient rice from Kuahuqiao in Zhejiang Province." *Chinese Journal of Rice Science* 18 (2): 119–124. (In Chinese.)

Zohary, D. 1999. "Monophyletic vs. polyphyletic origin of crops found in the Near East." *Genetic Resources in Crop Evolution* 46: 133–142.

Zohary, D., M. Hopf, and E. Weiss. 2012. *Domestication of Plants in the Old World:the Origin and Spread of Domesticated Plants in Southwest Asia, Europe, and the Mediterranean Basin*. 4th ed. Oxford: Oxford University Press.

图书在版编目(CIP)数据

沙漠与餐桌：食物在丝绸之路上的起源 /(美) 罗伯特·N.斯宾格勒三世（Robert N. Spengler Ⅲ）著；陈阳译. -- 北京：社会科学文献出版社，2021.11（2022.10重印）

书名原文：Fruit from the sands：The silk road origins of the foods we eat

ISBN 978-7-5201-8645-2

Ⅰ.①沙… Ⅱ.①罗… ②陈… Ⅲ.①饮食-文化史 - 世界 Ⅳ.① TS971.201

中国版本图书馆CIP数据核字（2021）第139256号

沙漠与餐桌：食物在丝绸之路上的起源

著　者 / 〔美〕罗伯特·N.斯宾格勒三世（Robert N. Spengler Ⅲ）
译　者 / 陈　阳

出 版 人 / 王利民
责任编辑 / 杨　轩
文稿编辑 / 毛筱倩
责任印制 / 王京美

出　　版 / 社会科学文献出版社
　　　　　地址：北京市北三环中路甲29号院华龙大厦　邮编：100029
　　　　　网址：www.ssap.com.cn
发　　行 / 市场营销中心（010）59367081　59367083
印　　装 / 三河市东方印刷有限公司

规　　格 / 开　本：880mm×1230mm 1/32
　　　　　印　张：12.625　字　数：271千字
版　　次 / 2021年11月第1版　2022年10月第2次印刷
书　　号 / ISBN 978-7-5201-8645-2
著作权合同
登 记 号 / 图字01-2021-5500号
审 图 号 / GS（2021）5746号
定　　价 / 89.00元

本书如有印装质量问题，请与读者服务中心（010-59367028）联系